普通高等教育"十四五"规划教材

工程造价管理

主　编　王志远　张爱琳　丁　超
副主编　赵　娜

北　京
冶金工业出版社
2023

内 容 提 要

本书分为八章，主要内容包括工程造价管理概论、工程造价计价依据、项目决策阶段的造价管理、项目设计阶段的造价管理、项目发承包阶段的造价管理、项目施工阶段的造价管理、项目竣工阶段的造价管理、工程造价的审计。

本书可作为高等院校工程造价、工程管理、土木建筑、房地产管理等专业的教材，也可供工程审计、工程造价管理部门、建设单位、施工企业、工程造价咨询机构等从事造价管理工作的人员学习参考。

图书在版编目（CIP）数据

工程造价管理／王志远，张爱琳，丁超主编 . —北京：冶金工业出版社，2023.8

普通高等教育"十四五"规划教材

ISBN 978-7-5024-9562-6

Ⅰ. ①工⋯ Ⅱ. ①王⋯ ②张⋯ ③丁⋯ Ⅲ. ①建筑造价管理—高等学校—教材 Ⅳ. ①TU723.31

中国国家版本馆 CIP 数据核字（2023）第 120665 号

工程造价管理

出版发行	冶金工业出版社	电　　话	（010）64027926
地　　址	北京市东城区嵩祝院北巷 39 号	邮　　编	100009
网　　址	www. mip1953. com	电子信箱	service@ mip1953. com

责任编辑　俞跃春　杜婷婷　美术编辑　吕欣童　版式设计　郑小利
责任校对　梁江凤　责任印制　窦　唯
北京建宏印刷有限公司印刷
2023 年 8 月第 1 版，2023 年 8 月第 1 次印刷
787mm×1092mm　1/16；14.25 印张；344 千字；217 页
定价 49.00 元

投稿电话　（010）64027932　投稿信箱　tougao@cnmip.com.cn
营销中心电话　（010）64044283
冶金工业出版社天猫旗舰店　yjgycbs.tmall.com
（本书如有印装质量问题，本社营销中心负责退换）

前　言

工程造价专业自成立以来，立足于行业发展需求，把握行业发展新趋势，取得了突破性的发展。特别是"十四五"规划以来，工程计价依据和方法不断改革，工程造价管理体系不断完善，工程造价咨询行业蓬勃发展。在国家大力推进全过程工程咨询工作的背景下，新科技革命和产业变革促使工程造价与管理面临诸多重大变化，如审计力度的增强，数据化、信息化和智能化的加速推进，突发公共卫生事件等不可抗力事件的涌现，"新基建""装配式建筑""智能建造"等新业态的全面铺开。识变、应变、求变是新时代工程造价与管理专业发展、课程建设和人才培养面临的重要选择。

为了应对这些新形势的变化，编者以《高等学校工程造价本科指导性专业规范》为基础，结合《建设工程工程量清单计价规范》（GB 50500—2013）、《关于推进全过程工程咨询服务发展的指导意见》（发改投资规［2019］515号）、《建设工程质量保证金管理办法》（建质［2017］138号）等最新国家法律法规、规范和要求，以及新时代行业需求，编写了本书。本书编写面向工程造价行业人才培养的迫切需求，以系统性思维注重创新性技术概念的融入、先进管理理念的覆盖以及时效性政策文件的补充，并具有丰富翔实的案例展示，在同类型教材中具有一定的突破和革新。

本书知识点新颖、内容丰富、体系完整，既有理论阐述，又有方法和实例，实用性较强。既包括了工程造价管理的基本理论方法，又涵盖了建设项目全过程的造价管理，形成了一套完整的知识体系框架。本书的参编人员，除了担任本课程的教学任务多年，并且仍然奋斗在教学第一线的骨干教师以外，还有实践经验丰富的实干家，对于相关知识点的剖析会更能提高学生的理解和兴趣。书中安排了大量的实例，每章都配有复习题，以帮助学生加强记忆和理解，培养实际应用能力。

本书由安徽财经大学王志远、内蒙古科技大学张爱琳和丁超担任主编，内蒙古科技大学赵娜担任副主编，全书由王志远、张爱琳、丁超统编定稿。具体编写分工如下：

第二章、第三章由王志远编写；第五章、第六章由张爱琳编写；第四章、第八章由丁超编写；第一章、第七章由赵娜编写。云南大学王永乔参与了本书的审稿工作。

本书在编写过程中参考了有关文献资料和优秀教材，以及造价工程师执业资格考试培训教材，在此谨向这些文献和教材的作者表示衷心的感谢！

鉴于编者水平所限，书中不妥之处，恳请广大读者批评指正。

编　者

2023 年 3 月

目　录

第一章　工程造价管理概论

第一节　工程造价

一、工程造价的含义

工程造价通常是指建设工程产品的建造价格，本质上属于价格范畴。在市场经济条件下，工程造价有两种含义。

含义一：从投资者（业主）角度分析，工程造价是指建设一项工程预期开支或实际开支的全部固定资产投资费用。投资者为了获得投资项目的预期效益，需要对项目进行策划决策、建设实施（设计、施工）直至竣工验收等一系列活动。在上述活动中所花费的全部费用即构成工程造价。从这个意义上讲，工程造价就是建设工程固定资产总投资。

含义二：从市场角度分析，工程造价是指工程价格，即工程承发包交易活动中形成的建筑安装工程的价格和建设工程总价格。显然，工程造价的第二种含义是指以建设工程这种特定的商品形式作为交易对象，通过招标投标或其他交易方式，在进行多次预估的基础上，最终由市场形成的价格。这里的工程涵盖范围很大，既可以是一个建设工程项目，也可以是其中的一个单项工程，甚至可以是整个建设工程中的某个阶段，如土地熟化、建筑安装工程、装饰工程，或者其中的某个部分。随着技术的进步、分工的细化、市场的完善，工程项目建设的中间产品会越来越多，商品交换会更加频繁，工程价格的种类和形式也会更为丰富。例如，商品房价格就是一种有加价的工程价格。

工程造价的两种含义是从不同角度把握同一事物本质。前者是从投资者即业主的角度来定义的，反映的是投资者投入与产出的关系。从这个意义上说，工程造价就是工程投资费用，建设工程造价就是建设工程项目固定资产总投资。后者则从市场交易的角度去定义的，反映的是建设工程市场中以建筑产品为对象的商品交换关系。对规划、设计、承包商等来说，工程造价是其出售商品和劳务的价格总和，或特指范围的工程造价，如建筑安装工程造价。从市场交易过程来说，工程造价通常被认定为工程项目承发包价格，即合同价。

二、工程造价的特点

工程造价的特点是由建设工程项目的特点决定的。工程造价具有以下特点。

（一）大额性

建设工程不仅实物体积庞大，消耗的资源巨大，而且造价高，动辄数百上千万元，甚至有些特大建设工程项目造价可达数百亿元。建设工程造价的大额性不仅关系到有关方面的重大经济利益，同时也对宏观经济产生重大影响。因此工程造价的大额性的特点引起了建设各方的高度重视。

（二）个别性和差异性

任何一项建设工程都有特定的用途、功能和规模。因此对每一个建设工程项目的结构、造型、工艺设备、建筑材料和内外装饰等都有具体的要求，这就使建设工程项目的实物形态千差万别，而这种差异最终形成了造价的不同。此外，由于建筑物所处的地理位置、建造时间的不同，工程造价也会有很大差异。

（三）动态性

任何一个建设工程项目从投资决策到交付使用，都有一个建设周期。在此期间，存在许多影响工程造价的动态因素，如物价、工资标准、人为因素、自然条件、设备材料价格、费率、利率等的变化，而这些变化势必会影响工程造价的变动。所以整个建设工程项目处在不确定的状态中。工程造价需要根据不同的建设时期、外界环境的动态变化因素进行适时调整，直至竣工结算时才能最终确定工程的实际造价。

（四）层次性

工程造价的层次性由建设工程项目的层次性决定。一个工程项目往往会包含多个能够独立发挥效能的单项工程（车间、写字楼等）。一个单项工程又会由能够各自发挥专业效能的多个单位工程（土建工程、电气安装工程等）组成。与此相对应，工程造价至少有建设工程总造价、单项工程造价和单位工程造价三个层次。如果专业分工更细，单位工程（如土建工程）又可细分为分部工程（如基础工程）、分项工程（如混凝土工程），这样工程造价就可细分为四个层次。

（五）兼容性

工程造价的兼容性是由其丰富的内涵决定的。工程造价的两种含义决定了工程造价既可以指建设工程项目的固定资产，也可以指建筑安装工程造价；既可以指工程项目的招标控制价，又可以指工程项目的投标报价。

三、工程造价的相关概念

工程实践中，经常会用到以下概念，这些概念与工程造价密切相关。

（一）静态投资与动态投资

静态投资是指不考虑物价上涨、建设期贷款利息等影响因素的建设投资。静态投资包括建筑安装工程费、设备及工器具购置费、工程建设其他费、基本预备费，以及因工程量误差引起的工程造价增减值等。

动态投资是指考虑物价上涨、建设期贷款利息等影响因素的建设投资。动态投资除包括静态投资外，还包括建设期贷款利息、涨价预备费等。相比之下，动态投资更符合市场价格运行机制，使投资确定和控制更加符合实际。

静态投资与动态投资密切相关。动态投资包含静态投资，静态投资是动态投资最主要的组成部分，也是动态投资的计算基础。

（二）建设工程项目总投资与固定资产投资

建设工程项目总投资是指为完成工程项目建设，在建设期预计（或实际）投入的全部费用总和。建设工程项目按用途可分为生产性建设工程项目和非生产性建设工程项目。生产性建设工程项目总投资包括固定资产投资和流动资产投资两部分；非生产性建设工程项目总投资只包括固定资产投资，不包括流动资产投资。建设工程项目总造价是指工程项目总投资中的固定资产投资总额。

固定资产投资是投资主体为达到预期收益的资金垫付行为。建设工程项目固定资产投资也就是建设工程项目造价，两者在量上是等同的。其中建筑安装工程投资也就是建筑安装工程造价，两者在量上也是等同的。从这里也可以看出工程造价两种含义的同一性。

（三）建筑安装工程造价

建筑安装工程造价也称建筑安装产品价格。从投资者角度看，它是建设工程项目投资中的建筑安装工程投资，也是工程造价的组成部分。从市场交易角度看，建筑安装实际造价是投资者与承包商双方共同认可的，由市场形成的价格。

四、工程计价及其特征

工程计价就是计算和确定建设工程项目的工程造价。具体指工程造价人员在建设工程项目的各个阶段，根据各个阶段的不同要求，按照一定的计价原则和程序，采用科学的计价办法，对投资项目做出科学的计算，使其具备合理的价格，从而确定投资项目的工程造价，进而编制出工程造价的经济文件。

由于建设工程产品的特点和工程建设内部生产关系的特殊性，所以建设工程产品的计价和其他商品相比有其比较特殊的特点。

（一）计价的单件性

建筑产品的单件性特点决定了每项工程都必须单独计算造价。

（二）计价的多次性

工程项目需要按程序进行策划决策和建设实施，工程计价也需要在不同阶段多次进行，以保证工程造价计算的准确性和控制的有效性。多次计价是一个逐步深入和细化、不断接近实际造价的过程。工程多次计价过程，如图1-1所示。

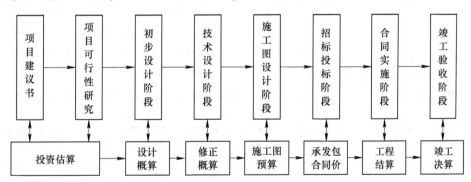

图1-1 工程多次计价过程示意图

（1）投资估算，是指在项目建议书和可行性研究阶段通过编制估算文件预先测算的工程造价。投资估算是进行项目决策、筹集资金和合理控制造价的主要依据。

（2）设计概算，是指在初步设计阶段，根据设计意图，通过编制工程概算文件，预先测算的工程造价。与投资估算相比，设计概算的准确性有所提高，但受投资估算的控制。

设计概算一般又可分为建设项目总概算、各单项工程综合概算和各单位工程概算。

（3）修正概算，是指在技术设计阶段，根据技术设计要求，通过编制修正概算文件预先测算的工程造价。修正概算是对初步设计概算的修正和调整，比设计概算准确，但受设计概算控制。

（4）施工图预算，是指在施工图设计阶段，根据施工图纸，通过编制预算文件预先测算的工程造价。施工图预算比设计概算或修正概算更为详尽和准确，但同样要受前一阶段工程造价的控制。目前，有些工程项目在招标时需要确定招标控制价，以限制最高投标报价。

（5）承发包合同价，是指在工程发承包阶段通过签订合同所确定的价格。合同价属于市场价格，它是由发承包双方根据市场行情通过招标投标等方式达成一致、共同认可的成交价格。但应注意，合同价并不等同于最终结算的实际工程造价。由于计价方式不同，合同价的内涵也会有所不同。

（6）工程结算，工程结算包括施工过程中的中间结算和竣工验收阶段的竣工结算。工程结算需要按实际完成合同范围内的合格工程量考虑，同时按合同调价范围和调价方法对实际发生的工程量增减、设备和材料价差等进行调整后确定结算价格。工程结算反映的是工程项目实际造价。工程结算文件一般由承包单位编制，由发包单位审查，也可委托工程造价咨询机构进行审查。

（7）竣工决算，是指工程竣工决算阶段，以实物数量和货币指标为计量单位，综合反映竣工项目从筹建开始到项目竣工交付使用为止的全部建设费用。竣工决算文件一般由建设单位编制，上报相关主管部门审查。

上述不同计价过程之间存在的差异，见表1-1。

表1-1　不同计价过程的对比

类别	编制阶段	编制单位	编制依据	用途
投资估算	项目建议书、可行性研究	建设单位、工程咨询机构	投资估算指标	投资决策
设计概算、修正概算	初步设计、扩大初步设计	设计单位	概算指标	控制投资及造价
施工图预算	施工图设计	施工单位或设计单位、工程咨询机构	预算定额或消耗量定额	编制招标控制价、投标报价等
承发包合同价	招标投标	发承包双方	概（预）算定额、工程量清单	达成一致、共同认可的成交价格
工程结算	施工	施工单位	预算定额、工程量清单、设计及施工变更资料	确定工程实际建造价格
竣工决算	竣工验收	建设单位	预算定额、工程量清单、工程建设其他费用定额、竣工决算资料	确定工程项目实际投资

（三）计价的组合性

工程造价的计算与建设项目的组合性有关。一个建设项目是一个工程综合体，可按单项工程、单位工程、分部工程、分项工程等不同层次把其分解为许多有内在联系的组成部分。建设项目的组合性决定了工程计价的逐步组合过程。工程计价的组合过程是：分部分项工程造价→单位工程造价→单项工程造价→建设项目总造价。

（四）计价方法的多样性

工程项目的多次计价有其各不相同的计价依据，每次计价的精确度要求也各不相同，由此决定了计价方法的多样性。例如，投资估算方法有设备系数法、生产能力指数估算法等，概预算方法有单价法和实物法等。不同方法有不同的适用条件，计价时应根据具体情况加以选择。

（五）计价依据的复杂性

工程造价的影响因素较多决定了工程计价依据的复杂性。计价依据主要可分为以下七类：

（1）设备和工程量计算依据，包括项目建议书、可行性研究报告、设计文件等；

（2）人工、材料、机械等实物消耗量计算依据，包括投资估算指标、概算定额、预算定额等；

（3）工程单价计算依据，包括人工单价、材料价格、材料运杂费、机械台班费等；

（4）设备单价计算依据，包括设备原价、设备运杂费、进口设备关税等；

（5）措施费、间接费和工程建设其他费用计算依据，主要是相关的费用定额和指标；

（6）政府规定的税费，包括社会保险费、工程排污费、增值税等；

（7）物价指数和工程造价指数，包括建筑安装工程造价指数、设备工器具价格指数和工程建设其他费用指数等。

第二节　工程造价管理

一、工程造价管理基本内涵

工程造价管理是指综合运用技术、经济、法律、组织和管理等多种手段，合理制订工程项目建设各阶段的成本计划，并在工程项目建设全过程中严格执行成本计划，将建设成本控制在适宜的范围内，从而达到业主投资的目的。它是建设工程市场管理的重要组成部分和核心内容，同时也是工程项目管理的重要组成部分。工程造价管理既涵盖工程价格管理，也涵盖工程费用管理。

（一）工程价格管理

工程价格管理是指对市场交易行为的监督和约束，以及对交易价格的管理和调控。在社会主义市场经济条件下，工程价格管理可分为两个层次：在宏观层面上，是指政府根据社会经济发展需要，利用法律、经济和行政等手段规范市场主体价格行为，对工程价格进行管理和调控；在微观层面上，是指参与建筑市场交易的各方主体为实现其管理目标而进行的计价、定价和竞价等活动。

（二）工程费用管理

工程费用管理是指在拟定规划及设计方案、招标投标、工程施工直至竣工验收的整个过程中，预测、确定和监控费用的一系列活动。工程费用管理既包括业主方对工程投资费用的管理，也包括承包方对承包工程的实施费用管理。业主方投资费用管理的范围要比承包方费用管理的范围广，前者包括自建设工程策划决策到竣工验收全过程的投资费用管理，而后者只包括承包单位在承包范围内的工程费用管理。

二、工程造价管理内容及原则

（一）工程造价管理主要内容

在工程建设全过程的不同阶段，工程造价管理有着不同的工作内容，其目的是在优化建设方案、设计方案和施工方案的基础上有效控制建设工程项目的实际费用支出。

（1）工程项目策划阶段：按照有关规定编制和审核投资估算，经有关部门批准即可作为拟建工程项目的控制造价；基于不同的投资方案进行经济评价，作为工程项目决策的重要依据。

（2）工程设计阶段：在限额设计、优化设计方案的基础上编制和审核工程概算、施工图预算。对于政府投资工程而言，经有关部门批准的工程概算将作为拟建工程项目造价的最高限额。

（3）工程承发包阶段：进行招标策划，编制和审核工程量清单、招标控制价或标底，确定投标报价及其策略，直至确定承包合同价。

（4）工程施工阶段：进行工程计量及工程款支付管理，实施工程费用动态监控，处理工程变更和索赔。

（5）工程竣工阶段：编制和审核工程结算、编制竣工决算，处理工程保修费用等。

（二）工程造价管理基本原则

实施有效的工程造价管理，应遵循以下三项原则。

（1）以设计阶段为重点的全过程造价管理。工程造价管理贯穿于工程建设全过程的同时，应注重工程设计阶段的造价管理。工程造价管理的关键在于前期决策和设计阶段，而在项目投资决策后，控制工程造价的关键就在于设计。建设工程全寿命期费用包括工程造价和工程交付使用后的日常开支（含经营费用、日常维护修理费用、使用期内大修理和局部更新费用）以及该工程使用期满后的报废拆除费用等。

长期以来，我国往往将控制工程造价的主要精力放在施工阶段审核——施工图预算和结算建筑安装工程价款审核，而对工程项目策划决策和设计阶段的造价控制重视不够。为有效地控制工程造价，应将工程造价管理的重点转到工程项目的策划决策和设计阶段。

（2）主动控制与被动控制相结合。长期以来，人们一直把控制理解为目标值与实际值的比较，以及当实际值偏离目标值时，分析其产生偏差的原因，并确定下一步对策。但这种立足于"调查—分析—决策"基础之上的"偏离—纠偏—再偏离—再纠偏"的控制是一种被动控制，这样做只能发现偏离，而不能预防可能发生的偏离。为尽量减少甚至避免目标值与实际值的偏离，还必须立足于事先主动采取控制措施，实施主动控制。也就是说，工程造价控制不仅要反映投资决策，反映工程设计、发包和施工，被动地控制工程造价，更要能动地影响投资决策，影响工程设计、发包和施工，主动地控制工程造价。

（3）技术与经济相结合。要有效地控制工程造价，应从组织、技术、经济等多方面采取措施。从组织上采取措施，包括明确项目组织结构，明确造价控制人员及其任务，明确管理职能分工；从技术上采取措施，包括重视设计多方案选择，严格审查初步设计、技术设计、施工图设计、施工组织设计，深入研究节约投资的可能性；从经济上采取措施，包括动态比较造价的计划值与实际值，严格审核各项费用支出，采取对节约投资的有力奖励措施等。

应该看到，技术与经济相结合是控制工程造价最有效的手段。应通过技术比较、经济分析和效果评价，正确处理技术先进与经济合理之间的对立统一关系，力求在技术先进条件下的经济合理、在经济合理基础上的技术先进，将控制工程造价的观念渗透到各项设计和施工技术措施之中。

三、工程造价管理组织系统

工程造价管理的组织系统是指履行工程造价管理职能的有机群体。为实现工程造价管理目标而开展有效的组织活动，我国设置了多部门、多层次的工程造价管理机构，并规定了各自的管理权限和职责范围。

（一）政府行政管理系统

政府在工程造价管理中既是宏观管理主体，也是政府投资项目的微观管理主体。从宏观管理的角度，政府对工程造价管理有一个严密的组织系统，设置了多层管理机构，规定了管理权限和职责范围。

（1）国务院建设主管部门造价管理机构。其主要职责是：

1）组织制定工程造价管理有关法规、制度并组织贯彻实施；

2）组织制定全国统一经济定额和制定、修订本部门经济定额；

3）监督指导全国统一经济定额和本部门经济定额的实施；

4）制定和负责全国工程造价咨询企业的资质标准及其资质管理工作；

5）制定全国工程造价管理专业人员职业资格准入标准，并监督执行。

（2）国务院其他部门的工程造价管理机构。其包括水利、水电、电力、石油、石化机械、冶金、铁路、煤炭、建材、林业、有色、核工业、公路等行业和军队的造价管理机构，主要职责是修订、编制和解释相应的工程建设标准定额，有的还担负本行业大型或重点建设项目的概算审批、概算调整等职责。

（3）省、自治区、直辖市工程造价管理部门。其主要职责是修编、解释当地的定额、收费标准和计价制度等。此外，其还有开展工程造价审查（核）、提供造价信息、处理合同纠纷等职责。

（二）企事业单位管理系统

企事业单位的工程造价管理属微观管理范畴。设计单位、工程造价咨询单位等按照建设单位或委托方意图，在可行性研究和规划设计阶段合理确定和有效控制建设工程造价，通过限额设计等手段实现设定的造价管理目标。其在招标投标阶段，编制招标文件、标底或招标控制价，参加评标、合同谈判等工作；在施工阶段，通过工程计量与支付、工程变更与索赔管理等控制工程造价。设计单位、工程造价咨询单位通过工程造价管理业绩赢得声誉，提高市场竞争力。

工程承包单位的造价管理是企业自身管理的重要内容。工程承包单位设有专门的职能机构参与企业投标决策，并通过市场调查研究，利用过去积累的经验研究报价策略、提出报价。其在施工过程中进行工程造价的动态管理，注意各种调价因素的发生，及时进行工程价款结算，避免收益的流失，以促进企业盈利目标的实现。

（三）行业协会管理系统

中国建设工程造价管理协会是经住房和城乡建设部和民政部批准成立、代表我国建设工程造价管理的全国性行业协会，是亚太区测量师协会（The Pacific Association of Quantity Surveyors，PAQS）和国际造价管理联合会（ICEC）等相关国家组织的正式会员。

为了增强对各地工程造价咨询工作和造价工程师的管理，近年来，先后成立了各省、自治区、直辖市所属的地方工程造价管理协会。全国性造价管理协会与地方造价管理协会是平等、协商、相互支持的关系，地方协会接受全国性协会的业务指导，共同促进全国工程造价行业管理水平的整体提升。

四、建设工程全面造价管理

按照国际造价管理联合会（International Cost Engineering Council，ICEC）给出的定义，全面造价管理（Total Cost Management，TCM）是指有效地利用专业知识与技术，对资源、成本、盈利和风险进行筹划和控制。建设工程全面造价管理包括全寿命期造价管理、全过程造价管理、全要素造价管理和全方位造价管理。

（一）全寿命期造价管理

建设工程全寿命期造价是指建设工程初始建造成本和建成后日常使用成本之和，包括策划决策、建设实施、运行维护及拆除回收等各阶段费用。由于建设工程全寿命期较长，且在不同阶段的工程造价存在诸多不确定性，从而使建设工程全寿命期造价管理具有较大难度。因此，全寿命期造价管理主要是作为一种实现建设工程全寿命期造价最小化的指导思想，指导建设工程投资决策及实施方案的选择，最终提升建设工程投资价值。

（二）全过程造价管理

全过程造价管理是指覆盖建设工程策划决策及建设实施各阶段的造价管理，包括：策划决策阶段的项目策划、投资估算、经济评价、融资方案分析；设计阶段的限额设计、方案比选、概预算编制和审查；招标投标阶段的招标策划及实施、最高投标限价或标底编制、投标报价、合同签订；施工阶段的工程计量与结算、工程变更及索赔管理；竣工验收阶段的结算与决算等。

（三）全要素造价管理

建设工程造价与工期、质量、安全及环保等因素密切相关，因此，建设工程造价管理不能仅考虑工程本体建造成本，还应同时考虑控制工期成本、质量成本、安全成本及环保成本，从而实现建设工程造价、工期、质量、安全、环保等要素的集成管理。全要素造价管理的核心是按照优先性原则，协调和平衡工期、质量、安全、环保与造价之间的对立统一关系。

（四）全方位造价管理

建设工程造价管理不只是业主或承包单位的任务，而应是政府主管部门、行业协会、业主、设计单位、承包单位及监理/咨询单位的共同任务。尽管各方的地位、利益、角度等有所不同，但应在政府主管部门及行业协会的监管下，建立完善的协同工作机制，以实现对建设工程造价的有效控制。

建设工程全面造价管理体系构成如图1-2所示。

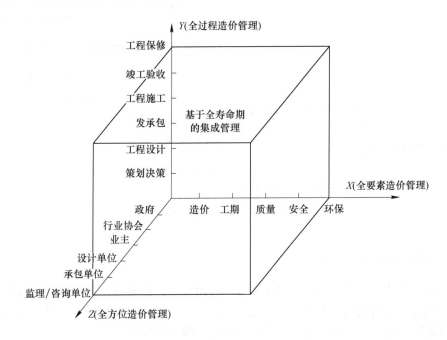

图1-2 建设工程全面造价管理体系构成

由图1-2可知，建设工程全面造价管理是基于全寿命期的全过程、全要素和全方位集成管理。全寿命期管理是最根本的指导思想，渗透于建设工程全过程、全要素、全方位造价管理中，X轴、Y轴、Z轴分别反映了建设工程全面造价管理体系的纵向管理范围（全过程）、横向管理范围（全要素）和管理主体（全方位）。全寿命期、全过程、全要素及全方位造价管理相互渗透、彼此联结，共同构成建设工程全面造价管理体系。

建立和实施建设工程全面造价管理体系，充分体现了建设工程造价管理的发展趋势，有利于改变建设工程造价管理的传统观念，优化建设工程资源配置，实现建设工程造价、工期、质量、安全及环保目标的集成化管理，提高建设工程投资效益。

第三节 建设工程项目总投资的构成

从业主的角度看，建设工程项目总投资是指在工程项目建设阶段所需要的全部费用的总和。生产性建设工程项目的总投资包括建设投资、建设期贷款利息和流动资金三部分；非生产性建设工程项目的总投资包括建设投资、建设期贷款利息两部分。其中，建设投资和建设期贷款利息之和对应于固定资产投资，建设工程项目总投资中的固定资产投资和建设工程项目的工程造价在量上是相等的。工程造价的构成由设备及工器具购置费、建筑安装工程费、工程建设其他费、预备费、建设期贷款利息和固定资产投资方向调节税构成，如图1-3所示。

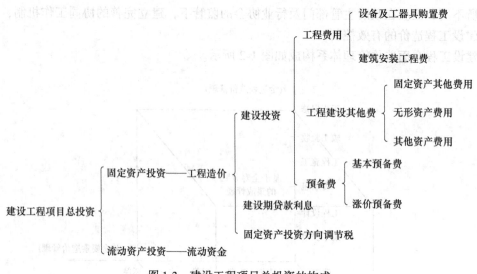

图 1-3　建设工程项目总投资的构成

一、设备及工器具购置费

设备及工器具购置费是指按照建设工程项目设计文件的要求，建设单位（或其委托单位）购置或自制的达到固定资产标准的设备和新建、扩建项目配置的首套工器具及生产家具所需的费用，由设备购置费和工器具及生产家具购置费组成。

（一）设备购置费

设备购置费是指为建设工程项目购置或自制的达到固定资产标准的各种国产或进口设备、工器具的费用。固定资产一般是指使用年限在 1 年以上，单位价值在 1000 元、1500元或 2000 元以上，具体标准由各主管部门确定。

设备购置费由设备原价和设备运杂费构成，计算公式如下：

$$设备购置费 = 设备原价 + 设备运杂费 \tag{1-1}$$

设备原价的构成与计算，由于设备来源渠道不同而不同。设备按照来源渠道可分为国产设备和进口设备。

1. 设备原价

（1）国产设备原价的构成及计算。国产设备原价一般指的是设备制造厂的交货价或订货合同价，即出厂（场）价格。它一般根据生产厂或供应商的询价、报价、合同价确定，或采用一定的方法计算确定。

国产设备原价分为国产标准设备原价和国产非标准设备原价。

1）国产标准设备原价。国产标准设备是指按照主管部门颁布的标准图纸和技术要求，由国内设备生产厂批量生产的，符合国家质量检测标准的设备。国产标准设备一般有完善的设备交易市场，因此可通过查询相关交易市场价格或向设备生产厂家询价得到国产标准设备原价。

2）国产非标准设备原价。国产非标准设备是指国家尚无定型标准，各设备生产厂不可能在工艺过程中采用批量生产，只能按订货要求并根据具体设计图纸制造的设备。非标准设备由于单件生产、无定型标准，所以无法获取市场交易价格，只能按其成本构成或相关技术参数估算其价格。非标准设备原价有多种不同的计算方法，如成本计算估价法、系列设备插入估价法、分部组合估价法、定额估价法等。成本计算估价法是其中一种比较常用的估算非标准设备原价的方法。按成本计算估价法，非标准设备的原价主要由材料费、加工费、辅助材料费、专用工具费、废品损失费、外购配套件费、包装费、非标准设备设计费、利润和增值税等构成。

（2）进口设备原价的构成及计算。进口设备原价是指进口设备的抵岸价，即进口设备抵达买方边境港口或边境车站，且交完关税等税费后形成的价格。进口设备抵岸价的构成与进口设备的交货类别有关。

进口设备的交货类别有内陆交货类、目的地交货类、装运港交货类。我国进口设备较多采用装运港船上交货价（FOB），习惯称离岸价格，即卖方负责在合同规定的装运港口和规定的期限内，将货物装上买方指定的船只，并及时通知买方，承担货物装船前的一切风险。而买方负责租船或订舱，支付运费，并将船期、船名通知卖方，承担货物装船后的一切费用和风险。

进口设备抵岸价的构成可以概括为

$$进口设备抵岸价 = 货价 + 国际运费 + 运输保险费 + 银行财务费 + 外贸手续费 +$$
$$关税 + 增值税 + 消费税 + 海关监管手续费 + 车辆购置附加费 \qquad (1\text{-}2)$$

1）货价，一般指装运港船上交货价（FOB）（如美元需考虑外汇牌价折成人民币）。

2）国际运费，计算公式为

$$国际运费(海、陆、空) = 原币货价(FOB) \times 运费率(\%)$$

3）运输保险费，对贸易货物运输保险是由保险人与被保险人订立保险契约，在被保险人交付议定的保险费后，保险人根据保险契约的规定对货物在运输过程中发生的承保责任范围内的损失给予经济上的补偿，属于财产保险，计算公式为

$$运输保险费 = \frac{原币货价(FOB) + 国外运费}{1 - 保险费率(\%)} \times 保险费率 \qquad (1\text{-}3)$$

4）银行财务费，一般指银行手续费，费率一般为 0.4%~0.5%，计算公式为

$$银行财务费 = 离岸价格(FOB) \times 人民币外汇汇率 \times 银行财务费率 \qquad (1\text{-}4)$$

5）外贸手续费，是指按规定的外贸手续费率计取的费用，费率一般为 1.5%，计算公式为

$$[装运港船上交货价(FOB) + 国际运费 + 运输保险费] \times 人民币外汇汇率 \times 外贸手续费率(\%)$$
$$(1\text{-}5)$$

其中装运港船上交货价（FOB）+国际运费+运输保险费也称到岸价（CIF）。

6）关税，计算公式为

$$关税 = 到岸价(CIF) \times 人民币外汇汇率 \times 关税税率(\%) \qquad (1\text{-}6)$$

7）进口环节增值税，是我国政府对从事进口贸易的单位和个人，在进口商品报关进口后征收的税种，计算公式为

$$增值税 = 组成计税价格 \times 增值税税率(\%) \qquad (1\text{-}7)$$
$$组成计税价格 = 到岸价(人民币) + 关税 + 消费税 \qquad (1\text{-}8)$$

8）消费税，对部分进口设备（如轿车、摩托车等）征收，工程设备一般不收取。

9）车辆购置附加费，计算公式为

$$车辆购置附加费 = (到岸价 + 关税 + 消费税) \times 车辆购置附加费费率(\%) \qquad (1\text{-}9)$$

10）海关监管手续费，是指海关对经核准予以减税、免税进口货物或保税进口货物，按照国家政策实施监督管理和提供服务而收取的一种手续费用。

【例 1-1】 某进口设备的到岸价为 100 万元，银行财务费为 0.5 万元，外贸手续费费率为 1.5%，关税税率为 20%，增值税税率为 17%，该设备无消费税，则该进口设备的抵岸价是多少？

解：

到岸价 = 100（万元）

银行财务费 = 0.5（万元）

外贸手续费 = 100×1.5% = 1.5（万元）

关税 = 100×20% = 20（万元）

增值税 = （100+20）×17% = 20.4（万元）

进口设备的抵岸价 = 100+0.5+1.5+20+20.4 = 142.4（万元）

2. 设备运杂费

设备运杂费是指国内采购设备自来源地、国外采购设备自到岸港运至工地仓库或指定堆放地点发生的采购、运输、运输保险、保管、装卸等费用。

（1）设备运杂费的构成。

1）运费和装卸费。国产设备由设备制造厂交货地点起至工地仓库（或施工组织设计指定的需要安装设备的堆放地点）止所发生的运费和装卸费；进口设备由我国到岸港口或边境车站起至工地仓库（或施工组织设计指定的需要安装设备的堆放地点）止所发生的运费和装卸费。

2）包装费。在设备原价中没有包含的，为运输而进行的包装支出的各种费用。一般也可称为二次包装费和途中包装费。

3）设备供销部门的手续费。按有关部门规定的统一费率计算。

4）采购与仓库保管费。采购与仓库保管费指采购、验收、保管和收发设备所发生的各种费用，包括设备采购人员、保管人员和管理人员的工资、工资附加费、办公费、差旅交通费，设备供应部门办公和仓库所占固定资产使用费、工具用具使用费、劳动保护费、检验试验费等。这些费用可按主管部门规定的采购与保管费费率计算。

（2）设备运杂费的计算。设备运杂费按设备原价乘以设备运杂费率计算，其计算公式为

$$设备运杂费 = 设备原价 × 设备运杂费率 \tag{1-10}$$

其中，设备运杂费率按各部门及省、自治区、直辖市的有关规定计取。

（二）工器具及生产家具购置费

工器具及生产家具购置费是指为保证建设工程项目初期生产，按照初步设计图纸要求购置或自制的没有达到固定资产标准的设备、工器具及家具的费用。

1. 工器具及生产家具购置费的构成

工器具及生产家具购置费包含所有初步设计图纸要求的没有达到固定资产标准的设备、仪器、工卡模具、器具、生产家具和备品备件等的购置费用。

2. 工器具及生产家具购置费的计算

工器具及生产家具购置费一般是在设备购置费的基础上乘以一定的费率而计算出来的，其计算公式为

$$工器具及生产家具购置费 = 设备购置费 × 工器具及生产家具定额费率（\%） \tag{1-11}$$

二、建筑安装工程费

建筑安装工程费是指建设单位支付给从事建筑安装工程的施工单位的全部生产费用，包括用于建筑物的建造及有关的准备、清理等工程的投资，用于需要安装设备的安置、装配工作的投资，具体包括直接费、间接费、利润及税金四大部分。

（一）建筑安装工程费的构成

建筑安装工程费按照费用构成要素划分，由人工费、材料（包含工程设备，下同）费、施工机具使用费、企业管理费、利润、规费和税金组成。其中人工费、材料费、施工机具使用费、企业管理费和利润包含在分部分项工程费、措施项目费、其他项目费中。

建筑安装工程费构成如图1-4所示。

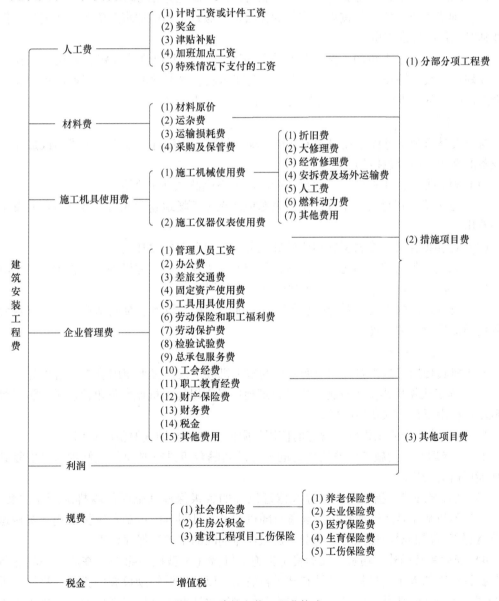

图1-4　建筑安装工程费构成

1. 人工费

人工费是指按工资总额构成的规定，支付给从事建筑安装工程施工的生产工人和附属生产单位工人的各项费用，内容包括如下。

（1）计时工资或计件工资。指按计时工资标准和工作时间或对已做工作按计件单价支付给个人的劳动报酬。

（2）奖金。指对超额劳动和增收节支支付给个人的劳动报酬，如节约奖、劳动竞赛奖等。

（3）津贴补贴。指为了补偿职工特殊或额外的劳动消耗和因其他特殊原因支付给个人的津贴，以及为了保证职工工资水平不受物价影响支付给个人的物价补贴，如流动施工津贴、特殊地区施工津贴、高温（寒）作业临时津贴、高空津贴等。

（4）加班加点工资。指按规定支付的在法定节假日工作的加班工资和在法定日工作时间外延时工作的加点工资。

（5）特殊情况下支付的工资。指根据国家法律、法规和政策规定，因病、工伤、产假、计划生育假、婚丧假、事假、探亲假、定期休假、停工学习、执行国家或社会义务等原因按计时工资标准或计时工资标准的一定比例支付的工资。

2. 材料费

材料费是指施工过程中耗费的原材料、辅助材料、构配件、零件、半成品或成品、工程设备的费用，内容包括如下。

（1）材料原价。指材料、工程设备的出厂价格或商家供应价格。

（2）运杂费。指材料、工程设备自来源地运至施工场地仓库或指定堆放地点所发生的全部费用。

（3）运输损耗费。指材料在运输装卸过程中不可避免的损耗。

（4）采购及保管费。指为组织采购、供应和保管材料、工程设备的过程中所需要的各项费用，包括采购费、仓储费、工地保管费、仓储损耗。

工程设备是指构成或计划构成永久工程一部分的机电设备、金属结构设备、仪器装置及其他类似的设备和装置。

3. 施工机具使用费

施工机具使用费是指施工作业所发生的施工机械、仪器仪表使用费或其租赁费。

（1）施工机械使用费。以施工机械台班耗用量乘以施工机械台班单价表示。施工机械台班单价应由下列七项费用组成。

1）折旧费。指施工机械在规定的使用年限内，陆续收回其原值的费用。

2）大修理费。指施工机械按规定的大修理间隔台班进行必要的大修理，以恢复其正常功能所需的费用。

3）经常修理费。指施工机械除大修理以外的各级保养和临时故障排除所需的费用，包括为保障机械正常运转所需替换设备与随机配备工具附具的摊销和维护费用，机械运转中日常保养所需润滑与擦拭的材料费及机械停滞期间的维护和保养费等。

4）安拆费及场外运输费。安拆费是指施工机械（大型机械除外）在施工现场进行安装与拆卸所需的人工、材料、机械和试运转费用，以及机械辅助设施的折旧、搭设、拆除等费用；场外运输费是指施工机械整体或分体自停放地点运至施工现场或由一施工地点运至另一施工地点所需的运输、装卸、辅助材料及架线等费用。

5）人工费。指支付给施工机械上司机（司炉）和其他操作人员的费用。

6）燃料动力费。指施工机械在运转作业中所消耗的各种燃料及水、电等所需的费用。

7）其他费用。指施工机械按照国家规定应缴纳的车船使用税、保险费及检测费等费用。

（2）施工仪器仪表使用费。以施工仪器仪表台班耗用量乘以施工仪器仪表台班单价表示。施工仪器仪表台班单价由下列四项费用组成。

1）折旧费。指施工仪器仪表在耐用总台班内，陆续收回其原值的费用。

2）维护费。指施工仪器仪表各级维护、临时故障排除所需的费用及保证仪器仪表正常使用所需备件（备品）的维护费用。

3）校验费。指按国家与地方政府规定的标定与检验的费用。

4）动力费。指施工仪器仪表在使用过程中所耗用的电费。

4. 企业管理费

企业管理费是指建筑安装企业组织施工生产和经营管理所需的费用，内容包括如下。

（1）管理人员工资。指按规定支付给管理人员的计时工资、奖金、津贴补贴、加班加点工资及特殊情况下支付的工资等。

（2）办公费。指企业管理办公用的文具、纸张、账表、印刷、邮电、书报、办公软件、现场监控、会议、水电、烧水和集体取暖降温（包括现场临时宿舍取暖降温）等所需的费用。

（3）差旅交通费。指职工因公出差、调动工作的差旅费、住勤补助费，市内交通费和误餐补助费，职工探亲路费，劳动力招募费，职工退休、退职一次性路费，工伤人员就医路费，工地转移费，以及管理部门使用的交通工具的油料、燃料等费用。

（4）固定资产使用费。指管理和试验部门及附属生产单位使用的属于固定资产的房屋、设备、仪器等的折旧、大修、维修或租赁费。

（5）工具用具使用费。指企业施工生产和管理使用的不属于固定资产的工具、器具、家具、交通工具和检验、试验、测绘、消防用具等的购置、维修和摊销费。

（6）劳动保险和职工福利费。指由企业支付的职工退职金、按规定支付给离休干部的经费，集体福利费、夏季防暑降温费、冬季取暖补贴、上下班交通补贴等。

（7）劳动保护费。指企业按规定发放的劳动保护用品的支出，如工作服、手套、防暑降温饮料，以及在有碍身体健康的环境中施工的保健等所需的费用。

（8）检验试验费。指施工企业按照有关标准规定，对建筑及材料、构件和建筑安装物进行一般鉴定、检查所发生的费用，包括自设实验室进行试验所耗用的材料等费用。

所谓一般鉴定、检查，是指按相应规范所规定的材料品种、材料规格、取样批量、取样数量、取样方法和检测项目等内容所进行的鉴定、检查。例如，砌筑砂浆配合比设计、砌筑砂浆抗压试块、混凝土配合比设计、混凝土抗压试块等施工单位自制或自行加工材料按规范规定的内容所进行的鉴定、检查。

（9）总承包服务费。指总承包人为配合、协调发包人根据国家有关规定进行专业工程发包、自行采购材料、设备等进行现场接收、管理（非指保管），以及施工现场管理、竣工资料汇总整理等服务所需的费用。

（10）工会经费。指企业按《中华人民共和国工会法》规定的全部职工工资总额比例计提的工会经费。

（11）职工教育经费。指按职工工资总额的规定比例计提，企业为职工进行专业技术和职业技能培训，专业技术人员继续教育、职工职业技能鉴定、职业资格认定，以及根据需要对职工进行各类文化教育所发生的费用。

（12）财产保险费。指施工管理用财产、车辆等的保险费用。

（13）财务费。指企业为施工生产筹集资金或提供预付款担保、履约担保、职工工资支付担保等所发生的各种费用。

（14）税金。指企业按规定缴纳的房产税、车船使用税、土地使用税、印花税等。

（15）其他费用。包括技术转让费、技术开发费、投标费、业务招待费、绿化费、广告费、公证费、法律顾问费、审计费、咨询费、保险费等费用。

5. 利润

利润是指施工企业完成所承包工程获得的盈利。

6. 规费

规费是指按国家法律、法规规定，由省级政府和省级有关权力部门规定必须缴纳或计取的费用，内容包括如下。

（1）社会保险费。包括：

1）养老保险费，指企业按照规定标准为职工缴纳的基本养老保险费；

2）失业保险费，指企业按照规定标准为职工缴纳的失业保险费；

3）医疗保险费，指企业按照规定标准为职工缴纳的基本医疗保险费；

4）生育保险费，指企业按照规定标准为职工缴纳的生育保险费；

5）工伤保险费，指企业按照规定标准为职工缴纳的工伤保险费。

（2）住房公积金。是指企业按规定标准为职工缴纳的住房公积金。

（3）建设工程项目工伤保险。在工程开工前向社会保险经办机构缴纳，应在建设工程项目所在地参保。按建设工程项目参加工伤保险的，建设工程项目确定中标企业后，建设单位在工程项目开工前将工伤保险费一次性拨付给总承包单位，由总承包单位为该建设工程项目使用的所有职工统一办理工伤保险参保登记和缴费手续。

其他应列而未列入的规费，按实际发生计取（例如，工程排污费，根据《中华人民共和国环境保护税法》的相关规定，原规费中的工程排污费现已停止征收，是否在规费中开列相应替代项目应按各地市相关规定执行。如山东省建筑安装工程费规费项目中暂列环境保护税，同时在规费中增设优质优价费）。

7. 税金

税金是指国家税法规定的应计入建筑安装工程造价内的增值税。其中甲供材料、甲供设备不作为增值税的计税基础。在计算税金时，分一般计税法和简易计税法两种方法。

注意：（1）费用组成及计算规则中的各项费率，是以当期人工、材料、施工机械台班的除税价格进行测算。税前工程造价为人工费、材料费、施工机具使用费、企业管理费、利润和规费之和，各费用项目均以不包含增值税（可抵扣进项税额）的价格计算。

（2）有些地区把安全文明施工费放入规费中，要求按照工程所在地的规定费率计取，不可竞争。安全文明施工费包括：1）环境保护费，是指施工现场为达到环境保护部门要求所需的各项费用；2）文明施工费，是指施工现场文明施工所需的各项费用；3）安全施工费，是指施工现场安全施工所需的各项费用；4）临时设施费，是指施工企业为进行建设工程施工所必须搭设的生活和生产用的临时建筑物、构筑物和其他临时设施等所需的费用。

（二）建筑安装工程费的计算

1. 人工费

$$人工费 = \sum (工日消耗量 \times 日工资单价) \tag{1-12}$$

$$日工资单价 = \frac{生产工人平均月工资(计时、计件) + 平均月(奖金 + 津贴补贴 + 特殊情况下支付的工资)}{年平均每月法定工作日} \tag{1-13}$$

影响建筑安装工人人工工日单价（以下简称人工单价）的因素很多，归纳起来有以下几方面。

（1）社会平均工资水平。建筑安装工人人工单价必然和社会平均工资水平趋同。社会平均工资水平取决于经济发展水平。由于我国改革开放以来经济迅速增长，社会平均工资也有大幅度增长，从而使人工单价大幅度提高。

（2）生活消费指数。生活消费指数是反映与居民生活有关的商品及劳务价格统计出来的物价变动指标。其变动会直接影响人工工日单价的提高或下降。

（3）人工单价的组成内容。例如，住房消费、养老保险、医疗保险、失业保险等列入人工单价，会使人工单价提高。

（4）劳动力市场供需变化。劳动力市场如果需求大于供给，人工单价就会提高，供给大于需求，市场竞争激烈，人工单价就会下降。

（5）政府行为的影响。政府推行的社会保障和福利政策也会引起人工单价的变动。

2. 材料费

$$材料费 = \sum (材料消耗量 \times 材料单价)$$

$$材料单价 = \{(材料原价 + 运杂费) \times [1 + 运输损耗率(\%)]\} \times [1 + 采购保管费费率(\%)] \tag{1-14}$$

工程设备费的基本计算公式为

$$工程设备费 = \sum (工程设备量 \times 工程设备单价) \tag{1-15}$$

$$工程设备单价 = (设备原价 + 运杂费) \times [1 + 采购保管费费率(\%)] \tag{1-16}$$

影响材料预算价格变动的因素有很多，主要如下。

（1）市场供需变化。材料原价是材料预算价格中最基本的组成。市场供给大于需求，价格就会下降；反之，价格就会上升，从而也就会影响材料预算价格的涨落。

（2）材料生产成本的变动直接涉及材料预算价格的波动。

（3）流通环节的多少和材料供应体制也会影响材料预算价格。

（4）运输距离和运输方法的改变会影响材料运输费用的增减，从而也会影响材料预算价格。

（5）国际市场行情会对进口材料价格产生影响。

3. 施工机械使用费

$$施工机械使用费 = \sum (施工机械台班消耗量 \times 施工机械台班单价) \tag{1-17}$$

施工机械台班单价 = 台班折旧费 + 台班大修费 + 台班经常修理费 + 台班安拆费及场外运输费 + 台班人工费 + 台班燃料动力费 + 台班车船税费　(1-18)

施工仪器仪表使用费 = 工程使用的仪器仪表摊销费 + 维修费　(1-19)

4. 措施项目费

$$措施项目费 = \sum（措施项目工程量 \times 综合单价）\quad (1-20)$$

《建设工程工程量清单计价规范》(GB 50500—2013) 规定不宜计量的措施项目计算方法如下。

(1) 安全文明施工费：

$$安全文明施工费 = 计算基数 \times 安全文明施工费费率(\%)\quad (1-21)$$

计算基数应为定额基价（定额分部分项工程费+定额中可以计量的措施项目费）或定额人工费+定额机械费，其费率由工程造价管理机构根据各专业工程的特点综合确定。

(2) 夜间施工增加费：

$$夜间施工增加费 = 计算基数 \times 夜间施工增加费费率(\%)\quad (1-22)$$

(3) 二次搬运费：

$$二次搬运费 = 计算基数 \times 二次搬运费费率(\%)\quad (1-23)$$

(4) 冬雨季施工增加费：

$$冬雨季施工增加费 = 计算基数 \times 冬雨季施工增加费费率(\%)\quad (1-24)$$

(5) 已完工程及设备保护费：

$$已完工程及设备保护费 = 计算基数 \times 已完工程及设备保护费费率(\%)$$

上述 (2)~(5) 措施项目的计算基数应为定额人工费或定额人工费+定额机械费，其费率由工程造价管理机构根据各专业工程特点和调查资料综合分析后确定。

5. 企业管理费

企业管理费的计算核心点在于计算企业管理费费率，而确定企业管理费费率分以下三种计算基础。

(1) 以分部分项工程费为计算基础：

$$企业管理费费率(\%) = \frac{生产工人年平均管理费}{年有效施工天数 \times 人工单价} \times 人工费占分部分项工程费比例(\%)$$

$$\quad (1-25)$$

(2) 以人工费和机械费合计为计算基础：

$$企业管理费费率(\%) = \frac{生产工人年平均管理费}{年有效施工天数 \times（人工单价 + 每一工日机械使用费）} \times 100\%$$

$$\quad (1-26)$$

(3) 以人工费为计算基础：

$$企业管理费费率(\%) = \frac{生产工人年平均管理费}{年有效施工天数 \times 人工单价} \times 100\%\quad (1-27)$$

6. 利润

施工企业根据企业自身需求并结合建设工程市场实际自主确定，列入报价中。

建议利润在税前建筑安装工程费中的比例可按不低于 5%，且不高于 7%的费率计算。利润应列入分部分项工程和措施项目费中。

7. 规费

规费包括如下。

（1）社会保险费和住房公积金。社会保险费和住房公积金应以定额人工费为计算基础，根据工程所在地省、自治区、直辖市或行业建设主管部门的规定费率计算，即

$$社会保险费和住房公积金 = \sum [工程定额人工费 \times 社会保险费和住房公积金费率(\%)]$$

社会保险费和住房公积金费率可以每万元发承包价的生产工人人工费和管理人员工资含量与工程所在地规定的缴纳标准综合分析取定。

（2）环境保护税。环境保护税应按工程所在地环境保护等部门规定的标准缴纳，按实计取列入。

（3）建设工程项目工伤保险。按建设工程项目参加工伤保险的，建设工程项目确定中标企业后，建设单位在项目开工前将工伤保险费一次性拨付给总承包单位，由总承包单位为该建设工程项目使用的所有职工统一办理工伤保险参保登记和缴费手续。

按建设工程项目参加工伤保险的房屋建筑和市政基础设施工程，建设单位在办理施工许可手续时，应当提交建设工程项目工伤保险参保证明，作为保证工程安全施工的具体措施之一。安全施工措施未落实的项目，住房和城乡建设主管部门不予核发施工许可证。

8. 税金

实行营业税改增值税的，按纳税地点现行税率计算。

一般计税方法为

$$建设工程的增值税 = 税前工程造价 \times 9\%$$

其中，9%为建筑业拟征增值税税率，税前工程造价为人工费、材料费、施工机具使用费、企业管理费、利润和规费之和，各费用项目均以不包含增值税可抵扣进项税额的价格计算，相应计价依据按上述方法调整。

当采用简易计税方法时，建筑业增值税税率为3%，计算公式为

$$建设工程增值税 = 税前工程造价 \times 3\%$$

其中，税前工程造价为人工费、材料费、施工机具使用费、企业管理费、利润和规费之和，各费用项目均以包含增值税可抵扣进项税额的价格计算。

三、工程建设其他费

工程建设其他费是指从工程筹建到工程竣工验收交付使用为止的整个建设期，除建筑安装工程费、设备及工器具购置费以外的，为保证工程建设顺利完成和交付使用后能够正常发挥效用而发生的固定资产其他费用、无形资产费用和其他资产费用。具体构成如图1-5所示。

（一）固定资产其他费用

固定资产费用是指项目投产时将直接形成固定资产的建设投资，包括设备及工器具购置费、建筑安装工程费，以及在工程建设其他费中按规定将形成固定资产的费用。固定资产其他费用是固定资产费用的一部分，工程建设其他费中按规定形成固定资产的费用称为固定资产其他费用。

1. 建设管理费

建设管理费是指建设单位从工程项目筹建开始直至工程竣工验收合格或交付使用为止

$$
\text{工程建设其他费} \begin{cases} \text{固定资产其他费用} \begin{cases} \text{建设管理费} \\ \text{建设用地费} \\ \text{可行性研究费} \\ \text{研究试验费} \\ \text{勘察设计费} \\ \text{环境影响评价费} \\ \text{劳动安全卫生评价费} \\ \text{场地准备及临时设施费} \\ \text{引进技术和进口设备其他费} \\ \text{工程保险费} \\ \text{联合试运转费} \\ \text{特殊设备安全监督检验费} \\ \text{市政公用设施费} \end{cases} \\ \\ \text{无形资产费用} \\ \\ \text{其他资产费用} \end{cases}
$$

图 1-5　工程建设其他费用构成

发生的工程项目建设管理费用。建设管理费的内容如下。

（1）建设单位管理费。它指建设单位发生的管理性质的开支，包括工作人员工资、工资性补贴、施工现场津贴、职工福利费、住房基金、基本养老保险费、基本医疗保险费、失业保险费、工伤保险费、办公费、差旅交通费、劳动保护费、工具用具使用费、固定资产使用费、必要的办公及生活用品购置费、必要的通信设备及交通工具购置费、零星固定资产购置费、招募生产工人费、技术图书资料费、业务招待费、设计审查费、工程招标费、合同契约公证费、法律顾问费、咨询费、完工清理费、竣工验收费、印花税和其他管理性质开支。

（2）工程监理费。它指建设单位委托工程监理单位对工程实施监理工作所需的费用。由于工程监理是受建设单位委托的工程项目建设技术服务，属于建设管理范畴。如采用监理，建设单位部分监理工作量转移至监理单位。

2. 建设用地费

由于工程项目总是在土地上建起的，因此，建设工程造价与别的商品价格相比，就有一项特殊的费用——建设用地费。按照《中华人民共和国土地管理法》等规定，建设用地费是指建设工程项目征用土地或租用土地应支付的费用。建设用地费的内容有：

（1）土地征用及迁移补偿费。指经营性建设工程项目通过土地使用权出让方式购得有限期的土地使用权，或建设工程项目通过行政划拨的方式取得无限期的土地使用权而支付的土地补偿费、安置补偿费、土地附着物和青苗补偿费、余物迁建补偿费、土地登记管理费等；行政事业单位的建设工程项目通过出让方式取得土地使用权而支付的出让金；建设单位在工程项目建设过程中发生的土地复垦费用和土地损失补偿费用；工程项目建设期临时占地补偿费。

（2）征用耕地按规定一次性缴纳的耕地占用税；征用城镇土地在工程项目建设期按规定缴纳的城镇土地使用税；征用城市郊区菜地按规定缴纳的新菜地开发建设基金。

（3）建设单位租用建设工程项目土地使用权而支付的租地费用。

3. 可行性研究费

可行性研究费是指在建设工程项目前期工作中，编制和评估项目建议书（或预可行性研究报告）、可行性研究报告所需的费用。

4. 研究试验费

研究试验费是指为建设工程项目提供或（和）验证设计数据、资料等所进行的必要的研究试验费用，以及按照设计规定在工程项目建设过程中必须进行试验、验证所需的费用。但其不包括：

（1）应由科技三项费用（新产品试制费、中间试验费和重要科学研究补助费）开支的项目；

（2）应在建筑安装工程费中列支的施工企业对建筑材料、构件和建筑物进行一般鉴定、检查所发生的费用及技术革新的研究试验费；

（3）应由勘察设计费或施工费用中开支的项目。

5. 勘察设计费

勘察设计费是指勘察设计单位进行水文地质勘查、工程设计所发生的各项费用，包括：

（1）工程勘察费、初步设计费（基础设计费）、施工图设计费（详细设计费）；

（2）设计模型制作费。

6. 环境影响评价费

按照《中华人民共和国环境保护法》《中华人民共和国环境影响评价法》等规定，环境影响评价费是指为全面、详细地评价本建设工程项目对环境可能产生的污染或造成的重大影响所需的费用，包括编制环境影响报告书（含大纲）、环境影响报告表和评估环境影响报告书（含大纲）、评估环境影响报告表等所需的费用。

7. 劳动安全卫生评价费

按照劳动和社会保障部《建设项目（工程）劳动安全卫生监察规定》和《建设项目（工程）劳动安全卫生预评价管理办法》的规定，劳动安全卫生评价费是指为预测和分析建设工程项目存在的职业危险、危害因素的种类和危险危害程度，并提出先进、科学、合理可行的劳动安全卫生技术和管理对策所需的费用，包括编制建设项目劳动安全卫生预评价大纲和劳动安全卫生预评价报告书，以及为编制上述文件所进行的工程分析和环境现状调查等所需的费用。

8. 场地准备及临时设施费

场地准备及临时设施费包括场地准备费和临时设施费。场地准备费是指建设工程项目为达到工程开工条件所发生的场地平整和建设场地余留的有碍于施工建设的设施进行拆除清理的费用。临时设施费是指为满足施工建设需要而供到场地界区的临时水、电、路、通信、气等所需的施工费用和建设单位现场临时建（构）筑物的搭设、维修、拆除、摊销或建设期租赁费用，以及施工期间专用公路养护费、维修费。此费用不包括已列入建筑安装工程费中的施工单位临时设施费用。场地准备及临时设施应尽量与永久性工程统一考虑。建设场地的大型土石方工程应进入施工费用中的总图运输费用中。

9. 引进技术和进口设备其他费

引进技术和进口设备其他费的内容如下。

（1）引进项目图纸资料翻译复制费、备品备件测绘费。

（2）出国人员费用。包括买方人员出国设计联络、出国考察、联合设计、监造、培训等所发生的差旅费、生活费、制装费等。

（3）来华人员费用。包括卖方来华工程技术人员的现场办公费用、往返现场交通费用、工资、食宿费用、接待费用等。

（4）银行担保及承诺费。指引进项目由国内外金融机构出面承担风险和责任担保所发生的费用，以及支付贷款机构的承诺费用。

10. 工程保险费

工程保险费是指建设工程项目在建设期根据需要对建筑工程、安装工程及机器设备进行投保而发生的保险费用，包括建筑工程一切险和人身意外伤害险、引进设备国内安装保险等。

11. 联合试运转费

联合试运转费是指新建项目或新增加生产能力的工程，在交付生产前按照批准的设计文件所规定的工程质量标准和技术要求，进行整个生产线或装置的负荷联合试运转或局部联动试车所发生的费用净支出（试运转支出大于收入的差额部分费用，以及必要的工业炉烘炉费）。试运转支出包括试运转所需的原材料、燃料及动力消耗、低值易耗品、其他物料消耗、工具用具使用费、机械使用费、保险金，以及施工单位参加试运转包括试运转期间的产品销售收入和其他收入。

联合试运转费不包括应由设备安装工程费开支的调试及试车费用，以及在试运转中暴露出来的因施工原因或设备缺陷等发生的处理费用。

12. 特殊设备安全监督检验费

特殊设备安全监督检验费是指在施工现场组装的锅炉及压力容器、消防设备、燃气设备、电梯等特殊设备和设施，由安全监察部门按照有关安全监察条例和实施细则，以及设计技术要求进行安全检验，应由建设工程项目支付的、向安全监察部门缴纳的费用。

13. 市政公用设施费

市政公用设施费是指工程项目建设单位按照项目所在地人民政府有关规定缴纳的市政公用设施建设费，以及绿化补偿费等。

（二）无形资产费用

无形资产费用是指直接形成无形资产的建设投资，主要包括以下费用：

（1）国外设计及技术资料费，引进有效专利、专有技术使用费和技术保密费；

（2）国内有效专利、专有技术使用费；

（3）商标权、商誉和特许经营权费等。

（三）其他资产费用

其他资产费用是指建设投资中除形成固定资产和无形资产以外的部分，主要包括生产准备及开办费等。生产准备及开办费是指建设工程项目为保证正常生产（或营业、使用）而发生的人员培训费、提前进厂费，以及投产使用必备的生产办公、生活家具用具及工器具等购置费，主要包括如下。

（1）人员培训费及提前进厂费。指自行培训、委托其他单位培训人员的工资、工资性补贴、职工福利费、差旅交通费、劳动保护费、学习资料费等。

（2）为保证初期正常生产、生活（或营业、使用）所必需的生产办公、生活家具用具购置费。

（3）为保证初期正常生产、生活（或营业、使用）所必需的第一套不够固定资产标准的生产工具、器具、用具购置费。

四、预备费、建设期贷款利息、固定资产投资方向调节税

（一）预备费

预备费由基本预备费和涨价预备费两部分构成。

1. 基本预备费

基本预备费是指在初步设计及概算内难以预料，而在工程项目建设期可能发生的工程费用。基本预备费的内容如下。

（1）在批准的初步设计及概算范围内，在技术设计、施工图设计及施工过程中增加的工程费用，以及设计变更、材料代用、局部地基处理等增加的费用。

（2）一般自然灾害造成的损失和预防自然灾害所采取的预防费用，实行工程保险的工程费用应适当降低。

（3）竣工验收时，为了鉴定工程质量对隐蔽工程进行必要的开挖、剥露和修复的费用。

基本预备费是以工程费用和工程建设其他费之和为基数，按部门或行业主管部门规定的基本预备费费率估算。其计算公式为

$$\text{基本预备费} = (\text{工程费用} + \text{工程建设其他费}) \times \text{基本预备费费率}(\%) \tag{1-28}$$

2. 涨价预备费

涨价预备费是指建设工程项目在建设期内由于价格等变化引起工程造价变化的预测预留费用。涨价预备费包括由于人工、设备、材料、施工机械等价格变化的价差费，建筑安装工程费及工程建设其他费调整，利率、汇率调整等增加的费用。涨价预备费一般按照国家规定的投资综合价格指数，依据工程项目分年度估算投资额，采用复利法计算。其计算公式为

$$PF = \sum_{t=1}^{n} I_t \left[(1+f)^m (1+f)^{0.5} (1+f)^{t-1} - 1 \right] \tag{1-29}$$

式中，PF 为涨价预备费；n 为建设期年份数；I_t 为建设期中第 t 年的投资计划额，包括工程费用、工程建设其他费及基本预备费，即第 t 年的静态投资；f 为建设期年均价格上涨指数；m 为从编制估算到开工建设的年限，即建设前期年限。

【例 1-2】某建设工程项目，经投资估算确定的工程费用与工程建设其他费合计为 2000 万元，工程项目建设前期为 0 年，工程项目建设期为 2 年，每年各完成投资计划 50%，基本预备费费率为 5%。试求在年均投资价格上涨率为 10% 的情况下，该工程项目建设期的涨价预备费为多少？

解：

总静态投资 = 2000×（1+5%）= 2100（万元）

建设期每年投资＝1050（万元）

第一年涨价预备费 $PF_1 = 1050 \times [(1+10\%)^{0.5}-1] = 51.25$（万元）

第二年涨价预备费 $PF_2 = 1050 \times [(1+10\%)^{1.5}-1] = 161.37$（万元）

所以，建设期的涨价预备费 $PF = 51.25+61.37 = 212.62$（万元）

（二）建设期贷款利息

1. 建设期贷款利息的含义

建设期贷款利息是指建设工程项目投资中分年度使用银行贷款，在建设期内应归还的贷款利息。建设期贷款利息包括银行借款和其他债务资金的利息，以及其他融资费用。

2. 建设期贷款利息的估算

估算建设期贷款利息，需要根据工程项目进度计划，提出建设投资分年计划，设定初步的融资方案，列出各年的投资额，并明确其中的外汇和人民币额度。

估算建设期贷款利息，应根据不同情况选择名义年利率或有效年利率，并假定各种债务资金均在年中支付，即当年借款按半年计息，上年借款按全年计息。

当有些工程项目有多种借款资金来源，且每笔借款的年利率各不相同时，既可分别计算每笔借款的利息，也可先计算出各笔借款加权平均年利率，并以加权平均年利率计算全部借款的利息建设期贷款利息。

当总贷款是分年均衡发放时，建设期贷款利息的计算可按当年借款在年中支用考虑，即当年贷款按半年计息，上年贷款按全年计息。

建设期贷款利息的计算公式为

$$q_j = (P_{j-1} + A_j/2) \times i \tag{1-30}$$

式中，q_j 为建设期贷款第 j 年应计利息；P_{j-1} 为建设期第 $j-1$ 年末贷款累计本金与利息之和；A_j 为建设期第 j 年贷款金额；i 为贷款年利率。

【例1-3】 某新建项目，建设期为 3 年，分 3 年均衡进行贷款，第一年贷款 300 万元，第二年贷款 650 万元，第三年贷款 350 万元，年利率为 12%。建设期内利息只计息不支付，试计算建设期贷款利息。

解：

在建设期，各年利息计算如下：

$q_1 = A_1/2 \times i = 300/2 \times 12\% = 18$（万元）

$q_2 = (P_1 + A_2/2) \times i = (300+18+650/2) \times 12\% = 77.16$（万元）

$q_3 = (P_2 + A_3/2) \times i = (300+18+650+77.16+350/2) \times 12\% = 146.42$（万元）

因此，建设期贷款利息为

$q_1 + q_2 + q_3 = 18+77.16+146.42 = 241.58$（万元）

（三）固定资产投资方向调节税（暂停征收）

为了贯彻国家产业政策、控制投资规模、引导投资方向、调整投资结构、加强重点建设，促进国民经济持续、稳定、健康、协调发展，对在我国境内进行固定资产投资的单位和个人征收固定资产投资方向税。

为了贯彻国家宏观调控政策，扩大内需、鼓励投资，根据国务院的决定，对《中华人民共和国固定资产投资方向调节税暂行条例》规定的纳税人，其固定资产投资应税项目自

2000 年 1 月 1 日起新发生的投资额，暂停征收固定资产投资方向调节税。

【案例分析】

有一个单机容量为 30 万千瓦的火力发电厂工程项目。建设单位与施工单位签订了单价合同。在施工过程中，施工单位向建设单位派驻的工程师提出下列费用应由建设单位支付。

(1) 职工教育经费。因该工程项目的电动机等是采用国外进口的设备，在安装前，需要对安装操作的人员进行培训，培训经费为 2 万元。

(2) 研究试验费。该工程项目要对铁路专用线的一座跨公路预应力拱桥的模型进行破坏性试验，需费用 9 万元；改进混凝土泵送工艺试验费 3 万元，合计 12 万元。

(3) 临时设施费。为该工程项目施工搭建的工人临时用房 15 间；为建设单位搭建的临时办公室 4 间，所需费用分别为 3 万元和 1 万元，合计 4 万元。

(4) 施工机械迁移费。施工吊装机械从另一施工场地调入该施工场地的费用为 1.5 万元。

(5) 施工降效费。1) 根据施工组织设计，部分工程项目安排在雨季施工，由于采取防雨措施，增加费用 2 万元。2) 由于建设单位委托的另一家施工单位进行场区道路施工，影响了该施工单位正常的混凝土浇筑运输作业，建设单位的常驻施工场地代表已审批了原计划和降效增加的工日及机械台班的数量，资料见表 1-2。

表 1-2 受影响部分计划与实际用量对比表

人工	计划用工工日	计划支出单价	受干扰后实际工日	实际支出单价
	2300	40 元/工日	2900	45 元/工日
机械	计划机械台班	综合台班单价	受干扰后实际台班	实际支出单价
	360	180 元/台班	410	200 元/台班

问题：

(1) 试分析以上各项费用建设单位是否应支付，为什么？

(2) 施工降效费中 2) 提出的降效支付要求，人工费和机械台班费各应补偿多少？

答案：

(1) 职工教育经费不应支付，该费用已包含在合同价中［或该费用已计入建筑安装工程费中的间接费（或企业管理费）］。

模型破坏性试验费用应支付，该费用未包含在合同价中（该费用属于建设单位应支付的研究试验费）；混凝土泵送工艺改进试验费不应支付，该费用已包含在合同价中（该费用属于施工单位技术改造支出费用，应由施工单位自己承担）。

为人工搭建的用房费用不应支付，该费用已包含在合同价中（该费用已计入建筑安装工程费中的措施项目费）；为建设单位搭建的用房费用应支付，该费用未包含在合同价中（或该费用属建设单位应支付的临时建设费）。

施工机械迁移费不应支付，该费用已包含在合同价中（常规性施工机械设备迁移费用应包括在建筑安装工程费中的机械使用费，特殊性大型机械设备迁移费用应包括在建筑安装工程费中的措施项目费）。

（2）施工降效费中1）不应支付，属施工单位责任（该费用已计入建筑安装工程费中的措施项目费）；施工降效费中2）应支付，该费用属建设单位应给予补偿的费用，即

人工费补偿：$(2900-2300)\times40=24000$（元）

机械台班费补偿：$(410-360)\times180=9000$（元）

复习题

一、思考题

（1）简述工程造价的两个含义，并阐述工程计价的特征。

（2）简述我国现行建设工程项目总投资的构成。

（3）建设工程项目总投资、固定资产投资及工程造价的概念有何不同？简述静态投资和动态投资的区别与联系。

二、课后自测题

（一）单选题

（1）下列关于工器具及生产家具购置费的表述中，正确的是（　　　）。

 A. 该项费用属于设备费

 B. 该项费用属于工程建设其他费

 C. 该项费用是为了保证工程项目生产运营期的需要而支付的相关购置费用

 D. 该项费用一般以需要安装的设备购置费为基数乘以一定费率计算

（2）建设工程项目工程造价在量上和（　　）相等。

 A. 固定资产投资与流动资产投资之和

 B. 工程费用与工程建设其他费之和

 C. 固定资产投资

 D. 工程项目自筹建到全部建成并验收合格交付使用所需的费用之和

（3）在建设工程项目投资中，最积极的部分是（　　　）。

 A. 建筑安装工程投资   B. 设备及工器具投资

 C. 工程建设其他投资   D. 流动资产投资

（4）二次搬运费属于（　　　）。

 A. 规费   B. 企业管理费   C. 直接工程费   D. 措施项目费

（5）现场项目经理的工资列入（　　　）。

 A. 其他直接费   B. 现场经费   C. 企业管理费   D. 直接费

（6）某建设工程项目建筑工程费1500万元，安装工程费500万元，设备购置费1000万元，工程建设其他费200万元，预备费130万元，建设期贷款利息160万元，流动资金800万元，该建设工程项目的工程造价是（　　　）万元。

 A. 3200万元   B. 3490万元   C. 4000万元   D. 4290万元

（7）在人工日单价的组成内容中，生产工人探亲、休假期间的工资属于（　　　）。

A. 基本工资 B. 工资性津贴 C. 非生产时间工资 D. 职工福利费

(8) 关于规费的计算，下列说法中正确的是（　　）。

　　A. 规费虽具有强制性，但根据其组成又可以细分为可竞争性的费用和不可竞争性的费用

　　B. 规费由社会保险费和环境保护税组成

　　C. 社会保险由养老保险费、失业保险费、医疗保险费、生育保险费、工伤保险费组成

　　D. 规费由意外伤害保险费、住房公积金、工程排污费组成

(9) 养老保险费属于（　　）。

　　A. 人工费 B. 间接费 C. 规费 D. 税金

(10) 勘察设计费属于（　　）。

　　A. 工程建设其他费 B. 规费 C. 企业管理费 D. 预备费

（二）多选题

(1) 为了便于措施项目费的确定和调整，通常采用分部分项工程量清单方式编制的措施项目有（　　）。

　　A. 脚手架工程 B. 垂直运输工程

　　C. 二次搬运工程 D. 已完工程及设备保护

　　E. 施工排水降水

(2) 下面费用中，属于企业管理费的有（　　）。

　　A. 安全文明施工费 B. 管理人员工资

　　C. 办公费、差旅交通费 D. 工会经费

　　E. 职工教育经费

(3) 工程造价特点包括动态性和（　　）。

　　A. 大额性 B. 个别性和差异性

　　C. 不可竞争性 D. 层次性

　　E. 兼容性

(4) 关于投资估算指标，下列说法中正确的有（　　）。

　　A. 应以单项工程为编制对象

　　B. 是反映建设工程项目总投资的经济指标

　　C. 概略程度与可行性研究工作深度相适应

　　D. 编制基础是预算定额

　　E. 可根据历史预算资料和价格变动资料等编制

（三）计算题

(1) 某新建项目，建设期为3年，分3年均衡进行贷款，第一年贷款200万元，第二年贷款500万元，第三年贷款300万元，年利率为10%，建设期内利息只计息不支付，试计算建设期利息。

(2) 某建设工程项目建筑安装工程费为1500万元，设备购置费为400万元，工程建设其他费为300万元。已知基本预备费费率为5%，工程项目建设前期年限为0.5年，建设期为2年，每年完成投资的50%，年涨价率为7%，试计算该建设工程项目的基本预备费、涨价预备费、总预备费。

第二章　工程造价计价依据

第一节　概　　述

工程造价计价依据是指计算工程造价的各类基础资料的总称，主要指在工程项目建设过程中进行工程估算时用到的各种工程定额。

一、工程定额的定义

工程定额是工程项目建设中各类定额的总称，是指在工程项目建设的特定阶段，根据编制阶段工程资料的采集情况（如工程特征、用途、结构特征、建设标准、所在地区情况及图纸设计的详细程度等），采用科学方法制定的完成单位质量合格产品所必须消耗的人工、材料、机械设备及资金的数量标准。工程定额根据其编制阶段、编制主体和用途的不同，可以有多种分类，为了对工程项目建设定额能有一个全面的了解，可以按照不同的原则和方法对它进行科学的分类和研究。

需要注意的是，不同的定额编制主体，定额水平是不一样的。政府或行业编制的定额如预算定额，采用的是社会平均水平，而企业编制的企业定额水平反映的是自身的技术和管理水平，一般为平均先进水平。

实行定额的目的是力求用最少的人力、物力和财力，生产出符合质量标准的合格建筑产品，取得最佳经济效益。定额既是在建筑安装活动中的计划、设计、施工、安装各项工作取得最佳经济效益的有效工具和杠杆，又是衡量、考核上述工作经济效益的尺度。它在企业管理中占有十分重要的地位。

二、工程定额的分类

建设工程定额是工程项目建设中各类定额的总称。它包括许多种类的定额。为了对建设工程定额能有一个全面的了解，可以按照不同的原则和方法对其进行科学分类。

（一）按定额反映的生产要素分类

按定额反映的生产要素不同，建设工程定额可分为劳动消耗定额、材料消耗定额和机械消耗定额三种定额（三种定额组成为基础定额）。

（1）劳动消耗定额。简称劳动定额（也称为人工定额），是指在正常施工技术和组织条件下，完成规定计量单位合格的建筑安装产品所消耗的人工工日的数量标准。劳动定额的主要表现形式是时间定额，也可以用产量定额来表现。时间定额与产量定额互为倒数。劳动定额在科学管理中占有重要地位，标准作业管理贯穿于精益生产全过程。

（2）材料消耗定额。简称材料定额，是指在正常施工技术和组织条件下，完成规定计量单位合格的建筑安装产品所消耗的原材料、成品、半成品、构配件、燃料，以及水、电等动力资源的数量标准。材料作为劳动对象构成工程的实体，需用数量很大，种类很多。所以材料预算是多少，消耗是否合理，不仅关系到资源的有效利用，影响市场供求状况，而且对建设工程的项目投资、建筑产品的成本控制都起着决定性的影响。

材料定额，在很大程度上可以影响材料的合理调配和使用。在产品生产数量和材料质量一定的情况下，材料的供应计划和需求都会受到材料定额的影响。重视和加强材料定额管理，制定合理的材料定额，是组织材料的正常供应，保证生产顺利进行，以及合理利用资源、减少积压、浪费的必要前提。

（3）机械消耗定额。简称机械定额，我国机械定额是以一台机械一个工作班为计量单位，所以又称为机械台班定额。机械定额是指为完成一定合格产品（工程实体或劳务）所规定的施工机械消耗的数量标准。机械定额的主要表现形式是机械时间定额，但同时也以产量定额表现。

（二）按定额的编制程序和用途分类

按定额的编制程序和用途不同建设工程定额可分为施工定额、预算定额、概算定额、概算指标、投资估算指标五种。

（1）施工定额。施工定额是以同一性质的施工过程—工序，作为研究对象，表示生产产品数量与生产要素消耗综合关系编制的定额。施工定额是施工企业（建筑安装企业）组织生产和加强管理在企业内部使用的一种定额，属于企业定额的性质。为了适应组织生产和管理的需要，施工定额的项目划分很细，是建设工程定额中分项最细、定额子目最多的一种定额，也是建设工程定额中的基础性定额。

施工定额本身由劳动定额、机械定额和材料定额三个相对独立的部分组成，主要直接用于工程项目的施工管理，作为编制工程项目施工组织设计、施工预算、施工作业计划、签发施工任务单、限额领料卡及结算计件工资或计量奖励工资等用。它同时也是编制预算定额的基础。

（2）预算定额。预算定额是以建筑物或构筑物各个分部分项工程为对象编制的定额。其内容包括劳动定额、机械定额、材料定额三个基本部分，并列有每一工序中完成单位产品所需的费用（预算单价），是一种计价的定额。从编制程序上看，预算定额是以施工定额为基础综合扩大编制的，同时它也是编制概算定额的基础。

预算定额是在编制施工图预算阶段，计算工程造价和工程中的劳动、机械台班、材料需要量时使用，它是调整工程预算和工程造价的重要基础，同时它也可以作为编制施工组织设计、施工技术、财务计划的参考。随着经济发展，在一些地区出现了综合预算定额的形式，它实际上是预算定额的一种，只是在编制方法上更加扩大、综合和简化。

（3）概算定额。概算定额是以扩大的分部分项工程为对象编制的，计算和确定该工程项目的劳动、机械台班、材料预算所使用的定额，同时它也列有工程费用，也是一种计价性定额。概算定额是编制扩大初步设计概算、确定建设工程项目投资额的依据。概算定额的项目划分粗细，与扩大初步设计的深度相适应，一般是在预算定额的基础上综合扩大而成的，每一综合分项概算定额都包含数项预算定额。

（4）概算指标。概算指标是概算定额的扩大与合并，它是以整个建筑物和构筑物为对象，以更为扩大的计量单位来编制的。概算指标的内容包括劳动定额、机械定额、材料定额三个基本部分，同时还列出了各结构分部的工程最及单位建筑工程（以体积计或面积计）的造价，是一种计价定额。为了增加概算指标的适用性，也以房屋或构筑物的扩大的分部工程或结构构件为对象编制，称为扩大结构定额。

由于各种性质建设工程定额所需要的劳动力、材料和机械台班数量不一样，概算指标通常按工业建筑和民用建筑分别编制。工业建筑中又按各工业部门类别、企业规模、车间结构编制，民用建筑按照用途性质、建筑层高、结构类别编制。

概算指标的设定和初步设计的深度相适应。一般是在概算定额和预算定额的基础上编制的，比概算定额更加综合扩大。它是设计单位编制工程概算或建设单位编制年度任务计划、施工准备期间编制材料和机械设备供应计划的依据，也可供国家编制年度建设计划参考。

（5）投资估算指标。它是在项目建议书和可行性研究阶段编制投资估算、计算投资需要量时使用的一种定额。它非常概略，往往以独立的单项工程或完整的工程项目为计算对象，编制内容是所有项目费用之和。它的概略程度与可行性研究阶段相适应。投资估算指标往往根据历史的预、决算资料和价格变动等资料编制，但其编制基础仍然离不开预算定额、概算定额。

上述各种定额的相互联系和区别可参见表 2-1。

表 2-1 各种定额间关系的比较

项目	施工定额	预算定额	概算定额	概算指标	投资估算指标
对象	施工过程或基本环节	分项工程或结构构件	扩大的分项工程或扩大的结构构件	单位工程	建设项目、单项工程、单位工程
用途	编制施工预算	编制施工图预算	编制扩大初步设计概算	编制初步设计概算	编制投资估算
项目划分	最细	细	较粗	粗	很粗
定额水平	平均先进	平均			
定额性质	生产性定额	计价性定额			

（三）按定额的专业分类

按定额的专业不同，建设工程定额可分为建筑工程定额、设备安装工程定额、建筑安装工程费定额、工器具定额及工程建设其他费定额等。

（四）按定额的编制单位和管理权限分类

按定额的编制单位和管理权限不同，建设工程定额可分为全国统一定额、行业统一定额、地区统一定额、企业定额、补充定额五种。

（1）全国统一定额，是由国家建设行政主管部门，综合全国工程项目建设中技术和施工组织管理的情况编制，并在全国范围内执行的定额。

（2）行业统一定额，是考虑各行业部门专业工程技术特点，以及施工生产和管理水平编制的，一般只在本行业和相同专业性质的范围内使用。

（3）地区统一定额，包括省、自治区、直辖市定额。地区统一定额主要是考虑地区性特点和全国统一定额水平做适当调整和补充编制的。

（4）企业定额，由施工企业考虑本企业具体情况，参照国家、部门或地区定额的水平制定的定额。企业定额只在企业内部使用，是企业素质的一个标志。企业定额水平一般应高于国家现行定额，才能满足生产技术发展、企业管理和市场竞争的需要。

（5）补充定额，是指随着设计、施工技术的发展，现行定额不能满足需要的情况下，为了补充缺陷所编制的定额。补充定额只能在指定的范围内使用，可作为修订定额的基础。

第二节　施工定额

一、概述

施工定额，也称为基础定额或行业定额，是指建设工程中，按照生产要素规定的，在正常施工条件和合理的劳动组织、合理使用材料及机械等条件下，完成单位合格产品所必须消耗的人工、材料、机械台班的数量标准。它由劳动定额、材料定额、机械定额组成。

按照国家建设行政主管部门的要求，建筑安装工程造价的项目内容、工程项目划分、计量单位及工程量计算规则应规范设置。编制建设工程人工、材料、机械预算的基础定额，主要是供确定招标控制价和投标报价时做参考，并作为宏观调控的手段。同时要引导施工企业以全国统一劳动定额或地区统一劳动定额为标准结合本企业实际情况，参照基础定额提供的预算来制定符合本企业实际的企业内部劳动定额，不能完全照搬照套，将劳动力、材料、机械台班等价格由市场调节，自主投标报价。

二、劳动定额

（一）工作时间分类

工作时间是指工作班延续时间。工人在工作班内消耗的工作时间，按其消耗的性质，基本可分为定额时间（必须消耗的时间）和损失时间（非定额时间）两大类。

工人工作时间分类如图2-1所示。

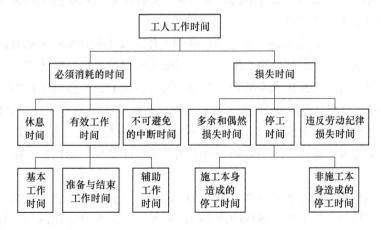

图2-1　工人工作时间分类图

1. 必须消耗的时间

必须消耗的时间是指工人在正常施工条件下，为完成一定产品（工作任务）所消耗的时间。它是制定定额的主要依据，包括有效工作时间、休息时间和不可避免的中断时间。

（1）有效工作时间是指从生产效果来看与产品生产直接有关的时间消耗，包括基本工作时间、辅助工作时间、准备与结束工作时间。

1）基本工作时间是指生产工人完成能生产一定产品的施工工艺过程所消耗的时间。通过这些工艺过程可以使材料改变外形，如钢筋煨弯等；可以改变材料的结构与性质，如混凝土的浇筑、养护等；也可以改变产品外部及表面的性质，如粉刷、油漆等；还可以使预制构配件安装组合成型。基本工作时间所包括的内容依工作性质各不相同。基本工作时间的长短和工作量大小成正比。

2）辅助工作时间是指为保证基本工作能顺利完成所消耗的时间。在辅助工作时间里，不能使产品的形状大小、性质或位置发生变化。辅助工作时间的结束往往就是基本工作时间的开始。

3）准备与结束工作时间是指某工序施工前或施工完成后所消耗的工作时间，如工作地点、劳动工具和劳动对象的准备工作时间，工作结束后的整理工作时间等。准备与结束工作时间的长短与所担负的工作大小无关，但往往和工作内容有关。

（2）休息时间是指生产工人在工作过程中为恢复体力所必需的短暂休息和生理需要的时间消耗。这种时间是为了保证工人精力充沛地进行工作，所以在定额时间中必须进行计算。

（3）不可避免的中断时间是指由于施工工艺特点引起的工作中断所必需的时间。与施工过程工艺特点有关的工作中断时间，应包括在定额时间内，但应尽量缩短此项时间消耗。与施工过程工艺特点无关的工作中断时间，是由于劳动组织不合理引起的，属于损失时间，不能计入定额时间。

2. 损失时间

损失时间是指与产品生产无关，而与施工组织和技术上的缺点有关，与工人在施工过程中的个人过失或某些偶然因素有关的时间消耗，其包括多余和偶然工作损失时间、停工时间、违背劳动纪律损失时间。

（1）多余工作，就是工人进行了任务以外的工作而又不能增加产品数量的工作，如产品质量不合格的返工、扶起倾倒的手推车、重新砌筑质量不合格的墙体等。多余工作的工时损失，一般都是由于工程技术人员和工人的差错而引起的，从多余工作的性质看，不应计入定额时间中。偶然工作就是在进行某项任务时有额外的产品出现，如墙面贴面砖时，对墙面上的脚手架钢管留下的洞口，抹灰工不得不做堵洞处理等。从偶然工作的性质看，在拟定定额时不应考虑它所占用的时间，由于偶然工作能获得一定产品，拟定定额时要适当考虑它的影响。

（2）停工时间是工作班内停止工作造成的工时损失。停工时间按其性质可分为施工本身造成的停工时间和非施工本身造成的停工时间两种。施工本身造成的停工时间，是由施工组织不善、材料供应不及时、工作面准备工作做得不好、工作地点组织不良等情况引起的。非施工本身造成的停工时间，是由水源、电源中断引起的。前一种情况在拟定定额时不应该计算，后一种情况在拟定定额时则应给予合理的考虑。

（3）违背劳动纪律损失时间，此项损失时间不允许存在。因此，在拟定定额时是不能考虑的。

（二）劳动定额的表示方法

劳动定额（人工定额）按其表现形式有时间定额和产量定额两种。

1. 时间定额

时间定额是指在一定的生产技术和生产组织条件下，某工种、某技术等级的工人小组或个人，完成单位合格产品所必须消耗的工作时间。例如，普通工每挖 1m³ 四类土用 0.33 工日。定额工作时间包括工人的有效工作时间、必需的休息时间和不可避免的中断时间。时间定额以工日为单位，每一个工日按 8h 计算。其表达式为

$$单位产品的时间定额（工日）= \frac{1}{每工日产量} \qquad (2\text{-}1)$$

或

$$单位产品的时间定额（工日）= \frac{小组成员工日数总和}{小组的工作班产量} \qquad (2\text{-}2)$$

时间定额是在实际工作中经常采用的一种劳动定额形式，它的单位单一，具有便于综合、累计的优点。在计划、统计、施工组织、编制预算中经常采用此种形式。

【例 2-1】 某工程有 79m³ 一砖混水外墙，每天有 12 名工人在现场施工，时间定额为 1.09 工日/m³。试计算完成该工程所需施工天数，砖墙定额数据见表 2-2。

工作内容：包括砌墙面艺术形式、墙垛、平碹模板，梁板头砌砖，板下塞砖、楼梯间砌砖留楼梯踏步斜槽，留孔洞，砌各种凹进处，山墙泛水槽，安放木砖、铁件，安装 60kg 以内的预制混凝土门窗过梁、隔板、垫块及调整立好后的门窗框等。

表 2-2　砖墙定额　（工日/m³）

编号		12	13	14	15	16	17	18	19	20
项目		混水内墙				混水外墙				
		0.5 砖	0.75 砖	1 砖	1.5 砖及1.5 砖以外	0.5 砖	0.75 砖	1 砖	1.5 砖	2 砖及2 砖以外
综合	塔吊	1.38	1.34	1.02	0.994	1.5	1.44	1.09	1.04	1.01
	机吊	1.59	1.55	1.24	1.21	1.71	1.65	1.3	1.25	1.22
砌砖		0.865	0.815	0.482	0.448	0.98	0.915	0.549	0.491	0.458
综合	塔吊	0.434	0.437	0.44	0.44	0.434	0.437	0.44	0.44	0.44
	机吊	0.642	0.645	0.645	0.654	0.642	0.645	0.652	0.652	0.653
调制砂浆		0.085	0.089	0.089	0.106	0.085	0.089	0.101	0.106	0.107

解：

完成该工程所需劳动量 = 79×1.09 = 86.11（工日）

需要的施工天数 = 86.11/12 = 7（天）

2. 产量定额

产量定额是指在一定的生产技术和生产组织条件下，某工种、某技术等级的工人小组或个人，在单位时间（工日）内完成合格产品的数量。例如，普通工每工日挖四类土。其表达式为

$$每工产量定额 = \frac{1}{单位产品时间定额(工日)} \qquad (2-3)$$

或

$$工作班产量定额 = \frac{小组成员工日数总和}{单位产品时间定额(工日)} \qquad (2-4)$$

产量定额的计量单位，以单位时间的产品计量单位表示，如吨（t）、块、根等。

由此可见，时间定额与产量定额之间互为倒数关系。时间定额降低，则产量定额相应提高，即

$$产量定额 = \frac{1}{时间定额} \qquad (2-5)$$

或

$$时间定额 \times 产量定额 = 1 \qquad (2-6)$$

时间定额和产量定额量是同一劳动定额的不同表现形式，但其用途却不同。前者是以产品的单位和工日来表示，便于计算完成某一分部（分项）工程所需的总工日数，核算工资，编制施工进度计划和计算工期；后者是以单位时间内完成产品的数量表示，便于小组分配施工任务，考核工人的劳动效率和签发施工任务单。

（三）劳动定额的确定方法

由于时间定额和产量定额互为倒数关系，定出时间定额，也就可以确定产量定额。

时间定额是在拟定基本工作时间、辅助工作时间、准备与结束工作时间、不可避免的中断时间和必需的休息时间的基础上制定的。测定时间消耗的基本方法是计时观察法。

所谓计时观察法，就是研究工作时间消耗的一种技术测定方法。它以研究工作时间消耗为对象，以观察测时为手段，通过密集抽样和粗放抽样等技术进行直接的时间研究。计时观察法运用于建筑施工中，是以现场观察为特征，所以也称为现场观察法。计时观察法适用于研究人工手动过程和机手并动过程的工作时间消耗。

（四）劳动定额的确定

测定时间消耗的主要内容是工序作业时间的确定。通过对施工过程的工时研究，确定出施工过程的基本工作时间、辅助工作时间、准备与结束工作时间、不可避免的中断时间和休息时间，这些时间之和就是时间定额。

1. 拟定基本工作时间

基本工作时间在必须消耗的工作时间中占比最大。在确定基本工作时间时，必须细

致、精确。基本工作时间消耗一般应根据计时观察资料来确定。其做法是，首先确定工作过程中每一组成部分的工作时间消耗，然后综合出工作过程的工作时间消耗。如果组成部分的产品计量单位和工作过程的产品计量单位不符，就需先求出不同计量单位的换算系数，进行产品计量单位的换算，然后相加，求得工作过程的工作时间消耗。

2. 拟定辅助工作时间和准备与结束工作时间

辅助工作时间和准备与结束工作时间的确定方法与基本工作时间相同。但是，如果这两项工作时间在整个工作过程中的工作时间消耗占比不超过 5%～6%，则可归纳为一项，以工作过程的计量单位表示，确定出工作过程的工作时间消耗。

3. 拟定不可避免的中断时间

在确定不可避免的中断时间时，必须注意由施工工艺特点所引起的不可避免的中断时间才是列入工作过程的时间定额。不可避免的中断时间需根据测时资料通过整理分析获得数据，以占工作日的百分比表示此项工作时间消耗的时间定额。

4. 拟定休息时间

休息时间应根据工作班休息制度、经验资料、计时观察资料，以及对工作的疲劳程度做全面分析来确定。同时，应考虑尽可能利用不可避免的中断时间作为休息时间。

5. 拟定时间定额

确定人工定额预算主要包括拟定基本工作时间、拟定辅助工作时间和准备与结束工作时间、拟定不可避免的中断时间、拟定休息时间，最终确定时间定额。现有的工时规范已经给出了一些工程经验数据，如准备与结束工作时间、不可避免的中断时间、休息时间等，如果利用工时规范计算时间定额，可以参照下列公式：

$$规范时间 = 准备与结束工作时间 + 不可避免的中断时间 + 休息时间 \qquad (2-7)$$
$$工序作业时间 = 基本工作时间 + 辅助工作时间 = 基本工作时间/(1-辅助时间占比)$$
$$(2-8)$$
$$定额时间 = 工序作业时间/(1-规范时间占比) \qquad (2-9)$$

【例 2-2】人工挖土方，土壤是潮湿的黏性土，按土壤分类属二类土（普通土），测时资料表明，挖 $1m^3$ 需消耗基本工作时间 60min，辅助工作时间占作业时间 2%，准备与结束工作时间占工作延续时间 2%，不可避免的中断时间占 1%，休息时间占 20%。试计算人工挖土（普通土）的时间定额和产量定额。

解：

工序作业时间=基本工作时间/(1-辅助时间占比)=60/0.98=61.22（min）

定额时间=工序作业时间/(1-规范时间占比)=61.22/(1-2%-1%-20%)=79.51（min）

时间定额=79.51/(60×8)=0.17（工日/m^3）

产量定额=1/时间定额=1/0.17=5.88（m^3/工日）

三、材料定额

（一）材料分类

材料定额是指在节约与合理使用材料的条件下，生产单位合格产品所必须消耗的一定规格的建筑材料、半成品或配件的数量标准。合理地确定材料消耗，必须研究和区分材料在施工过程中的类别。

1. 根据材料消耗的性质划分

施工中材料的消耗可分为必需消耗的材料和损失的材料消耗两类。

必需消耗的材料是指在合理用料的条件下，生产合格产品所需消耗的材料。它包括直接用于建筑和安装工程的材料、不可避免的施工废料和不可避免的材料损耗。必需消耗的材料属于施工正常消耗，是确定材料消耗定额的基本数据。其中，直接用于建筑和安装工程的材料，用于编制材料净用量定额；不可避免的施工废料和材料损耗，用于编制材料损耗定额。

损失的材料消耗是指材料在采购及使用过程中因意外或人为造成的损耗。

2. 根据材料消耗与工程实体的关系划分

施工中的材料可分为实体材料和非实体材料两类。

实体材料是指直接构成工程实体的材料。它包括工程直接性材料和辅助性材料。工程直接性材料主要是指一次性消耗、直接用于工程构成建筑物或结构本体的材料，如钢筋混凝土柱中的钢筋、水泥、砂、碎石等；辅助性材料主要是指虽然也是施工过程中所必需的，却并不构成建筑物或结构本体的材料，如土石方爆破工程中所需的炸药、引信、雷管等。直接性材料用量大，辅助性材料用量少。

非实体材料是指在施工中必须使用但又不能构成工程实体的施工措施性材料。非实体材料主要是指周转性材料，如模板、脚手架、支撑等。

（二）材料消耗量

1. 材料消耗定额的概念和消耗量的组成

材料消耗定额是指在正常施工生产条件下，完成定额规定计量单位的合格建筑安装产品或完成一定施工作业过程所消耗的各类材料的数量标准，包括各种原材料、辅助材料、零件、半成品、构配件等。它是企业确定材料需要量和储备量的依据，是企业编制材料需要计划和材料供应计划不可缺少的条件；是施工队向工人班组签发限额领料单、实行材料核算的标准。

定额中材料的消耗量由两部分组成，即材料净用量和材料损耗量。

材料净用量是指为了完成单位合格产品或施工工作过程所必需的材料使用量，即构成工程实体的材料消耗量。材料损耗量是指材料从工地仓库领出到完成合格产品生产或施工作业过程中不可避免的合理损耗量，包括材料场内运输损耗量、加工制作损耗量和施工操作损耗量三部分。

材料损耗量的多少常用损耗率表示。材料损耗率可以通过观察法或统计法确定。材料损耗率及材料消耗量的计算通常采用以下公式：

$$材料损耗率 = \frac{材料损耗量}{材料净用量} \times 100\% \tag{2-10}$$

$$材料消耗量 = 材料净用量 + 材料损耗量 = 材料净用量 \times (1 + 材料损耗率) \tag{2-11}$$

2. 确定实体材料消耗量的基本方法

实体材料消耗量是确定实体材料净用量定额和材料损耗定额的计算依据，通过现场技术测定、实验室试验、现场统计和理论计算等方法获得。

（1）现场技术测定法。现场技术测定法又称为观测法，是根据对材料消耗过程的测定与观察，通过对完成产品数量和材料消耗量的计算，进而确定各种材料消耗量定额的一种方法。现场技术测定法主要适用于确定材料损耗量，因为该部分数值用统计法或其他方法较难得到。通过现场观察，还可以区别出哪些是可以避免的损耗，哪些是难以避免的损耗，定额中不应列入可以避免的损耗。

（2）实验室试验法。实验室试验法主要用于编制材料净用量定额。通过试验，能够对材料的结构、化学成分和物理性能以及按强度等级控制的混凝土、砂浆、沥青、油漆等配比做出科学的结论，为编制材料消耗定额提供有技术根据、比较精确的计算数据。这种方法的优点是能更深入、更详细地研究各种因素对材料消耗量的影响，其缺点在于无法估计到施工现场某些因素对材料消耗量的影响。

（3）现场统计法。现场统计法是以施工现场积累的分部分项工程使用材料数量、完成产品数量、完成工作原材料的剩余数量等统计资料为基础，经过整理分析获得材料消耗量的数据。这种方法比较简单易行，但也有缺陷：一是该方法一般只能确定材料总消耗量，不能确定净用量和损耗量；二是其准确程度会受到统计资料和实际使用材料的影响。因而其不能作为确定材料净用量定额和材料损耗量定额的依据，只能作为编制定额的辅助性方法使用。

（4）理论计算法。理论计算法是根据施工图和建筑构造要求，用理论计算公式计算出产品的材料净用量的方法。这种方法较适用于不易产生损耗，且容易确定废料的材料消耗量的计算。

1）标准砖墙材料用量计算。每立方米标准砖墙（普通黏土砖）的材料消耗量如图 2-2 所示。

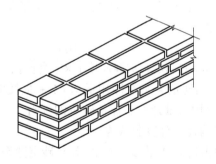

图 2-2　用单元体法计算砖墙中砖和砂浆用量示意图

$$砖净用量（块）= \frac{2 \times 墙厚砖数}{墙厚 \times （砖长 + 灰缝厚度）（砖厚 + 灰缝厚度）} \qquad (2\text{-}12)$$

式中，2×墙厚砖数（墙厚用砖长的倍数表示）称为砌砖工艺系数，通常用 K 表示。

灰缝厚度一般取 10mm。如半砖墙 $K = 0.5 \times 2$；一砖墙 $K = 1 \times 2 = 2$；一砖半墙 $K = 1.5 \times 2 = 3$。墙厚一般半砖墙取 115mm，一砖墙取 240mm，一砖半墙取 365mm。

$$砖消耗量 = 砖净用量 \times （1 + 砖损耗率） \qquad (2\text{-}13)$$

$$砂浆净用量(m^3) = 1 - 砖净用量 \times 每块砖体积 \tag{2-14}$$

$$砂浆消耗量 = 砂浆净用量 \times (1 + 砂浆损耗率) \tag{2-15}$$

式中，标准砖的尺寸为 240mm×115mm×53mm，标准砖墙的计算厚度见表 2-3。灰缝厚度为 10mm。

表 2-3　标准砖墙的计算厚度

墙厚砖数	$\frac{1}{4}$	$\frac{1}{2}$	$\frac{3}{4}$	1	$1\frac{1}{2}$	2	$2\frac{1}{2}$	3
墙厚/mm	53	115	180	240	365	490	615	740

各种厚度砖墙的每立方米净用砖数和砂浆的净用量计算如下（砂浆损耗率为 7%）：
半砖墙

$$砖净用量 = \frac{0.5 \times 2}{0.115 \times (0.24 + 0.01) \times (0.053 + 0.01)} = 552(块)$$

$$砂浆净用量 = (1 - 552 \times 0.0014628) \times 1.07 = 0.192 \times 1.07 = 0.206(m^3)$$

一砖墙

$$砖净用量 = \frac{1 \times 2}{0.24 \times (0.24 + 0.01) \times (0.053 + 0.01)} = 529(块)$$

$$砂浆净用量 = (1 - 529 \times 0.0014628) \times 1.07 = 0.226 \times 1.07 = 0.242(m^3)$$

一砖半墙

$$砖净用量 = \frac{1.5 \times 2}{0.365 \times (0.24 + 0.01) \times (0.053 + 0.01)} = 522(块)$$

$$砂浆净用量 = (1 - 522 \times 0.0014628) \times 1.07 = 0.237 \times 1.07 = 0.254(m^3)$$

2）块料面层（每 100m²）材料消耗量的计算。块料面层一般是指有一定规格尺寸的瓷砖、锦砖、花岗石板、大理石板及各种装饰板等，为了保证定额的精确度，通常以 100m² 为计量单位，计算公式为

$$面层净用量 = \frac{100}{(块料长 + 灰缝厚度) \times (块料宽 + 灰缝厚度)} \tag{2-16}$$

$$面层消耗量 = 面层净用量 \times (1 + 损耗率) \tag{2-17}$$

3）普通抹灰砂浆配合比用料量计算。抹灰砂浆的配合比通常是按砂浆的体积比计算的，每立方米砂浆各种材料消耗量计算公式为

$$砂消耗量(m^3) = [砂占比 / (总占比 - 砂占比 \times 砂空隙率)] \times (1 + 损耗率) \tag{2-18}$$

$$水泥消耗量(kg) = (水泥占比 \times 水泥密度 / 砂占比) \times 砂用量 \times (1 + 损耗率)$$

$$\tag{2-19}$$

$$石灰膏消耗量(m^3) = (石灰膏占比 / 砂占比) \times 砂用量 \times (1 + 损耗率) \tag{2-20}$$

当砂用量超过 1m³ 时，因其空隙容积已大于灰浆数量均按 1m³ 计算。

3. 周转性材料摊销量的确定

周转材料是指在施工过程中多次周转使用的不构成工程实体的摊销性材料，如脚手架、钢木模板、跳板、挡土板等。

定额中周转性材料的计算原则为：按多次使用、分次摊销的方法进行计算。纳入定额

的周转性材料消耗量是指分摊到每一计量单位的分项工程上的摊销量。摊销量由周转性材料的一次使用量、周转次数、回收废料价值等因素决定。

$$摊销量 = 周转使用量 - 回收量 \tag{2-21}$$

$$周转使用量 = \frac{一次使用量 + 一次使用量 \times (周转次数 - 1) \times 补损率}{周转次数} \tag{2-22}$$

$$一次使用量 = 每10m^3混凝土和模板的接触面积 \times 每平方米接触面积模板用量 \times (1 + 损耗率) \tag{2-23}$$

$$补损率 = \frac{平均每次消耗量}{一次使用量} \times 100\% \tag{2-24}$$

四、机械定额

机械定额是指为完成一定数量的合格产品所规定的施工机械消耗的数量标准，是以台班为计量单位的，每一台班按8h计。

（一）机械工作时间分析

机械工作时间包括定额时间和非定额时间（损失时间），如图2-3所示。

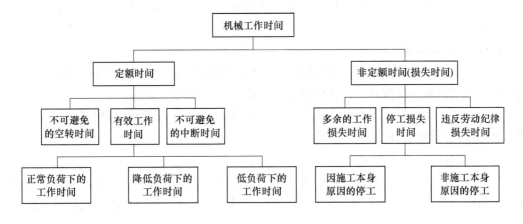

图2-3　机械工作时间分析图

1. 定额时间

定额包括有效工作时间、不可避免的空转时间和不可避免的中断时间。

（1）有效工作时间又包括正常负荷下的工作时间、降低负荷下的工作时间和低负荷下的工作时间。

1）正常负荷下的工作时间，是指机械在其说明书规定的计算负荷相符的情况下进行工作的时间。

2）降低负荷下的工作时间，是在个别情况下由于技术上的原因，机械在低于其计算负荷下工作的时间。例如，汽车运输质量轻而体积大的货物时，不能充分利用汽车的载重吨位因而不得不降低其计算负荷。

3）低负荷下的工作时间，是指由于工人或技术人员的过错造成施工机械在降低负荷的情况下工作的时间。此项工作时间不能作为计算时间定额的基础。

（2）不可避免的空转时间，是指由施工工艺过程和机械结构的特点造成的机械空转工作时间。例如，筑路机在工作区末端调头等，都属于此项工作时间的消耗。

（3）不可避免的中断时间，与施工工艺过程的特点、机械的使用和保养、工人休息时间有关，可分为以下三种。

1）与施工工艺过程的特点有关的不可避免的中断时间，有循环不可避免的中断和定期不可避免的中断两种。循环不可避免的中断，是在机械工作的每一个循环中重复一次，如汽车装货和卸货时的停车。定期不可避免的中断，是经过一定时间重复一次，如把灰浆泵由一个工作地点转移到另一工作地点时的工作中断。

2）与机械的使用和保养有关的不可避免的中断时间，是出于工人进行准备与结束工作或辅助工作时，机械停止工作而引起的中断工作时间。

3）工人休息时间。需注意的是，工人应尽量利用与施工工艺过程及机械的使用和保养有关的不可避免的中断时间进行休息，以充分利用工作时间。

2. 非定额时间

损失时间中，包括多余的工作损失时间、停工损失时间和违反劳动纪律损失时间。

（二）机械定额的表现形式

按其表现形式不同，机械台班定额和劳动定额一样，也可分为机械时间定额和机械台班产量定额两种。

1. 机械时间定额

机械时间定额是指在合理的劳动组织与合理使用机械条件下，生产某一单位合格产品所必须消耗的机械台班数量，计算单位用"台班"或"台时"表示。

工人使用一台机械，工作一个班次（8h）称为一个台班。它既包括机械本身的工作时间，又包括使用该机械的工人的工作时间。

2. 机械台班产量定额

机械台班产量定额是指在合理的劳动组织与合理使用机械条件下，规定某种机械设备在单位时间（台班）内，必须完成合格产品的数量。其计量单位是以产品的计量单位来表示的。

机械时间定额与机械台班产量定额互为倒数关系，即

$$机械时间定额 = 1/机械台班产量定额 \tag{2-25}$$

或

$$机械台班产量定额 = 台班内小组成员工日数/人工时间定额 \tag{2-26}$$

由于机械必须由工人小组配合，所以列出单位合格产品的机械时间定额，同时列出人工时间定额，即

$$时间定额 = 机械时间定额 + 人工时间定额 \tag{2-27}$$

机械施工以考核台班产量定额为主、时间定额为辅。定额表示形式为

$$人工时间定额 = 小组成员工日数总和／机械台班产量 \tag{2-28}$$

【例 2-3】计算斗容量为 4.76 台班/100m³ 的正铲挖土机，挖四类土装车，挖土深度 2m 以内小组成员 2 人的单位产品机械台班定额和人工时间定额，查表 2-4，每一台班产量为 4.76 台班/100m³。

表 2-4　挖土机台班消耗定额　　　　　　　　　　（100m³）

项目			装车			不装车			编号
			一、二类土	三类土	四类土	一、二类土	三类土	四类土	
正铲挖土机斗容量	0.5	挖土深度/m	1.5 以内 $\dfrac{0.466}{4.29}$	$\dfrac{0.539}{3.71}$	$\dfrac{0.629}{3.18}$	$\dfrac{0.442}{4.52}$	$\dfrac{0.490}{4.08}$	$\dfrac{0.578}{3.46}$	94
			1.5 以外 $\dfrac{0.444}{4.50}$	$\dfrac{0.513}{3.90}$	$\dfrac{0.612}{3.27}$	$\dfrac{0.422}{4.74}$	$\dfrac{0.466}{4.29}$	$\dfrac{0.563}{3.55}$	95
	0.75		2 以内 $\dfrac{0.400}{5.00}$	$\dfrac{0.454}{4.41}$	$\dfrac{0.545}{3.67}$	$\dfrac{0.370}{5.41}$	$\dfrac{0.420}{4.76}$	$\dfrac{0.512}{3.91}$	96
			2 以外 $\dfrac{0.382}{5.24}$	$\dfrac{0.431}{4.64}$	$\dfrac{0.518}{3.86}$	$\dfrac{0.353}{5.67}$	$\dfrac{0.400}{5.00}$	$\dfrac{0.485}{4.12}$	97
	1.00		2 以内 $\dfrac{0.322}{6.21}$	$\dfrac{0.369}{5.42}$	$\dfrac{0.420}{4.76}$	$\dfrac{0.299}{6.69}$	$\dfrac{0.351}{5.70}$	$\dfrac{0.420}{4.76}$	98
			2 以外 $\dfrac{0.307}{6.51}$	$\dfrac{0.351}{5.69}$	$\dfrac{0.398}{5.02}$	$\dfrac{0.285}{7.01}$	$\dfrac{0.334}{5.99}$	$\dfrac{0.398}{5.02}$	99
序号			一	二	三	四	五	六	

注：定额表用复式形式表示，表中分子数据为人工时间定额，分母数据为每一台班产量定额，机械台班定额标志机械生产率的水平，同时反映出施工机械管理水平和机械化施工水平，是编制机械需用量计划、考核机械效率和签发施工任务书、评定超产奖励等的依据。

（三）机械定额的确定

1. 拟定正常的工作条件

拟定正常的工作条件，是指拟定工作地点的合理组织和合理的工人编制。工作地点的合理组织就是要科学合理地布置或安排施工地点的机械放置位置、工人从事操作的场所。合理的工人编制是指根据施工机械的性能和设计能力、工人的专业分工和劳动工效，合理确定操纵机械的工人和参加机械化施工过程的工人编制人数。

2. 确定机械纯工作 1h 的正常生产率

机械纯工作时间，就是机械的必须消耗时间。机械纯工作 1h 的正常生产率，就是在正常施工组织条件下，具有必需的知识和技能的技术工人操纵机械 1h 的生产率。

（1）循环机械如塔式起重机、单斗挖土机等纯工作 1h 的正常生产率的确定：

1）确定机械各循环组成部分的延续时间；

2）计算机械一次循环的正常延续时间，即

机械一次循环的正常延续时间 = $\sum$（各组成部分的正常延续时间）– 交叠时间

$$(2-29)$$

3）计算机械纯工作 1h 的正常循环次数，即

机械纯工作 1h 的正常循环次数 = 60 × 60(s)／一次循环的正常延续时间　（2-30）

4）计算机械纯工作 1h 的正常生产率，即

机械纯工作 1h 的正常生产率 = 机械纯工作 1h 的正常循环次数 × 一次循环生产的数量

（2）连续动作机械纯工作 1h 的正常生产率的确定。连续动作机械纯工作 1h 的正常生产率主要根据机械性能来确定，按式（2-31）计算，即

$$连续动作机械纯工作 1h 的正常生产率 = \frac{工作时间内生产的产品数量}{工作时间（h）} \quad (2-31)$$

3. 确定施工机械的正常利用系数

施工机械的正常利用系数是指机械在工作班内对工作时间的利用率。机械的利用率与机械在工作班内的工作状况有着密切的关系，因而，要确定施工机械的正常利用系数必须保证施工机械的正常状况，即保证工时的合理利用。其计算公式为

$$机械正常利用系数 = \frac{机械在一个工作班内纯工作时间}{一个工作班延续时间} \quad (2-32)$$

4. 制定施工机械定额消耗量

在获得施工机械在正常条件下纯工作 1h 的正常生产率和正常利用系数之后，利用下列计算公式即可获得机械的定额消耗量：

施工机械台班产量定额 = 机械纯工作 1h 的正常生产率 × 工作班内纯工作时间

$$(2-33)$$

施工机械台班产量定额 = 机械纯工作 1h 的正常生产率 × 工作班延续时间 ×

机械正常利用系数 $\quad (2-34)$

施工机械时间定额 = 1/ 施工机械台班产量定额 $\quad (2-35)$

【例 2-4】 某工程现场采用出料容量 1000L 的混凝土搅拌机，每一次循环中，装料、搅拌、卸料、中断需要的时间分别是 1min、3min、1min、1min，机械正常利用系数为 0.9，试确定该机械的产量定额及时间定额。

解：

该搅拌机一次循环的正常延续时间 = 1+3+1+1 = 6（min）= 0.1（h）

搅拌机纯工作 1h 的正常循环次数 = 1/0.1 = 10（次）

搅拌机纯工作 1h 的正常生产率 = 10×1000 = 10000（L）= 10（m³）

搅拌机台班产量定额 = 10×8×0.9 = 72（m³/台班）

搅拌机台班时间定额 = 1/72 = 0.014（台班/m³）

五、人工、材料、机械台班单价的确定

一项分部分项工程费用的多少，除取决于分部分项人工、材料和机械台班消耗量外，还取决于人工工资标准、材料和机械台班的单价，以及获取该资源时的市场条件、取得该资源的方式、使用该资源的方式及一些政策性因素。因此，合理确定人工日工资单价、材料单价、机械台班单价是合理估算工程造价的重要依据。

（一）人工日工资单价的组成与确定

人工日工资单价也称人工工日单位，是指施工企业平均技术熟练程度的生产工人在每工作日（国家法定工作时间内）按规定从事施工作业应得的日工资总额。合理确定人工日工资单价是正确计算人工费和工程造价的前提和基础。

1. 人工日工资单价的组成

人工日工资单价由计时工资或计件工资、奖金、津贴补贴以及特殊情况下支付的工资组成。

（1）计时工资或计件工资。按计时工资标准和工作时间或对已做工作按计件单价支付给个人的劳动报酬。

（2）奖金。对超额劳动和增收节支支付给个人的劳动报酬。如节约奖、劳动竞赛奖等。

（3）津贴补贴。为了补偿职工特殊或额外的劳动消耗和因其他原因支付给个人的津贴，以及为了保证职工工资水平不受物价影响支付给个人的物价补贴。如流动施工津贴、特殊地区施工津贴、高温（寒）作业临时津贴、高空津贴等。

（4）特殊情况下支付的工资。根据国家法律、法规和政策规定，因病、工伤、产假、计划生育假、婚丧假、事假、探亲假、定期休假、停工学习、执行国家或社会义务等原因按计时工资标准或计件工资标准的一定比例支付的工资。

2. 人工日工资单价的确定

（1）年平均每月法定工作日。由于人工日工资单价是每一个法定工作日的工资总额，因此需要对年平均每月法定工作日进行计算。计算公式如下：

$$年平均每月法定工作日 = \frac{全年日历日 - 法定假日}{12} \qquad (2-36)$$

式中，法定假日是指双休日和法定节日。

（2）人工日工资单价的计算。确定了年平均每月法定工作日后，将上述工资总额进行分摊，即形成人工日工资单价。

计算公式如下：

$$人工日工资单价 = \frac{生产工人平均月工资(计时、计价) + 平均月(奖金 + 津贴补贴 + 特殊情况下支付的工资)}{年平均每月法定工作日}$$

$$(2-37)$$

3. 人工日工资单价的管理

虽然施工企业投标报价时可以自主确定人工费，但由于人工日工资单价在我国具有一定的政策性，因此工程造价管理机构确定人工日工资单价应根据工程项目的技术要求，通过市场调查并参考实际的工程量人工工资单价综合分析确定。施工企业发布的最低人工日工资单价不得低于工程所在地人力资源和社会保障部门所发布的最低工资标准的，普工1.3倍、一般技工2倍、高级技工3倍。许多地区对人工日工资单价实行动态管理，定期发布人工价格指数，进行实时调整。

（二）材料单价的组成与确定

在建筑工程中，材料费占总造价的60%～70%，在金属结构工程中所占比例还要更大。因此，合理确定材料价格构成、正确计算材料单价，有利于合理确定和有效控制工程造价。材料单价是指建筑材料从其来源地运到施工工地仓库，直至出库形成的不含税综合单价。

1. 材料原价（或供应价格）

材料原价是指国内采购材料的出厂价格，国外采购材料抵达买方边境、港口或车站并缴纳完各种手续费、税费（不含增值税）后形成的价格。在确定原价时，凡同一种材料因来源地、交货地、供货单位、生产厂家不同而有几种价格（原价）时，根据不同来源地供货数量比例，采取加权平均的方法确定其综合原价。计算公式如下：

$$加权平均原价 = \frac{K_1C_1 + K_2C_2 + \cdots + K_nC_n}{K_1 + K_2 + \cdots + K_n} \tag{2-38}$$

式中　K_1，K_2，$\cdots$，K_n——各不同供应地点的供应量或各不同使用地点的需要量；

　　　C_1，C_2，$\cdots$，C_n——各不同供应地点的原价。

若材料供货价格为含税价格，则材料原价应以购进货物适用的税率（13%或9%）或征收率（3%）扣减增值税进项税额。

2. 材料运杂费

材料运杂费是指国内采购材料自来源地、国外采购材料自到岸港运至工地仓库或指定堆放地点发生的费用（不含增值税）。含外埠中转运输过程中发生的一切费用和过境过桥费用，包括调车和驳船费、装卸费、运输费及附加工作费等。

同一品种的材料有若干个来源地的，应采用加权平均的方法计算材料运杂费。计算公式如下：

$$加权平均运杂费 = \frac{K_1T_1 + K_2T_2 + \cdots + K_nT_n}{K_1 + K_2 + \cdots + K_n} \tag{2-39}$$

式中　K_1，K_2，$\cdots$，K_n——各不同供应点的供应量或各不同使用地点的需求量；

　　　T_1，T_2，$\cdots$，T_n——各不同运距的运费。

在材料运输中，可能需要考虑材料包装费。所谓材料包装费，是指为了保护材料、方便运输，对材料进行包装而发生的费用。如果材料包装费未计入材料原价，则应计算包装费，列入材料价格中。

3. 运输损耗

在材料的运输中应考虑一定的场外运输损耗费用。这是指材料在运输装卸过程中不可避免的损耗。运输损耗的计算公式如下：

$$运输损耗 = (材料原价 + 运杂费) \times 运输损耗率(\%) \tag{2-40}$$

4. 采购及保管费

采购及保管费是指为组织采购、供应和保管材料过程中所需要的各项费用，包括采购费、仓储费、工地保管费和仓储损耗。

采购及保管费一般按照材料到库价格以费率取定。采购及保管费计算公式如下：

$$采购及保管费 = 材料运至工地仓库价格 \times 采购及保管费费率(\%) \tag{2-41}$$

或

$$采购及保管费 = (材料原价 + 运杂费 + 运输损耗费) \times 采购及保管费费率(\%) \tag{2-42}$$

综上所述，材料单价的一般计算公式为

$$材料单价 = [(供应价格 + 运杂费) \times (1 + 运输损耗率(\%))] \times [1 + 采购及保管费费率(\%)] \tag{2-43}$$

由于我国幅员辽阔，建筑材料产地与使用地点的距离各地差异很大，采购、保管、运输方式也不尽相同，因此材料单价原则上按地区范围编制。

【例 2-5】某施工工地水泥从两个地方采购，其采购量及有关费用见表 2-5，采购及保管费费率为 2.5%，试确定该工地水泥的单价。

表 2-5　某施工工地水泥采购量及有关费用表

加权平均原价	数量/t	单价/元·t⁻¹	运杂费/元·t⁻¹	运输损耗费费率/%
甲地	500	230	30	0.5
乙地	400	240	20	0.4

解：

$$加权平均原价 = \frac{500 \times 230 + 400 \times 240}{500 + 400} = 234.44（元/t）$$

$$加权平均运杂费 = \frac{500 \times 30 + 400 \times 20}{500 + 400} = 25.56（元/t）$$

甲地的运输损耗费 = (230 + 30) × 0.5% = 1.3（元/t）

乙地的运输损耗费 = (240 + 20) × 0.4% = 1.04（元/t）

$$加权运输损耗费 = \frac{500 \times 1.3 + 400 \times 1.04}{500 + 400} = 1.18（元/t）$$

水泥单价 = (234.44 + 25.56 + 1.18) × (1 + 2.5%) = 267.71（元/t）

（三）施工机械台班单价的组成与确定

施工机械台班单价是指一台施工机械在正常运转条件下，一个工作班中所发生的全部费用。根据《2010 年全国统一施工机械台班费用编制规划》的规定，施工机械台班单价由折旧费、大修理费、经常修理费、安拆费及场外运输费、燃料动力费、机上人工费及其他费用等组成。

1. 折旧费

折旧费是指施工机械在规定使用年限内，陆续收回其原值及购置资金的时间价值。其计算公式为

$$台班折旧费 = \frac{机械预算价格 \times (1 - 残值率) \times 时间价值系数}{耐用总台班} \tag{2-44}$$

（1）机械预算价格。它分为国产机械预算价格和进口机械预算价格。

1）国产机械预算价格。国产机械预算价格按照机械原价、供销部门手续费、一次运杂费及车辆购置税之和计算。机械原价按已购机械的成交价（或销售价或展销会发布的参考价格）询价确定；供销部门手续费和一次运杂费可按机械原价的 5% 计算；车辆购置税计算公式为

$$车辆购置税 = 计税价格 + 车辆购置税率 \tag{2-45}$$

其中

$$计税价格 = 机械原价 + 供销部门手续费和一次运杂费 - 增值税 \tag{2-46}$$

车辆购置税应执行编制期间国家的有关规定。

2）进口机械预算价格。进口机械预算价格按照机械原价、关税、增值税、消费税、

外贸部门手续费和国内一次运杂费、财务费、车辆购置税之和计算。机械原值按其到岸价格取定；关税、增值税、消费税及财务费应执行编制期间国家的有关规定，并参照实际发生的费用计算；外贸部门手续费和国内一次运杂费应按到岸价格的 6.5% 计算；车辆购置税的计税价格是到岸价格、关税和消费税之和。

（2）残值率。残值率是指机械报废时回收的残值占机械原价（机械预算价格）的百分比。按有关规定执行：运输机械为 2%，特大型机械为 3%，中小型机械为 4%，掘进机械为 5%。

（3）时间价值系数。时间价值系数是指购置施工机械的资金在施工生产过程中随着时间的推移而产生的单位增值。其计算公式为

$$时间价值系数 = 1 + \frac{折旧年限 + 1}{2} \times 年折现率(\%) \tag{2-47}$$

年折现率是指按编制期银行年贷款利率确定；折旧年限是指施工机械逐年计提固定资产折旧的期限（折旧年限应在财政部门规定的折旧年限范围内确定）。

（4）耐用总台班。耐用总台班是指施工机械从开始投入使用至报废前使用的总台班数。应按施工机械的技术指标及寿命期等相关参数确定。其计算公式为

$$耐用总台班 = 折旧年限 \times 年工作台班 = 大修间隔台班 \times 大修周期 \tag{2-48}$$

年工作台班是指根据有关部门对各类主要机械最近三年的统计资料分析确定。

大修间隔台班是指机械自投入使用起至第一次大修止或自上一次大修后投入使用起至下一次大修止，应达到的使用台班数。

大修周期是指机械在正常的施工作业条件下，将其寿命（耐用总台班）按规定的大修理次数划分为若干个周期，即

$$大修周期 = 寿命期大修理次数 + 1 \tag{2-49}$$

2. 大修理费

大修理费是指机械设备按规定的大修间隔台班必须进行大修理，以恢复机械正常功能所需的费用。台班大修理是机械使用期限内全部大修理费之和在台班费用中的分摊额，它取决于一次大修理费用、寿命期大修理次数和耐用总台班的数量。其计算公式为

$$台班大修理费 = \frac{一次大修理费 \times 寿命期大修理次数}{耐用总台班} \tag{2-50}$$

一次大修理费是指按照机械设备规定的大修理范围和工作内容，进行一次全面修理所需消耗的工时、配件、辅助材料、油燃料，以及送修运输等全部费用。

寿命期大修理次数是指为恢复原机械功能按规定在寿命期内需要进行的大修理次数。

3. 经常修理费

经常修理费是指机械在寿命期内除大修理以外的各级保养和临时故障排除等所需费用，包括为保障机械正常运转所需的替换设备、随机工具、附具的摊销费用，机械运转及机械日常保养所需的润滑与擦拭材料费用及机械停滞期间的维修和保养费用等，各项费用分摊到台班中，即台班维修费。其计算公式为

$$台班经常修理费 = \frac{\sum(各级保养一次费用 \times 寿命期各级保养总次数) + 临时故障排除费}{耐用总台班} + 替换设备台班摊销费 + 工具、附具台班摊销费 + 例保辅料费 \tag{2-51}$$

或

$$台班经常修理费 = 台班大修费 \times K \tag{2-52}$$

$$K = \frac{机械台班经常修理费}{机械台班大修理费} \tag{2-53}$$

各级保养一次费用是指机械在各个使用周期内为保证机械处于完好状态，必须按规定的各级保养间隔周期、保养范围和内容进行的一、二、三级保养或定期保养所消耗的工时、配件、辅料、油燃料等费用。

寿命期各级保养总次数是指一、二、三级保养或定期保养在寿命期内各个使用周期中保养次数之和。

临时故障排除费是指机械除规定的大修理及各级保养以外，临时故障所需费用，以及机械在工作日以外的保养维护所需的润滑擦拭材料费，可按各级保养（不包括例保辅料费）费用之和的3%计算。

替换设备及工具、附具台班摊销费是指轮胎、电缆、蓄电池、运输皮带、钢丝绳、胶皮管、履带板等消耗性设备和按规定随机配备的全套工具、附具的台班摊销费。

例保辅料费是指机械日常保养所需的润滑擦拭材料的费用。

4. 安拆费及场外运输费

安拆费是指机械在施工现场进行安装、拆卸所需的人工、材料、机械和试运转费用，包括机械辅助设施（如基础、底座、固定锚桩，行走轨道、枕木等）的折旧、搭设、拆除等费用。场外运输费是指机械整体或分体自停滞地点运至现场或某一工地运至另一工地的运输、装卸、辅助材料以及架线等费用。安拆费及场外运输费根据施工机械不同可分为计入台班单价、单独计算和不计算三种类型。

（1）工地间移动较为频繁的小型机械及部分中型机械，其安拆费及场外运输费应计入台班单价。台班安拆费及场外运输费计算公式为

$$台班安拆费及场外运输费 = \frac{一次安拆费及场外运输费 \times 年平均安拆次数}{年工作台班} \tag{2-54}$$

一次安拆费应包括施工现场机械安装和拆卸一次所需的人工、材料、机械费及试运转费；一次场外运输费应包括运输、装卸、辅助材料和架线等费用；年平均安拆次数应以《技术经济定额》为基础，由各地区（部门）结合具体情况确定；运输距离均应按25km计算。

（2）移动有一定难度的特、大型（包括少数中型）机械，其安拆费及场外运输费应单独计算。单独计算的安拆费及场外运输费除应计算安拆费、场外运输费外，还应计算辅助设施（包括基础、底座、固定锚桩、行走轨道枕木等）的折旧、搭拆和拆除费用。

（3）不需安装、拆卸，且自身又能开行的机械和固定在车间不需安装、拆卸及运输的机械，其安拆费及场外运输费不计算。

（4）自升塔式起重机安装、拆卸费用的超高起点及其增加费，各地区（部门）可根据具体情况确定。

5. 燃料动力费

燃料动力费是指在运转或施工作业中所耗用的固体燃料（煤炭、木材）、液体燃料（汽油、柴油）、电力、水和风力等作用。其计算公式为

$$燃料动力费 = 台班燃料动力消耗 × 各地区规定的相应单价 \tag{2-55}$$

$$台班燃料动力消耗量 = \frac{实测次数 × 4 + 定额平均值 + 调查平均值}{6} \tag{2-56}$$

6. 机上人工费

机上人工费是指机上司机（司炉）和其他操作人员的工作日人工费及上述人员在施工机械规定的年工作台班以外的人工费。其计算公式为

$$台班人工费 = 人工消耗量 × \left(1 + \frac{年度工作日 - 年工作台班}{年工作台班}\right) × 人工日工资单价$$

$$\tag{2-57}$$

7. 其他费用

其他费用是指按照国家和有关部门规定应交纳的养路费、车船使用税、保险费及年检费用等。其计算公式为

$$台班其他费用 = \frac{年养路费 + 年车船使用税 + 年保险费 + 年检费用}{年工作台班} \tag{2-58}$$

年养路费、年车船使用税、年检费用应执行编制期有关部门的规定；年保险费执行编制期有关部门强制性保险的规定；非强制性保险不应计算在内。

第三节　预算定额

一、预算定额的概念及作用

（一）预算定额的概念

预算定额又称消耗量定额，是由建设行政主管部门根据合理的施工组织设计，正常施工条件制定的，生产一个规定计量单位合格产品所需的人工、材料、机械台班的社会平均预算标准。

预算定额是由国家或其授权单位统一组织编制和颁发的一种法令性指标，有关部门必须严格遵守执行，不得任意变动。预算定额中的各项指标是国家允许建筑企业在完成工程任务时工料消耗的最高限额，也是国家提供的物质资料和建设资金的最高限额，代表着行业的社会平均水平，从而使建设工程有一个统一核算尺度，对基本建设实行计划管理和有效的经济监督，也是保证建设工程施工质量的重要手段。

（二）预算定额的作用

（1）预算定额是编制施工图预算，确定和控制建筑安装工程造价的基本依据。

（2）预算定额是计算分项工程单价的基础，也是编制招标控制价、投标报价的基础。

（3）预算定额是施工企业编制人工、材料、机械台班需要量计划、统计完成工程量，考核工程成本，实行经济核算的依据。

（4）预算定额是编制地区价目表、概算定额和概算指标的基础资料。

（5）预算定额是设计单位对设计方案进行技术经济分析比较的依据。

（6）预算定额是建设单位和银行拨付工程款、建设资金贷款和工程竣工结（决）算的依据。

总之，预算定额在基本建设中，对合理确定工程造价，推行以招标承包为中心的经济责任制，实行基本建设投资监督管理，控制建设资金的合理使用，促进企业经济核算，改善预算工作等均有重大作用。

二、预算定额的编制原则与依据

(一) 预算定额的编制原则

预算定额的编制工作，实质上是一种标准的制定。在编制时应根据国家对经济建设的要求，贯彻勤俭建国的方针，坚持既要结合历年定额水平，也要照顾现实情况，还要考虑发展趋势，使预算定额符合客观实际。预算定额的编制应遵循以下原则。

1. 按社会平均水平确定预算定额的原则

预算定额是确定和控制建筑安装工程造价的主要依据，因此它必须依据生产过程中所消耗的社会必要劳动时间来确定定额水平。所以预算定额所表现的平均水平，是在现有社会生产条件，以及正常的施工条件、合理的施工组织、平均劳动熟练程度和劳动强度下，完成单位合格产品（分项工程）所需要的劳动时间。

作为确定建筑产品价格的预算定额，应遵循价值规律的要求，按照产品生产中所消耗的社会必要劳动时间来确定其水平，即社会平均水平。对于采用新技术、新结构、新材料的定额项目，既要考虑提高劳动生产率水平的影响，也要考虑施工企业由此而多付出的生产消耗，做到合理可行。

2. 简明适用的原则

简明适用的原则：一是指定额的分项工程划分恰当；二是指预算定额要项目齐全；三是要求合理确定预算定额的计量单位。

贯彻简明适用原则，有利于简化预算的编制工作，简化建筑产品的计价程序，便于群众参加经营管理，便于经济核算。

3. "集中领导" 和 "分级管理" 的原则

坚持统一性和差别性相结合的原则。统一性是指计价定额的制定规划和组织实施由国务院建设行政主管部门归口管理，根据国家方针政策和发展经济的要求，对预算定额统一制定编制原则和编制方法，统一编制和颁发全国统一基础定额，颁发统一的实施条例和制度等，使建筑产品具有统一的计价依据，即集中领导。

差别性是指各部门和省、自治区、直辖市的主管部门可以在管辖范围内，根据本部门、本地区的具体情况，依据规定的编制原则，在全国统一基础定额的基础上，对地区性项目和尚未在全国普遍推行的新项目制定部门和地区性定额、颁发补充性的管理办法和条例制度，并对预算定额实行经常性管理。这就是分级管理。

(二) 预算定额的编制依据

(1) 现行的企业定额和全国统一建筑工程基础定额。

(2) 现行的设计规范、施工及验收规范，质量评定标准和安全操作规程。

(3) 通用标准图集和定型设计图纸，有代表性的典型工程的施工图及有关标准图集。

(4) 新技术、新结构、新材料和先进的施工方法等资料。

(5) 有关科学试验、技术测定的统计分析资料。

（6）本地区现行的人工工资水平、材料价格和施工机械台班单价。

（7）现行的预算定额、材料预算价格及以往积累的基础资料，包括有代表性的补充单位估价表。

三、预算定额消耗指标的确定

确定预算定额人工、材料、机械台班消耗指标时，必须先按施工定额的分项逐项计算出消耗指标，然后再按预算定额的项目加以综合。但是，这种综合不是简单的合并和相加，而是需要在综合过程中增加两种定额之间的适当水平差。预算定额的水平，首先取决于这些消耗量的合理确定。

人工、材料和机械台班消耗量指标应根据定额编制原则和要求，采用理论与实际相结合、图纸计算与施工现场测算相结合、编制人员与现场工作人员相结合等方法进行计算和确定，使定额既符合政策要求，又与客观情况一致，便于贯彻执行。

（一）预算定额中人工工日消耗量的计算

预算定额中人工工日消耗量有两种确定方法：一种是以劳动定额为基础确定；另一种是以现场观察测定资料为基础计算，主要用于遇到劳动定额缺项时，采用现场工作日写实等测时方法测定和计算定额的人工耗用量。

预算定额中人工工日消耗量是指在正常施工条件下，生产单位合格产品所必需消耗的人工工日数量，其是由分项工程所综合的各个工序劳动定额包括的基本用工和其他用工两部分组成的。

1. 基本用工

基本用工是指完成一定计量单位的分项工程或结构构件的各项工作过程的施工任务所必需消耗的技术工种用工。按技术工种相应劳动定额、工时定额计算，以不同工种列出定额工日。基本用工包括如下。

（1）完成定额计量单位的主要用工。按综合取定的工程量和相应劳动定额进行计算。其计算公式为：

$$基本用工 = \sum（综合取定的工程量 \times 劳动定额）\tag{2-59}$$

例如，工程实际中的砖基础有1砖厚、1砖半厚、2砖厚等之分，用工各不相同，在预算定额中由于不区分厚度，需要按照统计的比例加权平均得出综合的人工消耗。

（2）按劳动定额规定应增（减）计算的用工量。例如在砖墙项目中，分项工程的工作内容包括附墙烟囱孔、垃圾道、壁橱等零星组合部分的内容，其人工消耗量相应增加附加人工消耗。由于预算定额是在施工定额子目的基础上综合扩大的，包括的工作内容较多，施工工效视具体部位而有所不同，所以需要另外增加人工消耗，而这种人工消耗也可以列入基本用工内。

2. 其他用工

其他用工是辅助基本用工消耗的工日，包括超运距用工、辅助用工和人工幅度差用工。

（1）超运距用工。超运距是指劳动定额中已包括的材料、半成品场内水平搬运距离与预算定额所考虑的现场材料、半成品堆放地点到操作地点的水平运输距离之差。其计算公式如下：

$$超运距 = 预算定额取定运距 - 劳动定额已包括的运距 \tag{2-60}$$

$$超运距用工 = \sum (超运距材料数量 \times 时间定额) \tag{2-61}$$

需要指出，实际工程现场运距超过预算定额取定运距时，可另行计算现场二次搬运费。

（2）辅助用工。辅助用工是指在技术工种劳动定额内不包括而在预算定额内又必须考虑的用工。如机械土方工程配合用工、材料加工（筛砂、洗石、淋化石膏）、电焊点火用工等。其计算公式如下：

$$辅助用工 = \sum (材料加工数量 \times 相应的劳动定额) \tag{2-62}$$

（3）人工幅度差用工。人工幅度差即预算定额与劳动定额的差额，主要是指在劳动定额中未包括，而在正常施工情况下不可避免但又很难准确计量的用工和各种工时损失。其内容包括：

1）各工种间的工序搭接及交叉作业相互配合或影响所发生的停歇用工；

2）施工过程中，移动临时水电线路而造成的影响工人操作的时间；

3）因工程质量检查和隐蔽工程验收工作而影响工人操作的时间；

4）同一现场内单位工程之间因操作地点转移而影响工人操作的时间；

5）工序交接时对前一工序不可避免的修整用工；

6）施工中不可避免的其他零星用工。

人工幅度差的计算公式如下：

$$人工幅度差 = (基本用工 + 辅助用工 + 超运距用工) \times 人工幅度差系数 \tag{2-63}$$

人工幅度差系数一般为 10%～15%。在预算定额中，人工幅度差的用工量列入其他用工量中。

（二）预算定额中材料消耗量的计算

1. 材料消耗量指标的构成

材料消耗量指标是指在正常施工条件下，为完成单位合格产品的施工任务所需的材料、成品、半成品、构配件及周转材料的数量标准。施工中的材料有若干种分类：

（1）按照实体施工时的消耗情况，可分为直接构成工程实体的材料消耗、工艺性材料损耗和非工艺性材料损耗三部分。

1）直接构成工程实体的材料消耗，是材料的有效消耗部分，即材料净用量。

2）工艺性材料损耗，是材料在加工过程中的损耗（如边角余料）和施工过程中的损耗（如砌墙落地灰）。

3）非工艺性材料损耗，如材料保管不善，大材小用、材料数量不足和废次品的损耗等。

前两部分构成施工消耗量指标，企业定额即属此类。加上第三部分，即构成综合消耗定额，预算定额即属此类。预算定额中的损耗量，要考虑整个施工现场范围内材料堆放、运输、制备及施工操作过程中的损耗，包括工艺性损耗和非工艺性损耗两部分。

（2）按照施工中材料的使用特点，可分为主要材料、辅助材料、周转性材料和其他材料四项。

1）主要材料是指构成工程实体的大宗性材料，如砖、水泥、砂子等。

2）辅助材料是直接构成工程实体，但占比较少的材料，如铁钉、铅丝等。

3）周转性材料是指在施工中能反复周转使用的工具性材料，如架杆、架板、模板等。

4）其他材料是指在工程中用量不多、价值不大的材料，如线绳、棉纱等。

2. 材料消耗量指标的确定

预算定额中的主要材料消耗量，一般以基础定额中的材料消耗量为计算基础。如果某些材料没有消耗量，应当选择合适的计算分析方法，求出所需要的定额消耗量。

（1）主要材料净用量的计算。一般根据设计施工规范和材料规格采用理论方法计算后，再按定额项目综合的内容和实际资料适当调整确定。例如，定额砌一砖内墙所消耗的砖和砂浆（净用量）一般按取单元体方法计算。

（2）材料损耗量的确定。材料损耗量，包括工艺性材料损耗和非工艺性损耗，即

$$材料损耗率 = （材料损耗量／材料净用量）\times 100\% \tag{2-64}$$

材料损耗率应在正常条件下，采用比较先进的施工方法，合理确定。

（3）预算定额中次要材料消耗量的确定。在工程中用量不多，价值不大的材料，可采用估算等方法计算其用量后，合并为一个"其他材料费占材料费"的项目，以百分数表示。

（4）周转性材料消耗量的确定。周转性材料是指在施工过程中多次周转使用的工具性材料，如模板、脚手架、挡土板等。预算定额中的周转性材料消耗量是按多次使用，分次摊销的方法进行计算的。周转材料消耗量指标有一次使用量和摊销量两个。

一次使用量是指模板在不重复使用条件下的一次用量指标，它供建设单位和施工单位申请备料和编制施工作业计划使用。

摊销量是指分摊到每一计量单位分项工程或结构构件上的模板消耗数量。

（5）辅助材料消耗量的确定。辅助材料如砌墙木砖、水磨石地面嵌条等，也是直接构成工程实体的材料，但占比较少，可以采用相应的计算方法计算或估算，列入定额内。它与次要材料的区别在于是否构成工程实体。

（6）施工用水的确定。水是一项很重要的建筑材料，预算定额中应列有水的用量指标。预算定额中的用水量可以根据配合比和实际消耗量计算或估算。

（三）预算定额中机械台班消耗量的计算

预算定额中的机械台班消耗量是指在正常施工条件下，生产单位合格产品（分部分项工程或结构构件）必需消耗的某种型号施工机械的台班数量。下面主要介绍机械台班消耗量的计算。

（1）根据施工定额确定机械台班消耗量的计算。这种方法是指用施工定额中的机械台班消耗量加机械台班幅度差计算预算定额的机械台班消耗量。

机械台班幅度差是指在施工定额中所规定的范围内没有包括，而在实际施工中又不可避免产生的影响机械或使机械停歇的时间。其内容包括：

1）施工机械转移工作面及配套机械相互影响损失的时间；

2）在正常施工条件下，机械在施工中不可避免的工序间歇；

3）工程开工或收尾时工作量不饱满所损失的时间；

4）检查工程质量影响机械操作的时间；

5）临时停机、停电影响机械操作的时间；

6）机械维修引起的停歇时间。

综上所述，预算定额的机械台班消耗量按下式计算：

预算定额机械台班消耗量 = 施工定额机械台班消耗量 × (1 + 机械台班幅度差系数)

$$(2-65)$$

（2）以现场测定资料为基础确定机械台班消耗量。如遇到基础定额缺项者，则需要依据现场测定资料确定单位时间完成的产量，以此为基础确定机械台班消耗量。

（四）预算定额基价编制

预算定额基价就是预算定额分项工程或结构构件的单价，我国现行各省预算定额基价的表达内容不尽统一。有的定额基价只包括人工费、材料费和施工机具使用费，即工料单价；有的定额基价还包括工料单价以外的管理费、利润的清单综合单价，即不完全综合单价；也有的定额基价还包括规费、税金在内的全费用综合单价，即完全综合单价。

预算定额基价的编制以工料单价为例，就是工、料、机的消耗量和工、料、机单价的结合过程。其中，人工费是由预算定额中每一分项工程各种用工数乘以地区人工工日单价之和算出；材料费是由预算定额中每一分项工程的各种材料消耗量乘以地区相应材料预算价格之和算出；施工机具使用费是由预算定额中每一分项工程的各种机械台班消耗量乘以地区相应施工机械台班预算价格之和，以及仪器仪表使用费汇总后算出。上述单价均为不含增值税进项税额的价格。

以基价为工料单价为例，分项工程预算定额基价的计算公式为

$$分项工程预算定额基价 = 人工费 + 材料费 + 施工机具使用费 \qquad (2-66)$$

其中

$$人工费 = \sum (现行预算定额中各种人工工日用量 × 人工日工资单价) \qquad (2-67)$$

$$材料 = \sum (现行预算定额中各种材料消耗量 × 相应材料单价) \qquad (2-68)$$

$$施工机具使用费 = \sum (现行预算定额中各种机械台班消耗量 × 机械台班单价) +$$

$$\sum (仪器仪表台班消耗量 × 仪器仪表台班单价) \qquad (2-69)$$

第四节 概算定额与概算指标

一、概算定额

（一）概算定额的概念及作用

1. 概算定额的概念

概算定额又称扩大结构定额，它是确定一定计量单位扩大分项工程或单位扩大结构构件所必须消耗的人工、材料和施工机械台班的数量及其费用标准。概算定额是以预算定额或预算定额（有些省份地区称为基础定额）和主要分项工程为基础，根据通用图和标准图等资料，经过适当综合扩大编制而成的定额。概算定额以建筑物的长度（m）、面积（m^2）、体积（m^3），小型独立构筑物等按"座"为计量单位进行计算。

概算定额将预算定额中有联系的若干个分项工程综合为一个概算项目，是预算定额项

目的合并与综合扩大。因此概算定额的编制比预算定额的编制具有更大的综合性。按照《建设工程工程量清单计价规范》（GB 50500—2013）的要求，为适应工程招标投标的需求，有的地方预算定额中项目的综合已与概算定额项目一致，如挖土方只有一个项目，不再划分一、二、三、四类土。砖墙也只有一个项目，综合了外墙、半砖墙、一砖墙、一砖半墙、二砖墙、二砖半墙等。化粪池、水池等按"座"计算，综合了土方、砌筑或结构配件的全部项目。

由于建设程序设计精度和时间的限制，同一个工程概算的精确度低于预算定额，且概算定额数额要高于预算定额的数额，同时又由于概算定额中的项目综合了相同工程内容的预算定额的若干个分项，因而概算定额的编制很大程度上要比预算定额简化。

2. 概算定额的作用

概算定额对于合理使用建设资金、降低工程成本、充分发挥投资效益，具有极其重要的意义。概算定额的作用主要体现在以下几个方面：

（1）概算定额是初步设计阶段编制设计概算和技术设计阶段编制修正概算的依据；

（2）概算定额是对设计项目进行技术经济分析和比较的基础资料之一；

（3）概算定额是编制建设项目主要材料计划的参考依据；

（4）概算定额是编制概算指标的基础。

（二）概算定额的编制原则与依据

1. 概算定额的编制原则

概算定额应该贯彻反映社会平均水平和简明适用的原则。由于概算定额和预算定额都是工程计价的依据，所以应符合价值规律和反映现阶段大多数企业的设计、生产及施工管理水平。但在概预算定额水平之间应保留必要的幅度差。概算定额的内容和深度是以预算定额为基础的综合和扩大。在合并中不得遗漏或增加项目，以保证其严密性和正确性。概算定额务必达到简化、准确和适用。

2. 概算定额的编制依据

概算定额的编制依据因其使用范围不同而不同。编制依据一般有以下几种：

（1）相关的国家和地区文件；

（2）现行的设计规范、施工验收技术规范和各类工程预算定额、施工定额；

（3）具有代表性的标准设计图纸和其他设计资料；

（4）有关的施工图预算及有代表性的工程决算资料；

（5）现行的人工日工资单价标准、材料单价、施工机具台班单价及其他的价格资料。

（三）概算定额的内容

概算定额一般由文字说明（总说明、分部工程说明）、概算定额项目表和附录等组成。

（1）文字说明部分。文字说明部分有总说明和分部工程说明。总说明包含下列内容：

1）概算定额的性质和作用；

2）概算定额的编纂形式和应注意的事项；

3）概算定额编制的目的和适用范围；

4）有关定额使用方法的统一规定。

（2）概算定额项目表。

1）概算定额项目表定额项目的划分。定额项目一般按两种方法划分：一种是按工程结构划分，另一种是按工程部位（分部）划分。

2）概算定额项目表的组成。该表由若干分节定额组成。各节定额由工程内容、定额表和附注说明组成。概算定额项目的排序，是按施工程序，以建筑结构的扩大结构构件和形象部位等划分章节的。定额前面列有说明和工程量计算规则。

二、概算指标

（一）概算指标的概念及作用

1. 概算指标的概念

概算指标是在概算定额的基础上进一步综合扩大，以建筑物和构筑物为对象，以建筑面积、体积或成套设备装置的台或组为计量单位，规定所需的人工、材料及施工机械台班消耗数量指标及其费用指标。

例如，一栋办公楼，当其结构选型和主要构造已知时，它的消耗指标是多少？如果是公寓，每平方米的造价是多少？如果是工业厂房，每 $1000m^3$ 的造价和消耗指标是多少？20m 宽的高速公路，每千米（km）的造价和消耗指标是多少？

概算指标比概算定额进一步综合和扩大，所以依据概算指标来编制设计概算，可以更为简单方便，但其精确度就会大打折扣了。

在内容的表达上，概算指标可分为综合形式和单项形式。综合概算指标是以一种类型的建筑物或构筑物为研究对象，以建筑物或构筑物的建筑面积或体积为计量单位，综合了该类型范围内各种规格的单位工程的造价和预算指标而成，它反映的不是具体工程的指标，而是一类工程的综合指标，指标概括性较强。

居住房屋概算指标见表 2-6，建筑工程每 $100m^2$ 工料消耗指标见表 2-7。

表 2-6 居住房屋概算指标 （$100m^2$）

指标编号			FZ-63	FZ-63A	FZ-63B	FZ-64	FZ-64A	FZ-64B
指标名称			楼房住宅			楼房宿舍、乘务员公寓		
外墙厚度			1 砖	1.5 砖	2 砖	1 砖	1.5 砖	2 砖
主要技术特征			片石带基，基深 0.8m；砖混六层，层高 2.8m			片石带基及钢筋混凝土柱基，基深 1.2m；砖混三层，层高 3.3m		
土建	指标		51362	54125	59335	45368	47610	52221
	其中	人工费	12101	12699	13625	10490	11016	11779
		材料费	37277	39317	43425	33223	34841	38565
		机械使用费 元	1984	2109	2285	1655	1753	1877
		基础	6337	7121	8578	3100	3764	4854
		门窗	4661	5204	6380	5990	6651	8119
	材料质量	t	212.20	238.05	268.44	214.08	236.72	265.82

续表 2-6

指标编号	FZ-63		FZ-63A	FZ-63B	FZ-64	FZ-64A	FZ-64B
上下水	指标	元	2987 (2443)			2987 (2443)	
采暖			2834 (2417)			2834 (2417)	
电照			2335 (1681)			2678 (2074)	
通风			—			—	

注：本概算指标中工程量及主要人工、材料、机械消耗指标略。

表 2-7　建筑工程每 100m² 工料消耗指标

| 项目 | 人工及主要材料 | | | | | | | | | | | | |
	人工/工日	钢材/t	水泥/t	模板/m³	成材/m³	砖/千块	黄砂/t	碎石/t	毛石/t	石灰/t	玻璃/m²	油毡/m²	沥青/kg
工业与民用建筑综合	315	3.04	13.57	1.69	1.44	14.76	44	46	8	1.48	18	110	240
工业建筑	340	3.94	14.45	1.82	1.43	11.56	46	51	10	1.02	18	133	300
民用建筑	277	1.68	12.24	1.50	1.48	19.58	42	36	6	2.63	17	67	160

2. 概算指标的作用

概算指标的主要作用有以下几点：

（1）概算指标是建设单位编制固定资产投资计划、确定投资额的依据；

（2）概算指标是设计单位编制初步设计概算、选择设计方案的依据；

（3）概算指标中的主要材料指标可以作为匡算主要材料用量的依据；

（4）概算指标是考核建设投资效果的依据。

（二）概算指标的编制依据

（1）国家颁发的建筑标准、设计规范、施工验收规范及其他有关规定。

（2）标准设计图集、各类典型工程设计和有代表性的标准设计图纸。

（3）现行的概算指标和预算定额、补充定额资料和补充单位估价表。

（4）现行的相应地区的人工工资标准、材料价格、机械台班使用单价等。

（5）积累的工程结算资料。

（6）现行的工程建设政策、法令和规章等（如颁发的各种有关提高建筑经济效果和降低造价方面的文件）。

（三）概算指标的内容

概算指标比概算定额更加综合扩大，其主要内容包括以下部分。

（1）总说明。总说明用来说明概算指标的作用、编制依据和使用方法。

（2）示意图。示意图表明工程结构的形式，工业项目还可以表示出起重机及其起重能力等。必要时，画出工程剖面图，或者加平面简图，借以表明结构形式和使用特点（有起重设备的，需要表明）。

（3）结构特征。结构特征说明结构类型，如单层、多层、高层；砖混结构、框架结构、钢结构和建筑面积等。

（4）主要构造。主要构造说明基础、内墙、外墙、梁、柱、板等构件情况。

（5）经济指标。经济指标说明该项目每 $100m^3$ 或每座构筑物的造价指标，以及其中土建、水暖、电气照明等单位工程的相应造价。

（6）分部分项工程构造内容及工程量指标。说明该工程项目各分部分项工程的构造内容，相应计量单位的工程量指标，以及人工、材料消耗指标。

【例 2-6】某建筑物，建筑体积为 $1000m^3$，土建工程概算造价为 500000 元，给排水工程概算造价为 50000 元，汇总概算造价为 550000 元，试根据以上资料计算单位工程造价和单项工程造价。

解：

每立方米建筑物体积的给排水工程造价 = 50000/1000 = 50（元）

每立方米建筑物体积的土建工程造价 = 500000/1000 = 500（元）

每立方米建筑物体积的单项工程造价 = 550000/1000 = 550（元）

第五节　投资估算指标与工程造价指数

一、投资估算指标

（一）投资估算指标的概念及作用

投资估算指标是编制建设项目建议书、可行性研究报告等前期工作阶段投资估算的依据，也可以作为编制固定资产计划投资额的参考。与概预算定额相比，估算指标以独立的建设项目、单项工程或单位工程为对象，综合项目全过程投资和建设中的各类成本和费用，反映出其扩大的技术经济指标，既是定额的一种表现形式，但又不同于其他的计价定额。投资估算指标既具有宏观指导作用，又能为编制项目建议书和可行性研究阶段投资估算提供依据。具体如下：

（1）在编制项目建议书阶段，投资估算指标是项目主管部门审批项目建议书的依据之一，并对项目的规划及规模起参考作用；

（2）在可行性研究报告阶段，投资估算指标是项目决策的重要依据，也是多方案比选、优化设计方案、正确编制投资估算、合理确定项目投资额的重要基础；

（3）在建设项目评价及决策过程中，其是评价建设项目投资可行性、分析投资效益的主要经济指标；

（4）在项目实施阶段，投资估算指标是限额设计和工程造价确定与控制的依据；

（5）投资估算指标是核算建设项目建设投资需要额和编制建设投资计划的重要依据；

（6）合理准确地确定投资估算指标是进行工程造价管理改革、实现工程造价事前管理和主动控制的前提条件。

可见，投资估算指标的正确制定对于提高投资估算的准确度，对建设工程项目的合理评估、正确决策具有重大意义。

（二）投资估算指标的编制依据

（1）影响建设工程投资的动态因素，如利率、汇率等。

（2）专门机构发布的建设工程造价及其费用组成、计算方法及其他相关估算工程造价的文件。

（3）专门机构发布的工程建设其他费用的计算方法，以及政府部门发布的物价指数。

（4）主要工程项目、辅助工程项目及其他单项工程的已完工程竣工数据。

（5）已建同类工程项目的投资档案资料。

（三）投资估算指标的内容

投资估算指标是对建设工程项目全过程各项投资支出进行确定和控制的技术经济指标，其范围涉及建设工程项目的各个阶段的费用支出，内容因行业不同一般可分为建设工程项目综合指标、单项工程指标和单位工程指标三个层次。

（1）建设工程项目综合指标。建设工程项目综合指标是指按规定应列入建设工程项目总投资的、从立项筹建至竣工验收交付使用的全部投资额，包括单项工程投资、工程建设其他费和预备费等。建设工程项目综合指标一般以工程项目的综合生产能力单位投资表示，如"元/t"。

（2）单项工程指标。单项工程指标是指按照相关规定列入并能独立发挥生产能力和使用效益的单项工程内的全部投资额，包括建筑安装工程费、设备及工器具购置费和可能包含的其他费用。单项工程指标一般以单项工程生产能力单位投资如"元/t"或其他单位表示。如：变配电站"元/（kV·A）"；办公室、宿舍、住宅等房屋则区别不同结构形式以"元/m^2"表示。

（3）单位工程指标。单位工程指标是指按规定应列入能独立设计和施工，但不能独立发挥生产能力和使用效益的工程项目的费用，即建筑安装工程费用。单位工程指标一般以"元/m^2"表示；构筑物一般以"元/座"表示，如水塔；构筑管道一般以"元/m"表示。

二、工程造价指数

（一）工程造价指数的概念

工程造价指数是反映一定时期，由于价格变化对工程造价影响程度的一种指标，是调整工程造价价差的依据。以合理的方法编制的工程造价指数，能较好地反映工程造价的变动趋势和变化幅度，正确反映建设工程市场的供求关系和生产力发展水平。工程造价指数反映了建设工程报告期与选定基期相比的价格变动趋势。

利用工程造价指数研究实际工作中的下列问题很有意义：

（1）分析价格变动趋势及其原因；

（2）估计工程造价变化对宏观经济的影响；

（3）作为业主控制投资、投标人确定报价的重要依据，也是工程承发包双方进行工程造价管理和结算的重要依据。

（二）工程造价指数的分类

1. 按照工程范围、类别、用途分类

（1）单项价格指数。单项价格指数是分别反映各类工程的人工、材料、施工机械及主要设备报告期价格对基期价格的变化程度的指标，可利用它研究主要单项价格变化的情况及其发展变化的趋势，如人工价格指数、主要材料价格指数、施工机械台班价格指数、主要设备价格指数等。

（2）综合造价指数。综合造价指数是综合反映各类项目或单项工程人工费、材料费、施工方机械使用费和设备费等报告期价格对基期价格变化而影响工程造价程度的指标，是研究造价总水平变动趋势和程度的主要依据，如建设工程项目或单项工程造价指数、建筑安装工程造价指数、建筑安装工程直接费造价指数、其他直接费及间接费造价指数、工程建设其他费造价指数等。

2. 按不同基期分类

（1）定基指数。定基指数是指各时期价格与某固定时期的价格对比后编制的指数。

（2）环比指数。环比指数是指各时期价格以其前一期价格为基础编制的造价指数。例如，与上月对比计算的指数，为月环比指数。

3. 按造价资料期限长短分类

（1）时点造价指数。时点造价指数是不同时点（例如，2021年7月1日9时对应于上一年同一时点）价格对比计算的相对数。

（2）月指数。月指数是不同月份价格对比计算的相对数。

（3）季指数。季指数是不同季度价格对比计算的相对数。

（4）年指数。年指数是不同年份价格对比计算的相对数。

在工程项目建设领域常用定基指数来测算工程造价变化趋势和进行工程结算。

（三）工程造价指数的编制

工程造价指数由有管辖权的机构或单位编制。例如，政府或地方政府投资的工程，其工程造价资料和指数，由政府主管部门或委托的工程造价管理机构编制和使用；非政府或地方政府投资的工程，由选民管理法人或委托的工程造价咨询单位编制和使用；施工企业为了在建设工程市场投标竞争，也应该编制用于企业投标报价的工程造价资料和相应的工程造价指数。

编制完成的工程造价指数有很多用途，例如，可作为政府对建设工程市场宏观调控的依据，也可作为工程估算及概预算的基本依据。当然，其最重要的作用是在建设工程市场的交易过程中，为承包商提出合理的投标报价提供依据，此时的工程造价指数也可称为投标价格指数。

工程造价指数一般是按各主要构成要素（如建筑安装工程造价、设备及工器具购置费和工程建设其他费等）分别编制价格指数，然后经汇总得到工程造价指数。

1. 各种单项价格指数的编制

（1）人工费、材料费、施工机械使用费等价格指数的编制。其计算公式为

$$\text{人工费（材料费、施工机械使用费）价格指数} = \frac{P_n}{P_0} \tag{2-70}$$

式中，P_n 为报告期人工工日工资单价（材料单价、机械台班单价）；P_0 为基期人工工日工资单价（材料单价、机械台班单价）。

（2）措施费、间接费及工程建设其他费等费率指标的编制。其计算公式为

$$措施费（间接费、工程建设其他费）费率指标 = \frac{P_n}{P_0} \tag{2-71}$$

式中，P_n 为报告期措施费（间接费、工程建设其他费）费率；P_0 为基期措施费（间接费、工程建设其他费）费率。

2. 设备及工器具价格指数的编制

设备及工器具的种类、品种和规格很多，其指数一般可选择其中用量大、价格高、变动多的主要设备及工器具的购置数量和单价进行登记。其计算公式为

$$设备及工器具价格指数 = \frac{\sum（报告期设备及工器具单价 \times 报告期购置数量）}{\sum（基期设备及工器具单价 \times 基期购置数量）} \tag{2-72}$$

3. 建筑安装工程价格指数的编制

建筑安装工程价格指数是一种综合性极强的价格指数，其计算公式为

$$建筑安装工程价格指数 = \frac{报告期建筑安装工程费}{\dfrac{报告期人工费}{人工费指数} + \dfrac{报告期材料费}{材料费指数} + \dfrac{报告期施工机械使用费}{施工机械使用费指数} + \dfrac{报告期企业管理费}{企业管理费指数} + 利润 + 规费 + 税金} \tag{2-73}$$

4. 建设工程项目或单项工程造价指数的编制

建设工程项目或单项工程造价指数的计算公式为

$$建设工程项目或单项工程造价指数 = \frac{报告期建设工程项目或单项工程造价}{\dfrac{报告期建筑安装工程费}{建筑安装工程造价指数} + \dfrac{报告期设备及工器具费}{设备及工器具价格指数} + \dfrac{报告期工程建设其他费}{工程建设其他费指数}} \tag{2-74}$$

在工程项目建设的不同阶段，工程造价指数发挥不同的作用。工程造价指数可以用于编制拟建工程项目投资估算、工程概算、工程预算，也用于编制投标报价和调整工程造价价差，合理进行工程价款动态控制和动态结算。

【例2-7】某建设工程项目于2019年开工，2021年竣工。其中基础工程部分耗用人工1200工日，毛石160t，打夯机械90台班。选定2019年为基期，2021年底为报告期。数据见表2-8。问该工程报告期基础工程费用是多少，报告期基础部分造价指数是多少？

表2-8　基础工程部分数据

项目	人工预算	毛石	打夯机械	其余费用
预算	1200 工日	150t	90 台班	
2019 年基期	118 元/工日	2500 元/t	430 元/台班	10.53 万元
报告期指数	115%	108%	125%	100%

解：

报告期人工费＝人工工日预算×基期人工单价×报告期人工费指数＝1200×118×115%＝162840（元）

报告期材料费＝材料预算×基期材料单价×报告期材料价格指数＝150×2500×108%＝405000（元）

报告期机械费＝机械台班预算×基期机械台班单价×报告期机械台班指数＝90×430×125%＝48375（元）

报告期基础工程费＝人工费＋材料费＋机械费＋其余费用＝162840＋405000＋48375＋105300＝721515（元）

报告期建筑安装工程费指数＝721515/（162840＋115%＋405000＋108%＋48375＋125%＋105300）＝721515/（141600＋375000＋38700＋105300）＝721575/660600＝109.2%

第六节　工程量清单计价计量

按照工程量清单计价的一般原理，工程量清单应是载明建设工程项目名称、项目特征、计量单位和工程数量等的明细清单，而项目设置应伴随着建设项目的进展不断细化。根据《住房城乡建设部关于进一步推进工程造价管理改革的指导意见》（住建〔2014〕142 号）的要求，清单计价方式应遵循"完善工程项目划分，建立多层级工程量清单，形成以清单计价规范和各专（行）业工程量计算规范配套使用的清单规范体系，满足不同设计深度、不同复杂程度、不同承包方式及不同管理需求下工程计价的需要"的原则。

我国现行的《建设工程工程量清单计价规范》（GB 50500—2013）和工程计量体系主要是建立在施工图基础上的。对于采用工程总承包的项目，由于没有与之相适应的计量计价规则，实践中往往采用模拟清单、费率下浮的方式进行招标发包，无法形成总价合同，不利于发包人控制项目投资，也不利于承包人优化施工设计，制约了工程总承包的推行。

为了满足建设项目工程总承包计量计价的需求和规范工程总承包计价行为，住房和城乡建设部发布了《房屋建筑和市政基础设施项目工程总承包计价计量规范（征求意见稿），该征求意见稿初步制定了适用于可行性研究或方案设计后、或初步设计后的工程总承包项目计量计价规则，为完善工程建设组织模式、推进工程总承包、建立与工程总承包相配套的计量计价体系做出了积极探索。

一、工程量清单计价

工程量清单计价是指在建设工程招标时，由招标人先计算工程量，编制出工程量清单并根据工程量清单编制招标控制价或投标报价的一种计价行为。

目前，工程量清单计价主要用于施工图完成后进行发包的阶段，主要遵循的依据是工程量清单计价与工程量计算规范，由《建设工程工程量清单计价规范》（GB 50500—2013）、《房屋建筑与装饰工程工程量计算规范》（GB 50854—2013）、《仿古建筑工程工程量计算规范》（GB 50855—2013）、《通用安装工程工程量计算规范》（GB 50856—2013）、《市政工程工程量计算规范》（GB 50857—2013）、《园林绿化工程工程量计算规范》（GB 50858—2013）、

《矿山工程工程量计算规范》（GB 50859—2013）、《构筑物工程工程量计算规范》（GB 50860—2013）、《城市轨道交通工程工程量计算规范》（GB 50861—2013）、《爆破工程工程量计算规范》（GB 50862—2013）等组成。

《建设工程工程量清单计价规范》（GB 50500—2013）（以下简称计价规范）包括总则、术语、一般规定、工程量清单编制、招标控制价、合同价款约定、工程计量、合同价款调整、合同价款期中支付、竣工结算与支付、合同解除的价款结算与支付、合同价款争议的解决、工程造价鉴定、工程计价资料与档案、工程计价表格及 11 个附录。

各专业工程量计算规范包括总则、术语、工程计量、工程量清单编制和附录。

二、工程量清单

工程量清单是指建设工程的分部分项项目、措施项目、其他项目、规费项目和税金项目的名称和相应数量等的明细清单如图 2-4 所示。工程量清单应由具有编制能力的招标人或受其委托具有相应资质的工程造价咨询人编制。采用工程量清单方式招标，工程量清单必须作为招标文件的组成部分，其准确性和完整性由招标人负责。

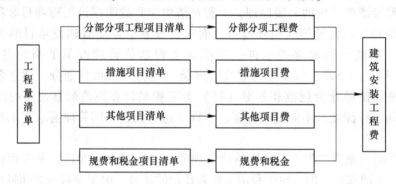

图 2-4 工程量清单的组成

工程量清单是工程量清单计价的基础，应作为编制招标控制价、投标报价、计算工程量、支付工程款、调整合同价款、办理竣工结算及工程索赔等的依据之一。

（一）分部分项工程项目清单

分部分项工程项目清单必须载明项目编码、项目名称、项目特征、计量单位和工程量。

分部分项工程项目清单必须根据各专业工程工程量计算规范规定的项目编码、项目名称、项目特征、计量单位和工程量计算规则进行编制。其格式见表 2-9，在分部分项工程项目清单的编制过程中，由招标人负责前六项内容的填列，金额部分在编制招标控制价或投标报价时填列。

表 2-9 分部分项工程和单价措施项目清单与计价表

工程名称：　　　　　　　　　标段：　　　　　　　　　第　页 共　页

序号	项目编码	项目名称	项目特征描述	计量单位	工程量	金额/元		
						综合单价	合价	其中：暂估价

续表 2-9

序号	项目编码	项目名称	项目特征描述	计量单位	工程量	金额/元		
						综合单价	合价	其中：暂估价
本页小计								
合计								

注：为计取规费等的使用，可在表中增设"其中：定额人工费"。

1. 项目编码

项目编码是分部分项工程和措施项目清单名称的阿拉伯数字标识。清单项目编码以五级编码设置，用十二位阿拉伯数字表示。一、二、三、四级编码为全国统一，即一位至九位应按工程量计算规范附录的规定设置；第五级即十位至十二位为清单项目编码，应根据拟建工程的工程量清单项目名称设置，不得有重号，这三位清单项目编码由招标人针对招标工程项目具体编制，并应自001起顺序编制。

各级编码代表的含义如下。

（1）第一级表示专业工程代码（分二位）。01—房屋建筑与装饰工程；02—仿古建筑工程；03—通用安装工程；04—市政工程；05—园林绿化工程；06—矿山工程；07—构筑物工程；08—城市轨道交通工程；09—爆破工程，共九个专业。

（2）第二级表示附录分类顺序码（分二位）。

（3）第三级表示分部工程顺序码（分二位）。

（4）第四级表示分项工程项目名称顺序码（分三位）。

（5）第五级表示工程量清单项目名称顺序码（分三位）。

以房屋建筑与装饰工程为例，项目编码结构如图2-5所示。

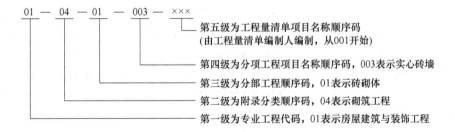

图 2-5 工程量清单项目编码结构

2. 项目名称

分部分项工程项目和措施项目清单的项目名称应按各专业工程工程量计算规范附录的项目名称结合拟建工程实际确定。附录表中的"项目名称"为分项工程项目名称，是形成分部分项工程项目清单项目名称的基础。即在编制分部分项工程项目清单时，以附录中的分项工程项目名称为基础，考虑该项目的规格、型号、材质等特征要求，结合拟建工程的实际情况，使其工程量清单项目名称具体化、细化，以反映影响工程造价的主要因素。例如，"门窗工程"中"特种门"应区分"冷藏门""冷冻闸门""保温门""变电室门""隔音门""防射线门""人防门""金库门"等。清单项目名称应表述详细、准确，各专业工程量计算规范中的分项工程项目名称如有缺陷，招标人可作补充，并报当地工程造价管理机构（省级）备案。

3. 项目特征

项目特征是构成分部分项工程项目、措施项目自身价值的本质特征。项目特征是对项目的准确描述，是确定一个清单项目综合单价不可缺少的重要依据，是区分清单项目的依据，是履行合同义务的基础。分部分项工程项目清单的项目特征应按各专业工程工程量计算规范附录中规定的项目特征，结合技术规范、标准图集、施工图纸，按照工程结构、使用材质及规格或安装位置等，予以详细而准确的表述和说明。凡项目特征中未描述到的其他独有特征，由清单编制人视项目具体情况确定，以准确描述清单项目为准。

分部分项工程量清单与计价表除了包括项目编码、项目名称、项目特征描述、计量单位和工程量五个部分之外（称为五要件，投标人不得做任何更改），还包括有标明货币金额数的综合单价、合价、其中暂估价三项，综合单价由投标人根据企业情况竞报，暂估价按招标文件给定值计算合价，分部分项工程量清单与计价表见表2-10。

表 2-10 分部分项工程量清单与计价表

工程名称：　　　　　　　　　　标段：　　　　　　　　　第 页 共 页

序号	项目编码	项目名称	项目特征描述	计量单位	工程量	金额/元		
						综合单价	合价	其中 暂估价
	A1	土石方工程						
1	010101001001	平整场地	(1) 土壤类别，一、二类土； (2) 取土运距，50m； (3) 弃土运距，2km	m²	505.95			
2	010101004001	挖基坑土方	(1) 土壤类别，一、二类土； (2) 挖土深度，5.5m； (3) 弃土运距，1km	m³	200.55			
3	010101004002	挖基坑土方	(1) 土壤类别，一、二类土； (2) 挖土深度，8m； (3) 弃土运距，1km	m³	300.00			
			分部小计					
			合计					

（二）措施项目清单

措施项目是指为完成工程项目施工，发生于该工程施工准备和施工过程中的技术、生活、安全、环境保护等方面的项目。

措施项目清单应根据相关专业现行工程量计算规范的规定编制，并应根据拟建工程的实际情况列项。

措施项目费用的发生与使用时间、施工方法或者两个以上的工序相关，如安全文明施工费、夜间施工、非夜间施工照明、二次搬运、冬雨季施工、地上、地下设施和建筑物的临时保护设施、已完工程及设备保护等。但是，有些措施项目则是可以计算工程量的项目，如脚手架工程、混凝土模板及支架（撑）垂直运输、超高施工增加、大型机械设备进出场及安拆、施工排水、降水等，这类措施项目按照分部分项工程项目清单的方式采用综合单价计价更有利于措施费的确定和调整。措施项目中可以计算工程量的项目（单价措施项目）宜采用分部分项工程项目清单的方式编制，列出项目编码、项目名称、项目特征、计量单位和工程量；不能计算工程量的项目（总价措施项目），以"项"为计量单位进行编制，见表2-11。

表 2-11　总价措施项目清单与计价表

工程名称：　　　　　　　　　　　　　标段：　　　　　　　　　　　　第　页　共　页

序号	项目编码	项目名称	计算基础	费率/%	金额/元	调整费率/%	调整后金额/元	备注
		安全文明施工费						
		夜间施工增加费						
		二次搬运费						
		冬雨季施工增加费						
		已完工程及设备保护费						
		合计						

（三）其他项目清单

其他项目清单是指在分部分项工程项目清单、措施项目清单所包含的内容以外，因招标人的特殊要求而产生的与拟建工程有关的其他费用项目和相应数量的清单。工程建设标准的高低、工程的复杂程度、工程的工期长短、工程的组成内容、发包人对工程管理的要求等都直接影响其他项目清单的具体内容。其他项目清单包括暂列金额、暂估价（包括材料暂估单价、工程设备暂估单价和专业工程暂估价）、计日工和总承包服务费。其他项目清单宜按照表2-12的格式编制，出现未包含在表格内容中的项目，可根据工程实际情况补充。

表 2-12 其他项目清单与计价汇总表

工程名称： 标段： 第 页 共 页

序号	项目名称	金额/元	结算金额/元	备注
1	暂列金额			
2	暂估价			
2.1	材料（工程设备）暂估价/结算价			
2.2	专业工程暂估价/结算价			
3	计日工			
4	总承包服务费			
5	索赔与现场签证			
	合计			

其中，暂列金额是指招标人在工程量清单中暂定并包括在合同价款中的一笔款项；暂估价是指招标人在工程量清单中提供的用于支付必然发生，但暂时不能确定价格的材料、工程设备的单价以及专业工程的金额，包括材料暂估单价、工程设备暂估单价和专业工程暂估价；计日工是指在施工过程中，承包人完成发包人提出的工程合同范围以外的零星项目和工作，按合同约定的单价计价的一种方式，其是为了解决现场发生的零星工作的计价而设立的款项。

（四）规费和税金项目清单

规费项目清单应按照下列内容列项：社会保险费，包括养老保险费、失业保险费、医疗保险费、工伤保险费、生育保险费；住房公积金；工程排污费；出现计价规范中未列的项目，应根据省级政府或省级有关管理部门的规定列项。

税金项目主要是指增值税。出现计价规范未列的项目，应根据税务部门的规定列项。

规费和税金项目计价表见表 2-13。

表 2-13 规费和税金项目计价表

工程名称： 标段： 第 页 共 页

序号	项目名称	计算基础	计算基数	计算费率/%	金额/元
1	规费	定额人工费			
1.1	社会保险费	定额人工费			
(1)	养老保险费	定额人工费			
(2)	失业保险费	定额人工费			
(3)	医疗保险费	定额人工费			

续表 2-13

序号	项目名称	计算基础	计算基数	计算费率/%	金额/元
(4)	工伤保险费	定额人工费			
(5)	生育保险费	定额人工费			
1.2	住房公积金	定额人工费			
1.3	工程排污费	按工程所在地环境保护部门收取标准、按实计入			
2	税金（增值税）	人工费+材料费+施工机具使用费+企业管理费+利润+规费			
		合计			

【案例分析】

某地区砖混住宅楼施工采用 370 砖墙，经测定的技术资料如下。

完成 1m³ 砖砌体需要的基本工作时间为 14h，辅助工作时间占工作延续时间的 2.5%，准备与结束时间占工作延续时间的 3%，不可避免的中断时间占工作延续时间的 3%，休息时间占工作延续时间的 10%。人工幅度差系数为 12%，超运距运砖每千块需要 2h。

砖墙采用 M5 水泥砂浆砌筑，实体积与虚体积之间的折算系数为 1.07，砖的损耗率为 1.2%，砂浆的损耗率为 0.7%，完成 1m³ 砖砌体需用水 0.85m³。砂浆采用 400L 搅拌机现场搅拌，水泥在搅拌机附近堆放，砂堆场距搅拌机 200m，需用推车运至搅拌机处。推车在砂堆场处装砂子时间为 20s，从砂堆场运至搅拌机的单程时间为 130s，卸砂时间为 10s（仅考虑一台推车）。往搅拌机装填各种材料的时间为 60s，搅拌时间为 80s，从搅拌机卸下搅拌好的材料用时 30s，不可避免的中断时间为 15s，机械利用系数为 0.85，幅度差率为 0%。

若人工日工资单价为 118 元，M5 水泥砂浆单价为 450 元/m³，砖单价为 450 元/千块，水价为 2.75 元/m³，400L 砂浆搅拌机台班单价为 350 元/台班。

试问：

（1）砌筑 1m³ 370 砖墙的施工定额；

（2）10m³ 砖墙的人工、材料、机械台班预算；

（3）预算定额单价。

分析要点：

该案例主要考查施工定额与预算（预算）定额中人工、材料、机械消耗量的组成及计算方法；预算单价的确定等内容。该案例解题要点在于：计算机械消耗量时应分清楚搅拌机一次循环的工作时间。

解：

（1）计算施工定额中的人工、材料、机械台班消耗量。

1）人工消耗量。已知

砌筑 1m³ 370 砖墙所需工作延续时间 = 准备与结束时间 + 基本工作时间 + 辅助工作时间 + 休息时间 + 不可避免的中断时间

设砌筑 1m³ 370 砖墙所需工作延续时间为 x，则

$$x = 3\%x + 14 + 2.5\%x + 10\%x + 3\%x$$

解得

$$x = \frac{14}{1 - 3\% - 2.5\% - 10\% - 3\%} 17.18(\text{h})$$

$$\text{时间定额} = \frac{17.18}{8} = 2.15(\text{工日}/\text{m}^3)$$

$$\text{产量定额} = \frac{1}{\text{时间定额}} = 0.47(\text{m}^3/\text{工日})$$

2) 各种材料消耗量

$$
\begin{aligned}
\text{砖净用量} &= \left[\frac{1}{(\text{砖长} + \text{灰缝厚度}) \times (\text{砖厚} + \text{灰缝厚度})} + \right. \\
&\qquad \left. \frac{1}{(\text{砖宽} + \text{灰缝厚度}) \times (\text{砖厚} + \text{灰缝厚度})} \right] \times \frac{1}{\text{砖长} + \text{砖宽} + \text{灰缝厚度}} \\
&= \left[\frac{1}{(0.24 + 0.01) \times (0.053 + 0.01)} + \frac{1}{(0.115 + 0.01) \times (0.053 + 0.01)} \right] \times \\
&\qquad \frac{1}{0.24 + 0.115 + 0.11} = 522(\text{块})
\end{aligned}
$$

砖的消耗量 = $522 \times (1 + 1.2\%) = 529$（块）

砂浆净用量 = 砖砌体体积 − 砌体中砖所占的体积 = $(1 - 522 \times 0.24 \times 0.115 \times 0.053) \times 1.07 = 0.253$（$\text{m}^3$）

砂浆消耗量 = $0.253 \times (1 + 1.2\%) = 0.256$（$\text{m}^3$）

水消耗量 = 0.85（m^3）

3) 机械消耗量。机械消耗产量定额的概念与人工消耗产量定额类似。求机械消耗量的关键是要清楚砂浆搅拌的整个工作运作过程。砂浆搅拌运作过程示意图如图 2-4 所示。

搅拌一罐砂浆一个完整的循环程序是，从搅拌机处去砂堆装砂、运砂至搅拌机处、往搅拌机里装填材料、搅拌、卸搅拌好的砂浆。

根据图 2-6 及循环程序，可知砂浆搅拌全过程的时间消耗可分为两大部分：第一部分是往返运砂及装卸砂，共 290s；第二部分是装填材料、搅拌、卸搅拌好的砂浆，共 185s。这是因为在做第一部分工作时，第二部分工作可同时进行。因此，搅拌一罐砂浆实际消耗的时间是 290s（取两个独立部分时间组合中的大者）。

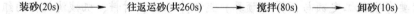

装砂(20s) ──→ 往返运砂(共260s) ──→ 搅拌(80s) ──→ 卸砂(10s)

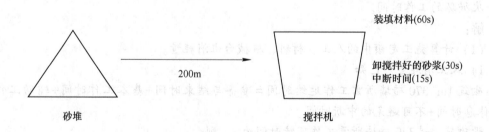

装填材料(60s)

卸搅拌好的砂浆(30s)
中断时间(15s)

200m

砂堆　　　　　　　　　　　搅拌机

图 2-6　砂浆搅拌运作过程示意图

按照一台班8h考虑，则一台班可搅拌砂浆为

$$产量定额 = \frac{8 \times 60 \times 60}{290} \times 0.4 \times 0.85 = 33.77(m^3/台班)$$

搅拌$1m^3$砂浆所需要的台班数量为

$$时间定额 = \frac{1}{产量定额} = \frac{1}{33.77} = 0.0296(台班/m^3)$$

由于该案例要求的是砌筑$1m^3$370砖墙所需消耗的机械台班数量，而$1m^3$370砖墙所需消耗的砂浆是$0.256m^3$，所以有

砌筑$1m^3$307砖墙的机械消耗量＝0.0296×0.256＝0.0076（台班）

（2）计算预算定额中的人工、材料、机械消耗量。根据已知要求，预算定额中的单位是$10m^3$。确定预算定额实际上是以$10m^3$为单位，综合考虑预算定额与施工定额的差异确定人工、材料、机械消耗量。

$$人工消耗量 = \left(2.15 + 0.529 \times \frac{2}{8}\right) \times (1+12\%) \times 10 = 25.56（工日/10m^3）$$

材料消耗量

砖＝529×10＝5290（块）

砂浆＝0.256×10＝2.56（m^3）

水＝0.85×10＝8.5（m^3）

机械消耗量＝0.0076×10＝0.076（台班/$10m^3$）

（3）预算定额单价。砌筑$10m^3$37砖墙的人工费、材料费、机械台班单价分别为

人工费＝25.56×118＝3016.08（元）

材料费＝5.29×743+2.56×450+8.5×2.75＝3930.47+1152+23.375＝5105.85（元）

施工机械使用费＝0.076×350＝26.60（元）

预算定额单价3016.08+5105.85+26.6＝8148.53（元）

复 习 题

一、思考题

(1) 试用某项你了解的工程描述其建设全过程中各项定额如何使用？

(2) 比较施工定额、预算定额、概算定额、概算指标和投资估算指标的编制对象、用途、项目划分、定额水平等有何不同？

(3) 在测定定额消耗量时为什么要对施工过程进行细分？是否分解越细越好？请举例说明。

(4) 在人工工作时间确定时，什么是有效工作时间，什么是基本工作时间，二者的关系是什么？

(5) 如果你是一个大型施工企业的管理者，你认为你们企业是否应当编制自己的施工定额，为什么？

二、课后自测题

（一）单选题

(1) 时间定额与产量定额的关系是（　　）。

　　A. 正比　　　　　　B. 反比　　　　　　C. 倒数　　　　　　D. 没有关系

(2) 预算定额是由建设行政主管部门根据合理的施工组织设计按照正常施工条件下制定的，生产一个规定计量单位工程合格产品所需的人工、材料、机械台班的（　　）数量标准。

　　A. 社会平均水平　　B. 社会先进水平　　C. 平均先进水平　　D. 社会最低水平

(3) 在下列定额中，定额水平需要反映施工企业生产与组织的技术水平和管理水平的是（　　）。

　　A. 预算定额　　　　B. 施工定额　　　　C. 概算定额　　　　D. 概算指标

(4) 在人工消耗量确定时，测定时间消耗的基本方法是（　　）。

　　A. 理论计算法　　　B. 实验室试验法　　C. 现场技术测定法　D. 计时观察法

(5) 运输汽车装载保温泡沫板，因其体积大但质量不足而引起的汽车在降低负荷的情况下工作的时间属于机器工作时间消耗中的（　　）。

　　A. 低负荷下的工作时间　　　　　　　　　B. 不可避免的无负荷工作时间

　　C. 多余工作时间　　　　　　　　　　　　D. 有效工作时间

(6) 通过计时观察资料得知：人工挖二类土 $1m^3$ 的基本工作时间为 6h，辅助工作时间占工序作业时间的 2%。准备与结束工作时间、不可避免的中断时间、休息时间分别占工作日的 3%、2%、18%，则该人工挖二类土的时间定额是（　　）。

　　A. 0.765 工日/m^3　B. 0.994 工日/m^3　C. 1.006m^3/工日　D. 1.307m^3/工日

(7) 某工地水泥从两个地方采购，其采购量及有关费用见表 2-14，则该工地水泥的基价为（　　）。

表 2-14　采购量及有关费用

采购处	采购量/t	供应价格/元·t^{-1}	运杂费/元·t^{-1}	运输损耗率/%	采购及报关费费率/%
来源1	300	240	20	0.5	3
来源2	200	250	15	0.4	

　　A. 244.0 元/t　　　B. 262.0 元/t　　　C. 271.1 元/t　　　D. 271.6 元/t

(8) 在人工单价的组成内容中，生产工人探亲、休假期间的工资属于（　　）。

　　A. 基本工资　　　　B. 工资性津贴　　　C. 辅助工资　　　　D. 职工福利费

(9) 以独立的单项工程或完整的工程项目为计算对象编制确定的生产要素消耗的数量标准或项目费用标准是（　　）。

　　A. 概算定额　　　　B. 概算指标　　　　C. 投资估算指标　　D. 预算定额

(10) 工人在工作班内消耗的工作时间可分为必须消耗的工作时间和损失时间。必须消耗的工作时间包括有效工作时间、休息时间和不可避免的中断时间。下列与休息时间长短有关的是（　　）。

　　A. 工作量　　　　　B. 工作内容　　　　C. 劳动条件　　　　D. 工作班数量

（二）多选题

(1) 制定材料消耗量的基本方法有（　　）。

　　A. 现场技术测定法　　　　　　　　　　　B. 实验室试验法

　　C. 理论计算法　　　　　　　　　　　　　D. 现场统计法

　　E. 计时法

(2) 因施工本身原因的停工属于（　　）。

　　A. 停工损失时间　　　　　　　　　　　　B. 不可避免的中断时间

　　C. 非定额时间　　　　　　　　　　　　　D. 定额时间

　　E. 多余时间

(3) 下列不属于施工企业定额编制原则的是（　　）。

A. 平均先进性原则　　　　　　　　B. 简明适用性原则

C. 独立自主的原则　　　　　　　　D. 以群众为主编制定额的原则

E. 专群结合原则

（4）工人工作时间的分类中定额时间包括（　　）。

    A. 停工时间　　　　　　　　　　　B. 有效工作时间

    C. 休息时间　　　　　　　　　　　D. 不可避免的中断时间

    E. 多余和偶然时间

（5）工程计价的依据有多种不同类型，其中工程单价的计算依据有（　　）。

    A. 材料价格　　　　　　　　　　　B. 投资估算指标

    C. 机械台班费　　　　　　　　　　D. 人工单价

    E. 概算定额

（三）计算题

（1）某工业架空热力管道工程的型钢支架工程，由于现行预算定额没有适用的定额子目。需要根据现场实测数据，结合工程所在地的人工、材料、机械台班价格，编制每焊接 10t 型钢支架的工程单价。

    1）若测得每焊接 1t 型钢支架需要的基本工作时间为 54h，辅助工作时间、准备与结束工作时间、不可避免的中断时间、休息时间分别占工作延续时间的 3%、2%、2%、18%。试计算每焊接 1t 型钢支架的人工时间定额和产量定额。

    2）除焊接外，对每吨型钢支架的安装、防腐、油漆等作业所测算出的人工时间定额为 12 工日，各项作业人工幅度差取定为 10%，试计算每吨型钢支架工程的定额人工消耗量。

    3）若工程所在地综合人工日工资标准为 22.5 元，每吨型钢支架工程消耗的各种型钢为 1.06t（每吨型钢综合单价为 3600 元），消耗其他材料费为 380 元，消耗各种机械台班费为 490 元，试计算每 10t 型钢支架工程的单价。

（2）某土建工程，合同规定结算款为 200 万元，合同原始计算日期为 2010 年 3 月，工程于 2021 年 4 月建成交付使用，工程的人工费、材料费构成比例及有关造价指数见表 2-15。

表 2-15　土建工程人工费、材料费构成比例及有关造价指数表

项目	人工费	钢材	水泥	骨料	红砖	砂	木材	不调值费用
比例	45%	11%	11%	5%	6%	3%	4%	15%
2010 年 3 月指数	100	100.8	102.0	93.6	100.2	95.4	93.4	
2021 年 4 月指数	110.1	98.0	112.9	95.9	98.9	91.1	117.9	

试问：实际的结算款是多少？

第三章 项目决策阶段的造价管理

第一节 概 述

项目决策是指在项目前期，通过收集资料和调查研究，在充分占有信息的基础上，针对项目的决策和实施进行组织、管理、经济和技术等方面的科学分析和论证。

项目投资决策是选择和决定投资行动方案的过程，是对拟建工程项目进行必要性和可行性的技术经济论证，是对不同建设方案进行技术经济比较，做出判断和决定的过程。项目决策正确与否，直接关系到工程项目建设的成败，关系到工程造价的高低及投资效果的好坏，决策阶段是工程造价管理的基础阶段，直接影响着决策阶段之后的各个建设阶段工程造价管理是否科学、合理的问题。

一、项目决策阶段影响工程造价的主要因素

（一）项目合理建设规模的确定

每一个建设项目都存在合理规模的选择问题。合理确定项目建设规模，必须充分考虑规模效益、综合市场、技术及环境等主要因素。生产规模过小，资源得不到有效配置，单位产品成本高，经济效益低下；生产规模过大，超过了市场产品需求量则会导致产品积压或降价销售，致使项目经济效益低下。

（二）建设地区及建设地点的选择

（1）建设地区的选择。建设地区的选择，在很大程度上决定着拟建工程项目的命运，影响着工程造价的高低、建设工期的长短、建设质量的好坏，以及项目建成后的经营状况。因此，建设地区的选择要充分考虑各种因素的制约，遵循靠近原料、燃料提供地和产品消费地、工业项目适当聚集的原则。

（2）建设地点（厂址）的选择。建设地点的选择是一项极为复杂的、技术经济综合性很强的系统工程，涉及项目建设条件、产品生产要素、生态环境和未来产品销售等重要问题，受社会、政治、经济、国防等多因素的制约，还直接影响工程项目的建设投资、建设速度和施工条件，以及未来企业的经营管理及所在地点的城乡建设规划与发展。因此在确定厂址时，应进行方案的技术经济分析比较，选择最佳方案。

（三）技术方案

工程技术方案是指产品生产所采用的工艺流程和生产方法。技术方案的选择直接影响工程项目的建设投资和运营成本的大小。

（四）设备方案

在施工工艺技术方案确定之后，要根据工厂生产规模和工艺程序的要求，选择设备的型号和数量。设备的选择与施工工艺技术密切相关。所选设备与工程项目建设规模、产品

方案和技术方案之间要相互适应，设备之间的生产能力要相互匹配，设备质量可靠性能成熟，且符合政府部门或专门机构发布的技术标准要求，同时力求经济合理。

（五）工程方案

工程方案也称建筑工程方案，是构成工程项目的实体。工程方案是在已选定工程项目的建设规模、技术方案和设备方案的基础上，研究论证主要建筑物、构筑物的建造方案。

（六）节能节水工程

在研究工程方案、原料路线、设备选型的过程中，对能源、水消耗大的项目，提出节约能源、节水措施，并对产品及工艺的能耗指标进行分析，提出对工程项目建设的节能要求。节约能源是指要求通过技术进步、合理利用和科学管理等手段，以最小的能源消耗，取得最大的经济效益。

（七）环境保护措施

建设工程项目一般会引起项目所在地自然环境、社会环境和生态环境的变化，对环境状况、环境质量产生不同程度的影响。因此，在厂址方案或技术方案中，应调查识别拟建工程项目影响环境的因素，研究提出治理和保护环境的措施，比选和优化环境保护方案。建设工程项目应注意保护厂址及周围地区的水土资源、海洋资源、矿产资源、森林资源、文物古迹、风景名胜等自然环境和社会环境，坚持污染物排放总量控制和达标排放要求，在研究环境保护治理措施时，应从环境效益与经济效益相统一的角度进行分析论证，力求环境保护治理方案技术可行和经济合理。环境污染防治措施方案应从技术水平、治理效果、管理及监测方式、污染治理效果这几方面进行比较，提出推荐技术方案和环境保护设施（包括治理和监测设施）。同时要注重资源综合运用，对环境治理过程中产生的"三废"（废水、废气、固体废弃物）应提出回水处理和再利用方案。

二、项目决策阶段工程造价管理的主要内容

（一）做好项目决策阶段的准备工作

决策阶段前期的准备工作是工程造价管理的基础，工程造价管理贯穿于建设工程项目全过程，投资决策是产生工程造价的源头，是决定工程造价的基础阶段。要做好工程项目的投资预测，需要很多资料，如工程所在地的水电路状况、地质情况、主要材料设备的价格资料、大宗材料的采购地，以及现有已建的类似工程资料，对于做好工程项目的可行性研究还要收集更多资料，对资料的准确性、可靠性认真分析，可以保证投资预测、经济分析、方案评选的合理性、准确性。

（二）确定项目的资金来源

项目资金来源有多种渠道，不同的资金来源和资金筹集方法的成本不同，根据项目的实际情况正确、合理地确定资金的筹集方案，降低工程造价。合理处理影响项目投资决策的主要因素，认真做好市场调查，合理确定项目规模；根据可持续发展理念，做好建设标准和建设地点的选择；采用技术经济相结合的方法，做好方案评价和优化。

（三）编制建设项目前期策划阶段的投资估算

投资估算是一个项目前期策划阶段的主要造价文件，是项目可行性研究报告和项目建

议的组成部分，对于项目的决策及投资的成败十分重要。编制工程项目的投资估算时，应根据项目的具体内容及国家有关规定和估算指标等，以估算编制时的价格进行编制，并按照有关规定合理地预测估算编制后至竣工期间的价格、利率、汇率等动态因素的变化对投资的影响，确保投资估算的编制质量。

提高投资估算的准确性应从以下几点做起：认真收集并整理各种建设项目竣工决算的实际造价资料；不生搬硬套工程造价数据，要结合时间、物价及现场条件和装备水平等因素作充分的调查研究；提高造价专业人员和设计人员的技术水平；提高计算机的应用水平；合理估算工程预备费；对引进设备和技术的项目要考虑每年的价格浮动和外汇的折算变化等。

（四）进行建设项目前期策划阶段的经济评价

建设项目的经济评价是指以建设工程和技术方案为对象的经济方面的研究。它是可行性研究的核心内容，是建设项目决策的主要依据。其主要内容是对建设项目的经济效果和投资效益进行分析。进行项目经济分析就是在项目决策的可行性研究和评价过程中，采用现代化经济分析方法，对拟建项目计算期（包括建设期和生产期）内的投入产出等诸多经济因素进行调查、预测、研究、计算和论证，做出全面的经济评价，提出投资决策的经济依据，确定最佳投资方案。

（五）加强建设项目前期策划阶段的风险管理

风险通常是指产生不良后果的可能性。在工程项目的整个建设过程中，前期策划阶段是进行造价控制的重点阶段，也是风险最大的阶段，因而风险管理的重点也在建设项目前期策划阶段。所以在该阶段要及时通过风险辨识和风险分析，提出项目前期策划阶段的风险防范措施，提高建设项目的抗风险能力。

第二节　工程项目投资估算

一、投资估算的概念与作用

（一）投资估算的概念

投资估算是指在项目投资决策过程中，依据现有的资源和一定的方法，对建设项目将要发生的所有费用进行估算和预测。它是项目建设前期编制建议书和可行性研究报告的重要组成部分，是项目决策的重要依据之一。因此，投资估算的准确性应达到规定的要求，否则，必将影响到项目建设前期的投资决策，而且也直接关系到下一阶段初步设计概算、施工图预算的编制及项目建设期的造价管理与控制。

（二）投资估算的作用

投资估算作为论证项目建设前期的重要经济文件，既是项目决策的重要依据，又是项目建设前期实施阶段投资控制的最高限额。它对于建设项目的前期投资决策、工程造价控制、资金筹集等方面的工作都具有举足轻重的作用。

（1）投资估算是建设项目前期决策的重要依据。任何一个建设项目不仅需要考虑技术上的可行性，还需要考虑经济上的合理性。在项目建议书阶段投资估算是项目主管部门审批项目建议书的依据之一，并且对项目规划、规模的确定起到参考作用。在项目可行性研究阶段，投资估算是项目决策的重要依据，也是研究、分析、计算项目投资经济效益的重要条件。

（2）投资估算是建设工程造价控制的重要依据。工程项目的投资估算为设计提供了经济依据，它一经确定，即成为限额设计、工程造价控制的依据，不可随意更改，用于对各设计专业实行投资分配、控制和设计指导。

（3）投资估算是建设工程设计招标的重要依据。投资估算是进行工程设计招标、优选设计单位和设计方案的重要依据。在工程设计招标阶段，投标单位报送的投标书中除了设计方案以外还包括项目的投资估算和经济分析，招标单位通过对各项设计方案的经济合理性进行分析、衡量、比较，进而选择出最优的设计单位和设计方案。

（4）投资估算是项目资金筹措及制定贷款计划的依据。建设单位可根据批准的项目投资估算额进行资金筹措和向银行申请贷款。

二、建设项目投资估算的编制

建设项目投资估算应按静态投资和动态投资进行估算。由于编制投资估算的方法很多，在具体编制某个项目的投资估算时，应根据项目的性质、技术资料和数据等具体情况的差异，有针对性地选用适宜的方法。

固定资产投资估算应考虑动态投资，即除了静态投资的内容，还需考虑涨价预备费、建设期贷款利息、外汇汇率变动等影响。静态投资估算方法有单位生产能力估算法、生产能力指数法、系数估算法、比例估算法、指标估算法，这几种估算方法估算精度相对不高，主要适用于投资机会研究和初步可行性研究阶段；详细可行性研究阶段应采用系数估算法和指标估算法。

（一）静态投资估算方法

1. 单位生产能力估算法

单位生产能力估算法是依据已建成的、性质类似的建设工程项目的单位生产能力投资额乘以拟建工程项目的生产能力，估算拟建工程项目所需投资额的方法。其计算公式为

$$C_2 = \frac{C_1}{Q_1} Q_2 f \tag{3-1}$$

式中，C_1 为已建类似工程项目的投资额；C_2 为拟建工程项目的投资额；Q_1 为已建类似工程项目或装置的生产能力；Q_2 为拟建工程项目或装置的生产能力；f 为不同时期、不同地点的定额、单价、费用变更等的综合调整系数。

这种方法将工程项目的建设投资与其生产能力的关系视为简单的线性关系，估算简便迅速，但精确度低。使用这种方法要求拟建工程项目与已建工程项目类似，仅存在规模大小和时间上的差异。

【例3-1】已知2013年建设一座年产量50万吨尿素的化肥厂的建设投资为28650万元，2021年拟建一座年产量60万吨尿素的化肥厂，工程条件与2013年已建工程项目类似，工程价格综合调整系数为1.25，试估算该项目所需的建设投资额为多少？

解：

$$C_2 = \frac{C_1}{Q_1} Q_2 f = \frac{28650}{50} \times 60 \times 1.25 = 42975 \text{（万元）}$$

2. 生产能力指数法

生产能力指数法是根据已建类似工程项目生产能力和投资额与拟建工程项目的生产能力，来估算拟建工程项目投资额的一种方法。其计算公式为

$$C_2 = C_1 \left(\frac{Q_2}{Q_1} \right)^n f \qquad (3-2)$$

式中，n 为生产能力指数，其他符号同前。

式（3-2）表明，造价与规模（或容量）呈非线性关系，并且单位造价随工程规模（或容量）的增大而减小。在正常情况下，$0 \leqslant n \leqslant 1$。若已建类似工程项目的生产规模与拟建工程项目的生产规模相差不大，Q_1 与 Q_2 的比值为 0.5~2，则 n 的取值近似为 1；若已建类似工程项目的生产规模与拟建工程项目的生产规模相差不大于 50 倍，且拟建工程项目生产规模的扩大仅靠增大设备规模来达到，则 n 的取值为 0.6~0.7；若是靠增加相同规格设备的数量达到，则 n 的取值为 0.8~0.9。

生产能力指数法计算简单、速度快，但要求类似工程项目的资料可靠，条件基本相同。其主要应用于拟建工程项目与用来参考的工程项目规模不同的场合。生产能力指数法的估算精度可以控制在 ±20% 以内，尽管估价误差较大，但这种估价方法不需要详细的工程设计资料，只需依据工艺流程及规模就可以做投资估算，故使用较为方便。

【例 3-2】 2016 年建设一座年产量 50 万吨的某生产装置，投资额为 10000 万元，2021 年拟建一座 150 万吨的类似生产装置，已知自 2016—2021 年每年平均造价指数递增 5%，生产能力指数为 0.9。试用生产能力指数法估算拟建生产装置的投资额。

解：

$$C_2 = C_1 \left(\frac{Q_2}{Q_1} \right)^n f = 1 \times \left(\frac{150}{50} \right)^{0.9} \times (1 + 5\%)^6 = 3.97 \text{（亿元）}$$

3. 系数估算法

系数估算法也称因子估算法，它是以拟建工程项目的主体工程费或主要设备购置费为基数，以其他工程费与主体工程费的百分比为系数估算项目静态投资的方法。这种方法简单易行，但是精度较低，一般用于项目建议书阶段。常用的系数估算法有设备系数法、主体专业系数法和朗格系数法。

（1）设备系数法。以拟建工程项目的设备购置费为基数，根据已建类似工程项目的建筑安装工程费和其他工程费等与设备价值的百分比，求出拟建工程项目的建筑安装工程费和其他工程费，进而求出项目的静态投资，其总和即为拟建工程项目的建设投资。其计算公式为

$$C = E(1 + f_1 P_1 + f_2 P_2 + f_3 P_3 + \cdots) + I \qquad (3-3)$$

式中，C 为拟建工程项目的静态投资额；E 为拟建工程项目根据当时当地价格计算的设备购置费；P_1、P_2、P_3、$\cdots$ 为已建类似工程项目中建筑工程费、安装工程费及其他工程费等占设备费的比例；f_1、f_2、f_3、$\cdots$ 为由于时间因素引起的定额、价格、费用标准等变化的综合调整系数；I 为拟建工程项目的其他费用。

【例 3-3】 某拟建工程项目设备购置费为 12000 万元，根据已建类似工程项目统计资料，建筑工程费占设备购置费的 21%，安装工程费占设备购置费的 12%，该拟建工程项目

的其他费用估算为 2800 万元，调整系数 f_1、f_2 均为 1.1，试估算该项工程目的建设投资。

解：

$C = E(1 + f_1P_1 + f_2P_2 + f_3P_3) + I = 12000 \times (1 + 21\% \times 1.1 + 12\% \times 1.1) + 2800 = 19156$（万元）

（2）主体专业系数法。该法是以拟建工程项目中最主要、投资比例较大并与生产规模直接相关的工艺设备的投资（包括运杂费及安装费）为基数，根据已建类似工程项目的有关统计资料，计算出拟建工程项目的各专业工程（总图、土建、暖通、给排水、管道、电气、电信及自动控制等）占工艺设备投资的百分比，求出各专业工程的投资额，然后汇总各部分的投资额（包括工艺设备投资），估算拟建工程项目所需的建设投资额。其计算公式为

$$C = E(1 + f_1P_1' + f_2P_2' + f_3P_3' + \cdots) + I \tag{3-4}$$

式中，E 为拟建工程项目根据当时当地价格计算的工艺设备投资；P_1'、P_2'、P_3'、$\cdots$ 为已建类似工程项目中各专业工程费用占工艺设备投资的百分比。

（3）朗格系数法。这种方法是工业项目中以设备购置费为基数，乘以适当系数来推算工程项目的建设投资。这种方法在国内不常见，世界银行在进行项目投资估算时常采用该方法。该方法的基本原理是将工程项目建设中总成本费用中的直接成本和间接成本分别计算，再合为项目的静态投资。其计算公式为

$$C = E(1 + \sum K_i)K_c \tag{3-5}$$

式中，C 为建设投资；E 为设备购置费；K_i 为管线、仪表、建筑物等项费用的估算系数；K_c 为管理费、合同费、应急费等项费用的总估算系数。其中，建设投资与设备购置费用之比称为朗格系数 K_L，即

$$K_L = (1 + \sum K_i)K_c \tag{3-6}$$

朗格系数法比较简单、快捷，但没有考虑设备规格、材质的差异，所以精度不高，一般常用于国际上工业项目的项目建议书阶段或投资机会研究阶段的估算。

【例 3-4】 某建设工程项目工艺设备及其安装费用估算为 2800 万元，厂房土建费用估计为 3200 万元，参照类似项目资料，其他各专业工程投资系数见表 3-1、表 3-2，其他有关费用估算为 1800 万元，试估算该工程项目的建设投资。

表 3-1 与设备投资有关的各专业工程投资系数

加热炉	汽化冷却	余热锅炉	自动化仪表	起重设备	供电与传动
0.12	0.01	0.04	0.02	0.09	0.18

表 3-2 与主厂房投资有关的辅助及附属设施投资系数

给排水	采暖通风	工业管道	电气照明
0.05	0.02	0.03	0.01

解：

该工程项目的建设投资为

$2800 \times (1 + 0.12 + 0.01 + 0.04 + 0.02 + 0.09 + 0.18) + 3200 \times (1 + 0.3 + 0.02 + 0.03 + 0.01) + 1800 = 9440$（万元）

4. 比例估算法

比例估算法是根据统计资料，先求出已有同类企业主要设备投资占工程项目建设投资的比例，然后估算出拟建工程项目的主要设备投资，即可按比例求出拟建工程项目的静态投资。其表达式为

$$I = \frac{1}{K} \sum_{i=1}^{n} Q_i P_i \tag{3-7}$$

式中，I 为拟建项目的建设投资；K 为主要设备投资占拟建项目投资的比例；n 为设备种类数；Q_i 为第 i 种设备的数量；P_i 为第 i 种设备的单价（到厂价格）。

5. 指标估算法

指标估算法是把建设工程项目划分为建筑工程、设备安装工程、设备购置费及其他基本建设费等费用项目或单位工程，再根据各种具体的投资估算指标，进行各项费用项目或单位工程投资的估算，在此基础上，计算每一单项工程的投资额。然后估算工程建设其他费及预备费，汇总求得建设工程项目总投资。

估算指标是一种比概算指标更为扩大的单位工程指标或单项工程指标，表现形式较多，如元/m、元/m²、元/m³、元/t、元/(kV·A) 等表示。

使用估算指标法应根据不同地区、不同年代进行调整。因为地区、年代不同，设备与材料的价格均有差异，调整方法可以按主要材料消耗量或"工程量"为计算依据；也可以按不同的工程项目的"万元工料消耗定额"而定不同的系数。如果有关部门已颁布了有关定额或材料价差系数（物价指数），也可以据其调整。使用估算指标法进行投资估算决不能生搬硬套，必须对工艺流程、定额、价格及费用标准进行分析，经过实事求是的调整与换算后，才能提高其精度。

（1）单位面积综合指标估算法。该法适用于单项工程的投资估算，投资包括土建、给排水、采暖、通风、空调、电气、动力管道等所需费用。其计算公式为

单项工程投资额 = 建筑面积 × 单位面积造价 × 价格浮动指数 ± 结构和建筑标准部分的价差

$$\tag{3-8}$$

（2）单位功能指标估算法。该法在实际工作中使用较多，可按如下公式计算

项目投资额 = 单元指标 × 民用建筑功能 × 物价浮动指数　　　　(3-9)

单元指标是指每个估算单位的投资额，如饭店单位客房间投资指标、医院每个床位投资估算指标等。

指标估算法精度高，一般用于可行性研究阶段详细的投资估算的确定。

（二）动态投资估算方法

工程投资动态部分主要包括价格变动可能增加的投资额和建设期利息两部分内容，如果是涉外项目，还应该计算汇率的影响。动态部分的估算应以基准年静态投资的资金使用计划为基础来计算，而不是以编制的年静态投资为基础计算。

1. 涨价预备费的估算

涨价预备费是对建设工期较长的项目，由于在建设期内可能发生材料、设备、人工等价格上涨的情况从而引起投资增加需要预留的费用。涨价预备费一般按照国家规定的投资价格指数（没有规定的由可行性研究人员预测），依据工程分年度估算投资额，采用复利法计算。其计算公式为：

$$PF = \sum_{t=1}^{n} I_t \left[(1+f)^t - 1 \right]$$ (3-10)

式中　PF——涨价预备费估算额；

　　　I_t——建设期第 t 年年初的静态投资计划额；

　　　n——建设期年份数；

　　　f——年平均价格预计上涨率。

2. 建设期利息的估算

建设期利息是指项目借款在建设期内发生并计入建设项目总投资的利息。一般按照复利法计算，为了简化计算，通常假定借款均在每年的年中支用，计算公式为

　　各年应计利息 =（年初借款本息累计 + 本年借款额 /2）× 年利率　(3-11)

其中，

　　年初借款本息累计 = 上一年年初借款本息累计 + 上年借款 + 上年应计利息 (3-12)

　　　　本年借款额 = 本年度固定资产投资 – 本年自有资金　(3-13)

（三）流动资金的估算

流动资金是指生产经营性项目投产后，为进行正常生产运营，用于购买原材料、燃料、支付工资及其他经营费用等所需的周转资金。

流动资金估算一般采用分项详细估算法，小型项目可采用扩大指标估算法。

1. 分项详细估算法

分项详细估算法是目前国际上常用的流动资金估算方法。其计算公式为

　　　　流动资金 = 流动资产 – 流动负债　(3-14)

其中，

　　　　流动资产 = 应收账款(或预付账款) + 现金 + 存货　(3-15)

　　　　流动负债 = 应付(或预收)账款　(3-16)

　　　　流动资金本年增加额 = 本年流动资金 – 上年流动资金　(3-17)

分项详细估算法估算的具体步骤为：首先计算各类流动资产和流动负债的年周转次数，然后再分项估算占用资金额。

（1）周转次数的计算。周转次数是指流动资金的各个构成项目在一年内完成多少个生产过程，即周转次数 = 360/最低周转天数。

（2）各分项资金占用额的估算。其计算公式分别为

$$应收账款 = \frac{年销售收入}{应收账款年周转次数}$$ (3-18)

$$现金 = \frac{年工资福利费 + 年其他费}{现金年周转次数}$$ (3-19)

　　　存货 = 外购原材料、燃料动力费 + 在产品 + 产成品　(3-20)

其中，

　　外购原材料、燃料动力费 = 年外购原材料、燃料动力费 / 年周转次数　(3-21)

$$在产品 = \frac{年工资福利费 + 年其他制造费 + 年外购原材料、燃料动力费 + 年修理费}{在产品年周转次数}$$ (3-22)

$$产成品 = \frac{年经营成本}{产成品年周转次数} \qquad (3-23)$$

$$流动负债 = 应付账款 = \frac{年外购原材料、燃料动力费}{应付账款年周转次数} \qquad (3-24)$$

2. 扩大指标估算法

扩大指标估算法是一种简化的流动资金估算方法，一般可参照同类企业流动资金占销售收入、经营成本的比例或者单位产量占用流动资金的数额估算。扩大指标估算法简便易行，但准确度不高，适用于项目建议书阶段的估算。扩大指标估算法计算流动资金的公式为

$$年流动资金额 = 年销售收入（或年经营成本）\times 销售收入（或经营成本）资金率 \qquad (3-25)$$

$$年流动资金额 = 年产量 \times 单位产量占用流动资金额 \qquad (3-26)$$

估算流动资金时应注意以下三个问题。

（1）在采用分项详细估算法时，应根据项目实际情况分别确定现金、应收账款、存货和应付账款的最低周转天数，并考虑一定的风险系数。因为最低周转天数减少将增加周转次数，从而减少流动资金需要量，因此，必须切合实际地选用最低周转天数。对于存货中的外购原材料和燃料，要分品种和来源考虑运输方式、运输距离以及占用流动资金的比例大小等因素确定。

（2）在不同生产负荷下的流动资金，应按不同生产负荷所需的各项费用金额，根据上述计算公式分别进行估算，而不能直接按照100%生产负荷下的流动资金乘以生产负荷百分比求得。

（3）流动资金属于长期性（永久性）流动资产，流动资金的筹措可通过长期负债和资本金（一般按流动资金的30%估算）的方式解决。流动资金一般要求在投产前一年开始筹措，为简化计算，可规定在投产的第一年开始按生产负荷安排流动资金需要量。其借款部分按全年计算利息，流动资金利息应计入生产期间财务费用，项目计算期末收回全部流动资金（不含利息）。

（四）汇率变化对涉外建设项目动态投资的影响

（1）外币对人民币升值。项目从国外市场购买设备材料所支付的外币金额不变，但换算成人民币的金额增加；从国外借款，本息所支付的外币金额不变，但换算成人民币的金额增加。

（2）外币对人民币贬值。项目从国外市场购买设备材料所支付的外币金额不变，但换算成人民币的金额减少；从国外借款，本息所支付的外币金额不变，但换算成人民币的金额减少。

估计汇率变化对建设项目投资的影响，是通过预测汇率在项目建设期内的变动程度，以估算年份的投资额为基数计算求得。

第三节　工程项目经济评价

一、概述

工程项目经济评价应根据国民经济和社会发展及行业、地区发展规划要求，在工程项

目初步方案的基础上，采用科学的分析方法，对拟建项目的财务可行性和经济合理性进行分析论证，为工程投资决策提供科学依据。

1. 经济评价内容

工程项目经济评价包括财务分析和经济分析。

（1）财务分析。财务分析是指在国家财税制度和价格体系下，从项目角度计算项目的财务效益和费用，分析项目的盈利能力和清偿能力，评价项目的财务可行性。

（2）经济分析。经济分析是指在合理配置社会资源的前提下，从国家整体利益角度计算项目对国民经济的贡献，分析项目的经济效益、效果和对社会的影响，评价项目的宏观经济合理性。

2. 财务分析与经济分析的联系和区别

（1）财务分析与经济分析的联系。进行项目投资决策时，既要考虑项目的财务分析结果，更要遵循使国家和社会获益的项目经济分析原则。财务分析与经济分析密切相关，二者关系如下。

1）财务分析是经济分析的基础。多数经济分析需要在项目财务分析的基础上进行，项目财务分析数据资料是经济分析的基础。

2）经济分析是财务分析的前提。项目国民经济效益可行是决定项目立项的先决条件和主要依据，项目在财务上可行不能决定项目的最终可行性。

（2）财务分析与经济分析的区别。

1）评价的出发点和目的不同。财务分析是站在企业或投资人角度，分析评价项目的财务收益和成本；而经济分析则是从国家或地区角度，分析评价项目对整个国民经济和社会所产生的收益和成本。

2）费用和效益的组成不同。项目财务分析中，凡是流入或流出的项目收支均视为企业或投资者的效益和费用；而在项目经济分析中，只有当项目的投入或产出能够给国民经济带来贡献时，才被当作项目的费用或效益进行评价。

3）分析的对象不同。项目财务分析的对象是企业或投资人的财务收益和成本；而项目经济分析的对象是由项目带来的国民收入增值情况。

4）衡量费用和效益的价格尺度不同。项目财务分析关注的是项目实际货币效果，需要根据预测的市场交易价格来计量项目投入和产出物的价值；而项目经济分析关注的是对国民经济的贡献，采用体现资源合理有效配置的影子价格来计量项目投入和产出物的价值。

5）分析的内容和方法不同。项目财务分析主要采用企业成本和效益分析方法；而项目经济分析需要采用费用和效益分析、成本和效益分析和多目标综合分析等方法。

6）采用的评价标准和参数不同。项目财务分析的主要标准和参数是净利润、财务净现值、市场利率等；而项目经济分析的主要标准和参数是净收益、经济净现值、社会折现率等。

3. 经济评价原则

项目经济评价应遵循以下基本原则。

（1）"有无对比"原则。"有无对比"是指"有项目"相对于"无项目"的对比分析。"无项目"状态是指不进行项目投资时，计算期内与项目有关的资产、费用与收益的预计情况；"有项目"状态是指进行项目投资后，计算期内资产、费用与收益的预计情况。通过"有无对比"，可求出项目的增量效益，排除了项目实施前各种条件的影响，突出项目投资活动效果。在"有项目"与"无项目"两种情况下，效益和费用的计算范围、计算期应保持一致，这样才具有可比性。

（2）效益与费用的计算口径一致原则。将效益与费用限定在同一个范围内，才有可能进行比较，计算的净效益才是项目投入的真实回报。

（3）收益与风险权衡原则。项目投资者关心的是效益指标，但如果对可能给项目带来风险的因素考虑得不全面，对风险事件可能造成的损失估计不足，往往有可能造成项目失败。投资者进行项目投资决策时，不仅要考虑效益，也要关注风险，权衡得失利弊后再进行决策。

（4）定量分析与定性分析相结合原则。经济评价的本质就是要对拟建项目在整个计算期的经济活动，通过效益与费用计算，分析比较项目经济效益。一般来说，项目经济评价以定量分析为主，要求尽量采用定量指标。但对于有些不能量化的经济因素，无法直接进行数量分析，只能采取定性分析方法。因此，项目经济评价应遵循定量分析与定性分析相结合，并以定量分析为主的原则。

（5）动态分析与静态分析相结合原则。动态分析是指考虑资金的时间价值对现金流量进行分析；静态分析则是指不考虑资金的时间价值对现金流量进行分析。项目经济评价的核心是动态分析，静态指标虽比较直观，但只能作为辅助指标。因此，项目经济评价应以动态分析为主、静态分析为辅。

二、财务分析评价

（一）财务效益和费用估算

财务效益和费用是财务分析的重要基础，估算的准确性与可靠程度会直接影响财务分析结论。

1. 财务效益和费用构成

项目财务效益与项目目标有着直接关系，项目目标不同，财务效益包含的内容也会有所不同。

（1）对于市场化运作的经营性项目，项目目标是通过销售产品或提供服务实现盈利，因此，项目财务效益主要是指项目营业收入。对于国家鼓励发展的某些经营性项目，可获得增值税优惠。按照有关会计及税收制度，先征后返的增值税应记作补贴收入，作为财务效益进行核算，而且不考虑"征"和"返"的时间差。

（2）对于为社会提供公共产品或以保护环境等为目标的非经营性项目，往往没有直接的营业收入，也即没有直接的财务效益，需要政府提供补贴才能维持正常运转。为此，应将补贴作为项目财务收益，通过预算平衡计算所需补贴数额。

（3）对于为社会提供准公共产品或服务的项目，如市政公用设施、交通、电力等项目，其经营价格往往受到政府管制，营业收入可能基本满足或不能满足补偿成本的要求，有些需要在政府提供补贴的情况下才具有财务生存能力。因此，这类项目的财务效益应包括营业收入和补贴收入。

（4）项目所支出的费用主要包括投资、成本费用和税金等。

2. 财务效益和费用采用的价格

财务分析应采用以市场价格体系为基础的预测价格。在建设期内，一般应考虑投入的相对价格变动及价格总水平变动。在运营期内，若能合理判断未来市场价格变动趋势，投入与产出可采用相对变动价格；若难以确定投入与产出的价格变动，一般可采用项目运营期初的价格；有要求时，也可考虑价格总水平的变动。运营期财务效益和费用的估算采用的价格，应符合下列要求：（1）效益和费用估算采用的价格体系应一致；（2）采用预测价格，有要求时可考虑价格变动因素；（3）对适用增值税的项目，运营期内投入和产出的估算表格可采用不含增值税价格，若采用含增值税价格，应予以说明，并调整相关表格。

3. 财务效益和费用估算步骤

财务效益和费用估算步骤应与财务分析步骤相匹配。在进行融资前分析时，应先估算独立于融资方案的建设投资和营业收入，然后是经营成本和流动资金。在进行融资后分析时，应先确定初步融资方案，然后估算建设期利息，进而完成固定资产原值估算，通过还本付息计算求得运营期各年利息，最终完成总成本费用估算。

（二）财务分析参数

财务分析参数包括计算、衡量项目财务效益和费用的各类计算参数和判定项目财务合理性的判据参数。

1. 基准收益率

财务基准收益率是指项目财务评价中对可货币化的项目效益和费用采用折现方法计算财务净现值的基准折现率，是衡量项目财务内部收益率的基准值，是项目财务可行性和方案比选的主要判据。财务基准收益率反映投资者对项目占用资金的时间价值的判断，应是投资者对于项目最低可接受的财务收益率。

财务基准收益率的测定应符合下列规定。

（1）政府投资项目及按政府要求进行经济评价的项目采用的财务基准收益率，应根据政府的政策导向进行确定。

（2）项目产出物（或服务）价格由政府进行控制和干预的项目，财务基准收益率需要结合国家在一定时期的发展战略规划、产业政策、投资管理规定、社会经济发展水平和公众承受能力等因素，权衡效率与公平、局部与整体、当前与未来、受益群体与受损群体等得失利弊，区分不同行业投资项目的实际情况，结合政府资源、宏观调控意图、履行政府职能等因素综合测定。

（3）企业投资等项目经济评价中参考选用的财务基准收益率，应在分析一定时期内国家和行业发展规划、产业政策、资源供给、市场需求、资金时间价值、项目目标等情况的基础上，结合行业特点、行业资本构成情况等因素综合测定。

（4）境外投资项目财务基准收益率的测定，应首先考虑国家风险因素。

（5）投资者自行测定项目最低可接受财务收益率的，应充分考虑项目资源的稀缺性、进出口情况、建设周期、市场变化速度、竞争情况、技术寿命、资金来源等，并根据自身的发展战略和经营策略、具体项目特点与风险、资金成本、机会成本等因素综合测定。

国家行政主管部门统一测定并发布的行业财务基准收益率，在政府投资项目及按政府要求进行经济评价的项目中必须采用；在企业投资等项目的经济评价中可参考选用。

2. 计算期

项目经济评价的计算期包括建设期和运营期。建设期应参照工程项目的合理工期或建设进度计划合理确定；运营期应根据项目特点参照项目的合理经济寿命确定。计算现金流的时间单位一般采用年，也可采用其他常用的时间单位。

3. 财务评价的指标

工程项目财务评价指标是衡量工程项目财务经济效果的尺度。通常，根据不同评价深度的要求和可获得资料的多少，以及工程项目本身所处条件的不同，可选用不同的指标，这些指标有主有次，可以从不同侧面反映工程项目的经济效果。

工程项目财务评价指标从不同的角度可以有不同的分类。从是否盈利角度看，评价指标包括财务盈利能力评价指标和工程项目清偿能力评价指标。

（1）财务盈利能力评价指标。财务盈利能力评价主要考察投资项目的盈利水平，主要包括计算财务净现值、财务内部收益率、投资回收期、总投资收益率和工程项目资本金净利润率等指标。

1）财务净现值（*FNPV*）。财务净现值是把不同时间上发生的净现金流量，通过某个规定的利率 i，统一折算到计算期期初（第 0 期）的现值，然后求其代数和。财务净现值是考察工程项目在其计算新的盈利能力中的主要动态评价指标。其表达式为

$$FNPV = \sum_{t=1}^{n} (CI - CO)_t (1 + i_c)^{-t} \tag{3-27}$$

式中，*FNPV* 为财务净现值；*CI* 为现金流入；*CO* 为现金流出；n 为项目计算期；i_c 为基准收益率（也称基准折现率）。

财务净现值是考察工程项目盈利能力的绝对量指标，它反映工程项目在满足按设定折现率要求的盈利之外所能获得的超额盈利的现值。如果 $FNPV \geq 0$，则表明工程项目在计算期内可获得不低于基准收益水平的收益额，工程项目是可行的。

2）财务内部收益率（*FIRR*）。财务内部收益率是效率型指标，它反映工程项目所占用资金的盈利率，是考察工程项目资金使用效率的重要指标。使工程项目在整个计算期内净现值为零的折现率，就称工程项目的内部收益率，是考察工程项目盈利能力的一个主要动态指标。其表达式为

$$\sum_{t=0}^{n} (CI - CO)_t (1 + FIRR)^{-t} = 0 \tag{3-28}$$

一般情况下，若给定基准收益率 i_c，用内部收益率指标评价单方案的判定准则为：若 $FIRR \geq i_c$，则工程项目在经济效果上是可以接受的，工程项目是可行的。

财务内部收益率一般通过计算机软件中配置的财务函数进行计算，若需要手工计算可根据财务现金流量表中净现金流量，采用试算插值法（见图 3-1）进行计算，将求得的财务内部收益率与设定的判别标准 i_c 进行比较，当 $FIRR \geq i_c$ 时，即认为工程项目的营利性能满足要求。

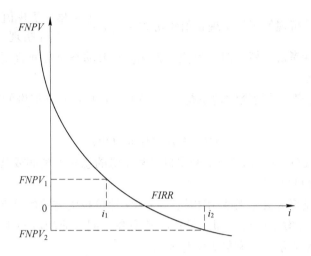

图 3-1　插值法计算内部收益率

试算插值法表达式为

$$FIRR \approx i_1 + \frac{FNPV_1}{FNPV_1 + |FNPV_2|}(i_2 - i_1) \tag{3-29}$$

式（3-29）计算误差与 i_2-i_1 的大小有关，一般 i_2-i_1 最大不要超过 5%。

3）投资回收期。投资回收期是重要的时间性指标，是指用工程项目每年的净收益回收其全部投资所需要的时间，通常以年表示。根据是否考虑资金时间价值，投资回收期可分为静态投资回收期和动态投资回收期。

①静态投资回收期。静态投资回收期 P_t 是指以工程项目的净收益在不考虑资金的时间价值时抵偿全部投资所需的时间，是考察工程项目财务上投资回收能力的重要指标。其表达式为

$$\sum_{t=0}^{P_t}(CI - CO)_t = 0 \tag{3-30}$$

如果工程项目建成后各年的净收益（也即现金流量）不同，则静态投资回收期可以按照累计净现金流量用插值法求得，即

$$P_t = 累计净现金流量开始出现正值的年份 - 1 + \frac{|上年累计净现金流量|}{当年净现金流量} \tag{3-31}$$

当静态投资回收期小于或等于基准投资回收期时，工程项目可行。

②动态投资回收期。动态投资回收期是指考虑资金时间价值，在给定的基准收益率下，用方案各年净收益的现值来回收全部投资的现值所需的时间，这个指标克服了静态投资回收期没有考虑资金时间价值的缺点。其表达式为

$$\sum_{t=0}^{P_t'}(CI - CO)_t(1 + i_c)^{-t} = 0 \tag{3-32}$$

式中，P_t' 为动态投资回收期；CI 为第 t 年的现金流入量；CO 为第 t 年的现金流出量；i_c 为基准收益率。

非等额年收益回收投资，P_t' 可以用插值法求出，其表达式为

$$P'_t = \text{累计折现值开始出现正值年份数} - 1 + \frac{\text{上年累计折现值绝对值}}{\text{当年折现值}} \qquad (3\text{-}33)$$

动态投资回收期考虑了资金时间价值，因此，只要动态投资回收期不大于工程项目寿命期，工程项目可行。

4）总投资收益率。总投资收益率是指工程项目在正常生产年份的净收益与投资总额的比值，即

$$ROI = EBIT/TI \times 100\% \qquad (3\text{-}34)$$

式中，ROI 为投资收益率；$EBIT$ 为工程项目正常年份的息税前利润或营运期内平均息税前利润；TI 为工程项目总投资。

设基准投资收益率为 R_b，则采用投资收益率法评价投资方案的标准为：若 $R \geq R_b$，方案可行；若 $R < R_b$，方案不可行，即总投资收益率高于同行业的收益率参考值，表明用工程项目总投资收益率表示的盈利能力满足要求。

5）同工程项目资本金净利润率（ROE）。资本金净利润率是指工程项目在正常年份的利润总额与工程项目资本金的比率，即

$$\text{同工程项目资本金净利润率（}ROE\text{）} = \text{年利润总额（}NP\text{）／资本金（}EC\text{）} \times 100\%$$
$$\qquad (3\text{-}35)$$

工程项目资本金净利润率高于同行业的净利润率参考值，表明用工程项目资本金净利润率表示的盈利能力满足要求。

（2）工程项目清偿能力评价指标。工程项目清偿能力评价，主要是考察工程项目计算期内各年的财务状况及偿债能力。清偿能力评价是财务评价中的一项重要内容。评价指标包括利息备付率、偿债备付率、资产负债率、流动比率、速动比率等。

1）利息备付率（ICR）。利息备付率是指投资方案在借款偿还期内的息税前利润与当期应付利息的比值。其表达式为

$$ICR = \frac{EBIT}{PI} \qquad (3\text{-}36)$$

式中，$EBIT$ 为息税前利润；PI 为计入总成本费用的应付利息。

对于正常营业的企业，利息备付率应大于 1，并结合债权人的要求确定。利息备付率高，表明利息偿付的保障程度高，偿债风险小。

2）偿债备付率（$DSCR$）。偿债备付率是指在借款偿还期内，各年可用于还本付息的资金与当期应还本付息金额的比值。其表达式为

$$\text{偿债备付率（}DSCR\text{）} = \frac{\text{可用于还本付息资金}}{\text{当期应还本付息金额}} \qquad (3\text{-}37)$$

正常情况下，偿债备付率应大于 1，越高越好；偿债备付率小于 1，表明当年资金来源不足以偿付当期借款本息。

3）资产负债率（$LOAR$）。资产负债率负债总额与资产总额的比值是反映工程项目各年所面临的财务风险程度及偿债能力的指标。其表达式为

$$\text{资产负债率（}LOAR\text{）} = \frac{\text{负债总额}}{\text{资产总额}} \qquad (3\text{-}38)$$

资产负债率越低，工程项目偿债能力越强。但是其高低还反映了工程项目利用负债资

金的程度，因此该指标水平应适中。

4）流动比率。反映企业偿还短期债务的能力。其表达式为

$$流动比率 = 流动资产总额／流动负债总额 \tag{3-39}$$

流动比率越高，单位流动负债将有更多的流动资产作保障，短期偿债能力就越强。流动比率一般为 2∶1 较好。

5）速动比率。反映企业在很短时间内偿还债务的能力。其表达式为

$$速动比率 = 速动资产总额／流动负债总额 \tag{3-40}$$

其中，速动资产＝流动资产－存货，是流动资产中变现最快的部分，速动比率越高，短期偿债能力越强。速动比率一般为 1 左右较好。

在工程项目评价过程中，可行性研究人员应该综合考察以上盈利能力和偿债能力分析指标，分析工程项目的财务运营能力是否满足预期的要求和规定的标准要求，从而评价工程项目的财务可行性。

（三）财务分析内容

财务分析应在项目财务效益与费用估算的基础上进行。对于经营性项目，应通过编制财务分析报表，计算财务指标，分析项目的盈利能力、偿债能力和财务生存能力，判断项目的财务可接受性，明确项目对财务主体及投资者的价值贡献，为项目决策提供依据。对于非经营性项目，应主要分析项目的财务生存能力。

1. 经营性项目财务分析

财务分析可分为融资前分析和融资后分析，一般宜先进行融资前分析，在融资前分析结论满足要求的情况下，初步设定融资方案，再进行融资后分析。在项目建议书阶段，可只进行融资前分析。融资前分析应以动态分析（考虑资金的时间价值）为主、静态分析（不考虑资金的时间价值）为辅。

（1）融资前分析。融资前动态分析应以营业收入、建设投资、经营成本和流动资金的估算为基础，考察整个计算期内的现金流入和现金流出，编制项目投资现金流量表，利用资金时间价值的原理进行折现，计算项目投资内部收益率和净现值等指标。融资前分析排除了融资方案变化的影响，从项目投资总获利能力角度，考察项目方案设计的合理性。融资前分析计算的相关指标，应作为初步投资决策与融资方案研究的依据和基础。

根据分析角度不同，融资前分析可选择计算所得税前指标和（或）所得税后指标。融资前分析也可计算静态投资回收期（P_0）指标，用以反映收回项目投资所需要的时间。

（2）融资后分析。融资后分析应以融资前分析和初步融资方案为基础，考察项目在拟定融资条件下的盈利能力、偿债能力和财务生存能力，判断项目方案在融资条件下的可行性。融资后分析用于比选融资方案，帮助投资者做出融资决策。融资后的盈利能力分析应包括动态分析和静态分析。

1）动态分析。动态分析包括两个层次：①项目资本金现金流量分析，应在拟定的融资方案下，从项目资本金出资者整体角度，确定其现金流入和现金流出，编制项目资本金现金流量表，利用资金时间价值的原理进行折现，计算项目资本金财务内部收益率指标，考察项目资本金可获得的收益水平；②投资各方现金流量分析，应从投资各方实际收入和支出角度，确定其现金流入和现金流出，分别编制投资各方现金流量表，计算投资各方的财务内部收益率指标，考察投资各方可能获得的收益水平。当投资各方不按股本比例进行

分配或有其他不对等的收益时，可选择进行投资各方现金流量分析。

2）静态分析。静态分析是指不采取折现方式处理数据，依据利润与利润分配表计算项目资本金净利润率（ROE）和总投资收益率（ROI）指标。静态盈利能力分析可根据项目的具体情况选做。

盈利能力分析的主要指标包括项目投资财务内部收益率和财务净现值、项目资本金财务内部收益率、投资回收期、总投资收益率、项目资本金净利润率等，可根据项目的特点及财务分析的目的、要求等选用。

进行项目财务生存能力分析，应在财务分析辅助表和利润与利润分配表的基础上编制财务计划现金流量表，通过考察项目计算期内的投资融资和经营活动所产生的各项现金流入和流出，计算净现金流量和累计盈余资金，分析项目是否有足够的净现金流量维持正常运营，以实现财务可持续性。财务可持续性首先应体现在有足够大的经营活动净现金流量；其次，各年累计盈余资金不应出现负值。若出现负值，应进行短期借款，同时分析该短期借款的年份长短和数额大小，进一步判断项目财务生存能力。短期借款应体现在财务计划现金流量表中，其利息应计入财务费用。为维持项目正常运营，还应分析短期借款的可靠性。

2. 非经营性项目财务分析

对于非经营性项目，财务分析可按下列要求进行。

（1）对没有营业收入的项目，不进行盈利能力分析，主要考察项目财务生存能力。此类项目通常需要政府长期补贴才能维持运营，应合理估算项目运营期各年所需的政府补贴数额，并分析政府补贴的可能性与支付能力。对有债务资金的项目，还应结合借款偿还要求进行财务生存能力分析。

（2）对有营业收入的项目，财务分析应根据收入抵补支出的程度，区别对待。收入补偿费用的顺序应为：补偿人工、材料等生产经营耗费、缴纳流转税、偿还借款利息、计提折旧和偿还借款本金。有营业收入的非经营性项目可分为下列两类：1）营业收入在补偿生产经营耗费、缴纳流转税、偿还借款利息、计提折旧和偿还借款本金后尚有盈余，表明项目在财务上有盈利能力和生存能力，其财务分析方法与一般项目基本相同；2）对一定时期内营业收入不足以补偿全部成本费用，但通过在运行期内逐步提高价格（收费）水平，可实现其设定的补偿生产经营耗费、缴纳流转税、偿还借款利息、计提折旧、偿还借款本金的目标，并预期在中长期产生盈余的项目，可只进行偿债能力分析和财务生存能力分析。由于项目运营前期需要政府在一定时期内给予补贴以维持运营，因此，应估算各年所需的政府补贴数额，并分析政府在一定时期内可能提供财政补贴的能力。

三、经济分析评价

工程项目的经济分析和评价主要是站在国民经济效益的角度，按照经济原则通过经济费用效益对工程项目进行评价，判断工程项目的可行性，作为决策依据。经济费用效益分析应从资源合理配置的角度，分析工程项目投资的经济效益和对社会福利所做出的贡献，评价工程项目的经济合理性。对于财务现金流量不能全面、真实反映其经济价值，需要进行经济费用效益分析的工程项目，应将经济费用效益分析的结论作为工程项目决策的主要依据之一。

（一）经济分析范围

对于财务价格扭曲，不能真实反映项目产出的经济价值，财务成本不能包含项目对资源的全部消耗，财务效益不能包含项目产出的全部经济效果的项目，需要进行经济费用效益分析。具体而言，应进行经济费用效益分析的项目有：（1）具有垄断特征的项目；（2）产出具有公共产品特征的项目；（3）外部效果显著的项目；（4）资源开发项目；（5）涉及国家经济安全的项目；（6）受过度行政干预的项目。

（二）经济费用效益识别和计算

1. 经济费用效益的识别

经济费用和效益可直接识别，也可通过调整财务费用和财务效益得到。经济费用效益识别应符合下列要求：

（1）遵循"有无对比"原则；

（2）对项目所涉及的所有成员及群体的费用和效益进行全面分析；

（3）正确识别正面和负面外部效果，防止误算、漏算或重复计算；

（4）合理确定效益和费用的空间范围和时间跨度；

（5）正确识别和调整转移支付，根据不同情况区别对待。

2. 经济费用效益的计算

经济费用的计算应遵循机会成本原则；经济效益的计算应遵循支付意愿（WTP）和（或）接受补偿意愿（WTA）原则。经济费用和经济效益应采用影子价格计算，具体包括货物影子价格、影子工资、影子汇率等。

（1）对于效益表现为费用节约的项目，应根据"有无对比"分析，计算节约的经济费用，计入项目相应的经济效益。

（2）对于表现为时间节约的运输项目，其经济价值应采用"有无对比"分析方法，根据不同人群、货物、出行目的等区别情况计算时间节约价值：根据不同人群及不同出行目的对时间的敏感程度，分析受益者为得到这种节约所愿意支付的货币数量，测算出行时间节约的价值。根据不同货物对时间的敏感程度，分析受益者为得到这种节约所愿意支付的价格，测算其时间节约的价值。

（3）外部效果是指项目产出或投入无意识地给他人带来费用或效益，且项目却没有为此付出代价或为此获得收益。为防止外部效果计算扩大化，一般应只计算一次相关效果。

环境及生态影响是经济费用效益分析必须加以考虑的一种特殊形式的外部效果，应尽可能对项目所带来的环境影响进行量化和货币化，将其列入经济现金流。环境及生态影响的效益和费用，应根据项目的时间范围和空间范围、具体特点、评价深度要求及资料占有情况采用适当的评估方法与技术对环境影响的外部效果进行识别、量化和货币化。

（三）经济费用效益分析

经济费用效益分析应采用以影子价格体系为基础的预测价格，不考虑价格总水平变动因素。项目经济费用效益分析采用社会折现率对未来经济效益和经济费用流量进行折现。项目的所有效益和费用（包括不能货币化的效果）一般均应在共同的时点基础上予以折现。

经济费用效益分析可在直接识别估算经济费用和经济效益的基础上，利用表格计算相关指标；也可在财务分析的基础上将财务现金流量转换为经济效益与费用流量，利用表格计算相关指标。如果项目经济费用和效益能够进行货币化，应在费用效益识别和计算的基础上，编制经济费用效益流量表，计算经济费用效益分析指标，分析项目投资的经济效益，具体可以采用经济净现值（ENPV）、经济内部收益率（EIRR）、经济效益费用比（RBC）等指标。

在完成经济费用效益分析之后，应进一步分析对比经济费用效益与财务现金流量之间的差异，并根据需要对财务分析与经济费用效益分析结论之间的差异进行分析，找出受益或受损群体，分析项目对不同利益相关者在经济上的影响程度，并提出改进资源配置效率及财务生存能力的政策建议。

对于费用和效益可货币化的项目，应采用上述经济费用效益分析方法。对于效益难以货币化的项目，应采用费用效果分析方法；对于效益和费用均难以量化的项目，应进行经济费用效益定性分析。

【案例分析】

案例1

某企业拟使用自有资金建设一个市场急需产品的工程项目，建设期为1年，运行期为6年，该项目投产第1年收到当地政府扶持该产品的启动经费100万元，其他基本数据如下。

（1）建设投资为1000万元，预计全部形成固定资产，固定资产使用年限为10年，按直线法折旧，期末残值为100万元，固定资产余值在项目运营期末收回。投产当年又投入资本金200万元作为运营期的流动资金。

（2）正常年份营业收入为800万元，经营成本为300万元，产品营业税及附加税率为：6%，所得税率为25%，行业基准收益率为10%，基准投资回收期为6年。

（3）投产第1年仅达到生产能力的80%，预计第一年的营业收入、经营成本和总成本均为正常年份的80%。以后各年均达到设计生产能力。

（4）运营3年后，需要投入20万元更新自动控制设备备件。

试问：

（1）编制拟建工程项目投资现金流量表；

（2）计算拟建工程项目静态投资回收期；

（3）计算工程项目财务净现金流量；

（4）从财务角度分析工程项目的可行性。

解：

（1）编制拟建工程项目投资现金流量表，见表3-3。

表3-3 项目投资现金流量表 （万元）

序号	项目	计算期						
		1	2	3	4	5	6	7
1	现金流入	0.00	740.00	800.00	800.00	800.00	800.00	1460.00
1.1	营业收入		640.00	800.00	800.00	800.00	800.00	800.00

续表 3-3

序号	项目	计算期						
		1	2	3	4	5	6	7
1.2	补贴收入		100.00					
1.3	回收固定资产余值							460.00
1.4	回收流动资金							200
2	现金流出	1000.0	571.30	438.50	438.50	53.50	438.50	438.50
2.1	建设投资	1000.0						
2.2	流动资金		200.00					
2.3	经营成本		240.00	300.00	300.00	300.00	300.00	300.00
2.4	营业税金及附加		38.40	48.00	48.00	48.00	48.00	48.00
2.5	维持运营投资					20.00		
3	调整所得税		92.90	90.50	90.50	90.50	90.50	90.50
4	净现金流量	−1000	168.70	361.50	361.50	346.50	361.50	1021.50
5	累计净现金流量	−1000	−831.30	−469.80	−108.30	238.20	599.70	1621.20

固定资产折旧费＝（1000−100）÷10＝90（万元）

固定资产余值＝90×4+100＝460（万元）

第 2 年所得税＝（640−38.4−240−90+100）×25%＝92.90（万元）

第 3、4、6、7 年所得税＝（800−48−300−90）×25%＝90.50（万元）

第 5 年所得税＝（800−48−300−90−20）×25%＝85.50（万元）

（2）计算拟建工程项目静态投资回收期：

静态投资回收期＝（5−1）+108.30/346.5＝4.31（年）

拟建工程项目静态投资回收期为 4.31 年。

（3）计算工程项目财务净现金流量，见表 3-4。

表 3-4 工程项目财务净现金流量计算表　　　　　　　　　（万元）

序号	项目	1	2	3	4	5	6	7
1	净现金流量	−1000	168.70	361.50	361.50	346.50	361.50	1021.50
2	折现系数（$i=10\%$）	0.9091	0.8264	0.7531	0.6830	0.6209	0.5645	0.5132
3	折现后净现金流量	−909.10	139.41	271.59	246.90	215.14	204.07	524.23
4	累计净现金流量	−909.10	−769.69	−498.10	−251.20	−36.06	168.01	692.24

工程项目财务净现金流量是按照基准折现率折算到工程项目建设期初的现值之和，工程项目的财务净现金流量是 692.24 万元。

（4）分析工程项目的可行性。从财务角度分析拟建工程项目的可行性，该项目的静态投资回收期是 4.31 年，小于行业基准投资回收期 6 年；财务净现值是 692.24 万元，大于零；所以，从财务角度分析该项目可行。

案例 2

某公司计划兴建某工程项目，有关资料如下。

（1）建设投资估算资料。

1）工程项目拟全套引进国外设备，设备总质量为 100t，离岸价 FOB 为 200 万美元（假设美元对人民币汇率按 1：6.6 计算）。海外运费费率为 6%，海外运输保险费费率为 0.266%，关税税率为 22%，增值税税率为 17%，银行财务费费率为 0.4%，外贸手续费费率为 1.5%；到货口岸至安装现场 500km，运输费为 0.6 元/(t·km)，装、卸费均为 50 元/t。现场保管费费率为 0.2%。

2）除设备购置费以外的其他费用项目分别按设备投资的一定比例计算，见表 3-5，由于时间因素引起的定额、价格、费用标准等变化的综合调整系数为 1。

表 3-5　其他费用项目占设备投资比例

土建工程	36%	设备安装	12%	工艺管道	5%
给排水	10%	暖通	11%	电气照明	1%
自动化仪表	11%	附属工程	24%	总体工程	12%
其他投资	20%				

3）其他投资估算资料：基本预备费按 5% 计取；工程项目建设期 2 年，投资按等比例投入，预计年平均涨价率为 6%。

4）工程项目自有资金投资 5000 万元，其余为银行借款，年利率为 10%，均按 2 年等比例投入。

（2）流动资金估算资料。工程项目达到设计生产能力之后，全场定员 1100 人，工资福利费按每人每年 7.2 万元计算；每年的其他费为 860 万元（其中：其他制造费用为 660 万元），年外购原材料、燃料动力费为 19200 万元，年经营成本为 21000 万元，年销售收入 33000 万元，年修理费占年经营成本的 10%，年预付账款为 800 万元；年预收账款为 12000 万元。各项流动资金最低周转天数：应收账款 30 天，现金 40 天，应付账款 30 天，存货 40 天，预付账款 30 天，预收账款 30 天。

试问：

（1）估算设备购置费；

（2）估算建设投资；

（3）估算建设期利息及流动资金，并确定该项目建设总投资。

解：

（1）设备购置费，

货价＝200×6.6＝1320（万元）

国外运费＝1320×6%＝79.2（万元）

国外运输保险费＝（1320+79.2）×0.266%/（1-0.266%）＝3.73（万元）

关税＝（1320+79.2+3.73）×22%＝308.64（万元）

增值税＝（1320+79.2+3.73+308.64）×17%＝290.97（万元）

银行财务费＝1320×0.4%＝5.28（万元）

外贸手续费＝（1320+79.2+3.73）×1.5%＝21.04（万元）

进口设备抵岸价＝1320+79.2+3.73+308.64+290.97+5.28+21.04＝2028.89（万元）

国内运输费、装卸费＝100×（500×0.6+50）/10000＝3.5（万元）

现场保管费＝（2028.89+3.5）×0.2%＝4.06（万元）

进口设备购置费＝2028.89+3.5+4.06＝2036.45（万元）

（2）建设投资估算。

工程费用、工程建设其他费之和＝2036.45×（1+36%+12%+5%+10%+11%+1%+11%+24%+12%+20%）＝4928.21（万元）

基本预备费＝4928.21×5%＝246.41（万元）

涨价预备费＝（4928.21+246.41）×50%×［（1+6%）$^{0.5}$-1］+（4928.21+246.41）×50%×［（1+6%）$^{1.5}$-1］＝312.81（万元）

建设投资＝4928.21+246.41+312.81＝5487.43（万元）

（3）建设期利息：

第1年贷款利息＝（5487.43-5000）×50%×10%/2＝12.19（万元）

第2年贷款利息＝（487.43/2+12.19+487.43/4）×10%＝37.78（万元）

建设期利息＝12.19+37.78＝49.97（万元）

（4）流动资金。

1）流动资产＝应收账款+现金+存货+预付账款：

应收账款＝21000/（360÷30）＝1750（万元）

现金＝（11000×7.2+860）/（360÷40）＝975.56（万元）

存货：外购原材料、燃料、动力费＝19200/（360÷40）＝2133.33（万元）

在产品＝（11000×7.2+660+19200+21000×10%）/（360÷40）＝3320（万元）

产成品＝21000/（360÷40）＝2333.33（万元）

存货＝2133.33+3320+2333.33＝7786.66（万元）

预付账款＝800/（360÷30）＝66.67（万元）

流动资产＝1750+975.56+7786.66+66.67＝10578.89（万元）

2）流动负债＝应付账款+预收账款：

应付账款＝19200/（360÷30）＝1600（万元）

预收账款＝1200/（360÷30）＝100（万元）

流动负债＝1600+100＝1700（万元）

流动资金＝10578.89-1700＝8878.89（万元）

（5）建设工程项目总投资。

建设工程项目总投资＝5487.43+49.97+8878.89＝14416.29（万元）

复 习 题

一、思考题

(1) 简述项目投资决策阶段工程造价管理的内容。

(2) 项目投资决策阶段影响工程造价的因素有哪些？

(3) 投资估算的作用是什么？

(4) 项目财务分析和经济分析的异同有哪些？

二、课后自测题

(一) 单选题

(1) 投资决策阶段，建设工程项目投资方案选择的重要依据之一是 (　　)。

　　A. 工程预算　　　　　B. 投资估算　　　　　C. 设计概算　　　　　D. 工程投标报价

(2) 下面各项中，可以反映企业偿债能力的指标是 (　　)。

　　A. 投资利润率　　　　B. 速动比率　　　　　C. 净现值率　　　　　D. 内部收益率

(3) 下列费用中，属于建设工程静态投资的是 (　　)。

　　A. 涨价预备费　　　　B. 建设贷款利息　　　C. 基本预备费　　　　D. 资金占用成本

(4) 已知某工程设备、工器具购置费为 2500 万元，建筑安装工程费为 1500 万元，工程建设其他费用为 800 万元，基本预备费为 500 万元，建设期贷款利息为 600 万元，若该工程建设前期为 2 年，建设期为 3 年，其静态投资的各年计划额为：第 1 年 30%，第 2 年 50%，第 3 年 20%，假设在建设期年均价格上涨率为 5%，则该建设工程项目涨价预备费为 (　　) 万元。

　　A. 518.21　　　　　　B. 835.41　　　　　　C. 1114.57　　　　　D. 959.98

(5) 流动资产估算时，一般采用分项详细估算法，其正确的计算式是：流动资金 = (　　)。

　　A. 应收账款 + 存货 + 现金 − 应付账款　　　　B. 流动资产 − 流动负债

　　C. 应收账款 + 存货 − 现金　　　　　　　　　D. 应付账款 + 存货 + 现金 − 应收账款

(6) 确定工程项目生产规模的前提是工程项目的 (　　)。

　　A. 盈利能力　　　　　　　　　　　　　　　　B. 资金情况

　　C. 产品市场需求状况　　　　　　　　　　　　D. 原材料、原料供应情况

(7) 建设工程项目总造价是指工程项目总投资中的 (　　)。

　　A. 固定资产与流动资产投资之和　　　　　　　B. 建筑安装工程投资

　　C. 建筑安装工程费和设备费之和　　　　　　　D. 固定资产投资总额

(8) 下列流动资金分项详细估算的计算公式中，正确的是 (　　)。

　　A. 应收账款 = 年营业收入 / 应收账款周转次数

　　B. 预收账款 = 年经营成本 / 预收账款周转次数

　　C. 产成品 = (年经营成本 − 年其他营业费用) / 产成品周转次数

　　D. 预付账款 = 存贷 / 预付账款周转次数

(9) 采用设备原价乘以安装费率估算安装工程费的方法属于 (　　)。

　　A. 比例估算法　　　　B. 系数估算法　　　　C. 设备系数法　　　　D. 指标估算法

(10) 关于工程项目决策与造价的关系，下列说法中错误的是 (　　)。

A. 工程项目决策的正确是工程造价合理性的前提

B. 工程项目决策的内容是决定工程造价的基础

C. 造价的高低并不直接影响工程项目的决策

D. 工程项目决策的深度影响投资估算精确度，也影响工程造价的控制效果

（二）多选题

(1) 投资方案经济效果评价指标中，既考虑了资金的时间价值，又考虑了工程项目在整个计算期内经济状况的指标有（　　　）。

A. 净现值
B. 投资回收期

C. 净年值
D. 投资收益率

E. 内部收益率

(2) 关于投资估算指标，下列说法中正确的有（　　　）。

A. 应以单项工程为编制对象
B. 是反映建设总投资的经济指标

C. 概略程度与可行性研究工作深度相适应
D. 编制基础是预算定额

E. 可根据历史预算资料和价格变动资料等编制

(3) 工程项目经济评价包括（　　　）。

A. 投资决策评价
B. 财务分析评价

C. 经济分析评价
D. 环境评价

E. 投资效果评价

(4) 工程项目决策阶段影响工程造价的因素有（　　　）。

A. 工程项目的合理规模
B. 技术方案

C. 设备方案
D. 环境保护措施

E. 产业政策

第四章　项目设计阶段的造价管理

第一节　概　　述

一、工程设计

（一）工程设计的概念

工程设计是建设程序的一个环节，是指在可行性研究批准之后，工程开始施工之前，根据已批准的设计任务书，为具体实现拟建工程项目的技术、经济要求，拟定建筑、安装及设备制造等所需的规划、图样、数据等技术文件的工作。

工程设计是建设工程项目由计划变为现实的具有决定意义的工作阶段。设计文件是建筑安装施工的依据。拟建工程项目在建设过程中能否保证进度、质量和节约投资，在很大程度上取决于设计质量的优劣。工程建成后，能否获得满意的经济效果，除了项目决策，设计工作起着决定性的作用。设计工作的重要原则之一是保证设计的整体性，为此，设计工作必须按一定的程序分阶段进行。

（二）工程设计的阶段

根据建设程序的进展，为保证工程项目建设和设计工作有机地配合和衔接，按照由粗到细将工程设计划分阶段进行。一般工业与民用建筑建设工程项目设计分为两个阶段，即初步设计和施工图设计；对于技术上复杂而又缺乏设计经验的工程项目，分三个阶段进行设计，即初步设计、技术设计和施工图设计。各设计阶段都需要编制相应的工程造价文件，三个阶段的造价文件分别是设计概算、修正概算和施工图预算。

（三）工程设计的程序

设计程序是指设计工作的先后顺序，包括设计前准备工作阶段、方案设计阶段、初步设计阶段、技术设计阶段、施工图设计阶段、设计交底和配合施工阶段，如图 4-1 所示。

1. 设计前准备工作

设计单位应根据主管部门或业主提供的规划资料、可行性研究报告、勘察资料、用地指标、设计任务书等，掌握各种有关的外部条件和客观情况，包括地形、气候、地质、自然环境等自然条件；城市规划对建筑物的要求；交通、水电、气、通信等基础设施状况；业主对工程的要求，特别是工程应具备的各项使用功能要求；工程经济估算的依据和所能提供的资金、材料、施工技术和装备等以及可能影响工程的其他客观因素。

2. 方案设计

设计者根据规划部门和业主的要求，在充分考虑工程与周围环境关系的基础上，对工程主要内容有个大概的布局设想，形成总体设计或方案设计。这个阶段要与规划部门、业

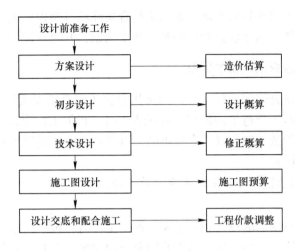

图 4-1 工程设计的全过程

主充分交换意见，使设计符合规划部门和业主的双重要求，满足方案审批或报批的需要，顺利进入初步设计阶段。

对于民用建筑工程来说，根据《建筑工程设计文件编制深度规定（2016）》的有关要求，方案设计由设计说明书、总平面图及相关建筑设计图纸、透视图、鸟瞰图、模型等组成，其中设计说明书包括各专业设计说明以及投资估算等内容。对于工业项目来说，总体设计除了上述内容还应包括工艺设计方案，这是工业项目的核心内容。

3. 初步设计

初步设计是设计过程中的一个关键性阶段，也是整个设计构思基本形成的阶段。初步设计是在总体设计或方案设计的基础上，对建设项目各项内容进行具体设计，并确定主要技术方案、工程总概算和主要技术经济指标。初步设计主要包括设计说明书、各专业设计的图纸、主要设备和材料表以及工程概算书。编制的初步设计文件应满足初步设计审批的需要，同时应满足编制施工图设计文件的需要。

4. 技术设计

对于技术复杂而又无设计经验的建设工程，设计单位应根据批准的初步设计文件进行技术设计和编制技术设计文件。技术设计是对初步设计中的重大技术问题进一步开展工作，通过数据分析、科学论证、模拟实验、设备试制等手段，确定初步设计中的关键技术方案、设备方案和施工方案，并编制修正概算书。对于不太复杂和设计成熟的工程，技术设计阶段可以省略，把这个阶段的一部分工作纳入初步设计，另一部分留待施工图设计阶段进行。

5. 施工图设计

这一阶段主要是通过施工图把设计者的意图和全部设计结果表达出来，作为工程施工的依据。它是设计工作和施工工作的桥梁，具体包括建设项目各分部工程的详图和零部件、结构件明细表，以及验收标准、方法等。施工图设计的深度应能满足设备、材料的选择与确定、非标准设备的设计与加工制作、施工图预算的编制及建筑工程施工和安装的要求。

6. 设计交底和配合施工

施工图发出后，设计单位应派人与建设、施工或其他有关单位共同会审施工图，进行技术交底，介绍设计意图和技术要求，修改不符合实际和有错误的施工图。此外还应参加试运转和竣工验收，解决试运转过程中的各种技术问题，并检验设计的正确和完善程度。

二、项目设计阶段影响造价的因素

国内外相关资料研究表明，设计阶段的费用只占工程全部费用不到 1%，但在项目决策正确的前提下，它对工程造价的影响程度高达 75%。根据工程项目类别的不同，设计阶段需要考虑的影响工程造价的因素也有所不同，以下就工业建设项目和民用建设项目分别介绍影响工程造价的因素。

（一）影响工业建筑建设项目工程造价的主要因素

1. 总平面设计

总平面设计是指总图运输设计和总平面布置，主要内容包括厂址方案、占地面积和土地利用情况，总图运输、主要建筑物和构筑物及公用设施的布置，外部运输、水、电、气及其他外部协作条件等。

总平面设计是否合理对于整个设计方案的经济合理性有重大影响。正确合理的总平面设计可以大大减少建筑工程量，节约建设用地，节省建设投资，加快建设进度，降低工程造价和工程项目运行后的使用成本，并可以为企业创造良好的生产组织、经营条件和生产环境，还可为城市建设或工业区创造完美的建筑艺术整体。

总平面设计中影响工程造价的主要因素包括如下。

（1）现场条件。现场条件是制约设计方案的重要因素之一，对工程造价的影响主要体现在：地质、水文、气象条件等影响基础形式的选择、基础埋深；地形地貌影响平面及室外标高的确定，场地大小、邻近建筑物地上附着物等影响平面布置、建筑层数、基础形式及埋深。

（2）占地面积。占地面积的大小一方面影响征地费用的高低，另一方面也会影响管线布置成本及工程项目建成运营的运输成本。因此在满足建设工程项目基本使用功能的基础上，应尽可能节约用地。

（3）功能分区。工业建筑有许多功能，这些功能之间相互联系，相互制约。合理的功能分区既可以使建筑物的各项功能充分发挥，又可以使总平面布置紧凑、安全，避免大挖大填，减少土石方量和节约用地，降低工程造价。对于工业建筑，合理的功能分区还可以使生产工艺流程顺畅，从全生命周期造价管理考虑还可以使运输简便，降低工程项目建成后的运营成本。

（4）运输方式。不同的运输方式其运输效率和成本也不同。例如，有轨运输运量大，运输安全，但需要一次性投入大量资金；无轨运输无须一次性大规模投资，但是运量小，安全性较差。从降低工程造价的角度来看，应尽可能选择无轨运输，可以减少占地，节约投资。但如果运输量较大，则有轨运输往往比无轨运输成本低。

2. 工艺设计

工艺设计阶段影响工程造价的主要因素包括建设规模、标准和产品方案，工艺流程和主要设备的选择，主要原材料、燃料供应情况，生产组织及生产过程中的劳动定员情况，"三废"治理及环境保护措施等。

按照建设程序，建设工程项目的工艺流程在可行性研究阶段已经确定。设计阶段的任务就是严格按照批准的可行性研究报告的内容进行工艺技术方案的设计，确定具体的工艺流程和生产技术。在具体工程项目工艺设计方案的选择时，应以提高投资的经济效益为前提，深入分析、比较，综合考虑各方面的因素。

3. 建筑设计

进行建筑设计时，设计单位及设计人员应首先考虑业主所要求的建筑标准，根据建筑物、构筑物的使用性质、功能及业主的经济实力等因素确定；其次应在考虑施工条件和施工过程合理组织的基础上，决定工程的立体平面设计和结构方案的工艺要求。

建筑设计阶段影响工程造价的主要因素包括如下。

（1）平面形状。一般来说，建筑物平面形状越简单，单位面积造价就越低。当一座建筑物的形状不规则时，将导致室外工程、排水工程、砌砖工程及屋面工程等复杂化，增加工程费用。即使在同样的建筑面积下，建筑平面形状不同，建筑周长系数 K_z（建筑物周长与建筑面积之比，即单位建筑面积所占外墙的长度）便不同。通常情况下建筑周长系数越低，设计越经济。圆形、正方形、矩形、T形、L形建筑的 K_z 依次增大。但是圆形建筑施工复杂，施工费用一般比矩形建筑增加 20%～30%，所有墙体工程量节约的费用并不能使建筑工程造价降低。虽然正方形建筑既有利于施工，又能降低工程造价，但是若不能满足建筑物美观和使用要求，则毫无意义。因此，建筑物平面形状的设计应在满足建筑物使用功能的前提下，降低建筑周长系数，充分注意建筑平面形状的简洁、布局的合理，从而降低工程造价。

（2）流通空间。在满足建筑物使用要求的前提下，应将流通空间减少到最小，这是建筑物经济平面布置的主要目标之一。因为门厅、走廊、过道、楼梯及电梯井的流通空间并非为了获利目的设置，但采光、采暖、装饰、清扫等方面的费用却很高。

（3）空间组合。空间组合包括建筑物的层高、层数、室内外高差等因素。

1）层高。在建筑面积不变的情况下，建筑层高的增加会引起各项费用的增高，如墙与隔墙及有关粉刷、装饰费用提高；楼梯造价和电梯设备费用的增加；供暖空间体积的增加；卫生设备、上下水管道长度增加等。另外，由于施工垂直运输量增加，可能增加屋面造价；由于层高增加而导致建筑物总高度增加很多时，还可能增加基础造价。

2）层数。建筑物层数对造价的影响，因建筑类型、结构形式的不同而不同。层数不同，则荷载不同，对基础的要求也不同，同时也影响占地面积和单位面积造价。如果增加一个楼层不影响建筑物的结构形式，单位建筑面积的造价可能会降低。但是当建筑物超过一定层数时，结构形式就要改变，单位造价通常会增加。建筑物越高，电梯及楼梯的造价将有提高的趋势，建筑物的维修费用也将增加，但是采暖费用有可能下降。

3）室内外高差。室内外高差过大，则建筑物的工程造价提高；高差过小又影响建筑物的使用及卫生要求。

4）建筑物的体积与面积。建筑物尺寸的增加，一般会引起单位面积造价的降低。对于同一项目，固定费用不一定会随着建筑体积和面积的扩大而有明显的变化，一般情况下，单位面积固定费用会相应减少。对于工业建筑，厂房、设备布置紧凑合理，可提高生产能力，采用大跨度、大柱距的平面设计形式，可提高平面利用系数，从而降低工程造价。

5）建筑结构。建筑结构的选择既要满足力学要求，又要考虑其经济学要求。对于5层以下的建筑物一般选用砌体结构；对于大中型工业厂房一般选用钢筋混凝土结构；对于多层房屋或大跨度结构，选用钢结构明显优于钢筋混凝土结构；对于高层或超高层结构，框架结构和剪力墙结构比较经济。由于各种建筑体系的结构各有利弊，在选用结构类型时应结合实际，因地制宜，就地取材，采用经济合理的结构形式。

6）柱网布置。对于工业建筑，柱网布置对结构的梁板配筋及基础的大小会产生较大的影响，从而对工程造价和厂房面积的利用效率有较大的影响。柱网的选择与厂房中有无起重机、起重机的类型及吨位、屋顶的承重结构及厂房的高度等因素有关。对于单跨厂房，当柱间距不变时，跨度越大则单位面积的造价越小。对于多跨厂房，当跨度不变时，中跨数量越多越经济。

4. 材料选用

建筑材料的选择是否合理，不仅直接影响工程质量、使用寿命、耐火抗震性能，而且对施工费用、工程造价有很大的影响。建筑材料一般占直接费的70%左右，降低材料费用，不仅可以降低直接费，而且也可以降低间接费。因此，设计阶段合理选择建筑材料，控制材料单价或工程量，是控制工程造价的有效途径。

5. 设备选用

现代建筑越来越依赖设备。对于住宅，楼层越多设备系统越庞大，如高层建筑物内部空间的交通工具电梯，室内环境的调节设备、空调、通风、采暖等，各个系统的分布占用空间都在考虑之列，既有面积、高度的限额，又有位置的优选和规范的要求。因此，设备配置是否得当，直接影响建筑产品全生命周期的成本。

根据工程造价资料的分析，设备安装工程造价占工程总投资的20%~50%，设备的选用应充分考虑自然环境对能源节约的有利条件，如果能从建筑产品的全生命周期分析，能源节约是一笔不可忽略的费用。

（二）影响民用建筑建设项目工程造价的主要因素

民用建筑建设工程项目设计是根据建筑物的使用功能要求，确定建筑标准、结构形式、建筑物空间与平面布置及建筑群体的配置等。民用建筑设计包括住宅设计、公共建筑设计及住宅小区设计。住宅建筑是民用建筑中最大量、最主要的建筑形式。

（1）住宅小区建设规划中影响工程造价的主要因素。在进行住宅小区规划时，要根据小区基本功能和要求，确定各构成部分的合理层次与关系，据此安排住宅建筑、公共建筑、管网、道路及绿地的布局，确定合理的人口与建筑密度、房屋间距和建筑层数，布置公共设施项目、规模及其服务半径，以及水、电、热、燃气的供应等，并划分包括土地开发在内的上述各部分的投资比例。小区规划设计的核心问题是提高土地利用率。

1）占地面积。居住小区的占地面积不仅直接决定着土地费的高低，而且影响着小区内道路、工程管线长度和公共设备的多少，而这些费用对小区建设投资的影响通常很大。因而，用地面积指标在很大程度上影响小区建设的总造价。

2）建筑群体的布置形式。建筑群体的布置形式对用地的影响不容忽视，通过采取高低搭配、点条结合、前后错列，以及局部东西向布置、斜向布置或拐角单元等手法节省用地。在保证小区居住功能的前提下，适当集中公共设施，提高公共建筑的层数，合理布置道路，充分利用小区内的边角用地，有利于提高建筑密度，降低小区的总造价；或者通过合理压缩建筑的间距、适当提高住宅层数或高低层搭配，以及适当增加房屋长度等方式节约用地。

（2）民用住宅建筑设计中影响工程造价的主要因素。

1）建筑物平面形状和周长系数。与工业建筑设计类似，如按使用指标，虽然圆形建筑 K_z 最小，但由于施工复杂，施工费用较矩形建筑增加 20%～30%，故其墙体工程量的减少不能使建筑工程造价降低，而且使用面积有效利用率不高，用户使用不便。因此，一般都建造矩形和正方形住宅建筑，既有利于施工，又能降低造价和方便使用。在矩形住宅建筑中，又以长宽比为 2∶1 为佳。一般住宅建筑以 3～4 个单元，房屋长度为 60～80m 较为经济。

在满足住宅功能和质量的前提下，适当加大住宅进深（宽度）对降低造价也有明显的效果。这是由于宽度加大，墙体面积系数相应减小，有利于降低造价。

2）住宅的层高和净高。住宅的层高和净高，直接影响工程造价。根据不同性质的工程综合测算，住宅层高每降低 10cm，可降低造价 1.2%～1.5%。层高降低还可提高住宅区的建筑密度，降低土地成本及节约市政设施费。但是，层高设计中还需考虑采光与通风问题，层高过低不利于采光及通风。一般来说，住宅层高不宜超过 2.8m，可控制在 2.5～2.8m。

3）住宅的层数。在民用建筑中，多层住宅具有降低工程造价、使用费及节约用地的优点。房间内部和外部的设施、供水管道、排水管道、煤气管道、电力照明和交通道路等费用，在一定范围内都随着住宅层数的增加而降低。表 4-1 分析了砖混结构低、多层住宅层数与造价的关系。

表 4-1　砖混结构低、多层住宅层数与造价的关系

住宅层数	1	2	3	4	5	6
单方造价系数/%	138.05	116.95	108.38	103.51	101.68	100.00
边际造价系数/%		-21.10	-8.57	-4.87	-1.83	-1.68

由表 4-1 可知，随着住宅层数的增加，单方造价系数在逐渐降低，即层数越多越经济。但边际造价系数也在逐渐减小，说明随着层数的增加，单方造价系数下降幅度减缓，当住宅超过 7 层时，就要增加电梯费用，需要较多的交通面积（过道、走廊要加宽）和补充设备（供水设备和供电设备等）。特别是高层住宅，要经受较强的风荷载，需要提高结构强度，改变结构形式，使工程造价大幅度上升。因此，中小城市建造多层住宅经济合理，大城市可沿主要街道建设一部分高层住宅，以合理利用空间，美化市容。对于土地特别昂贵的地区，为了降低土地费用，中、高层住宅是比较经济的选择。

4）住宅单元组成、户型和住户面积。据统计，三居室设计比两居室设计降低 1.5% 左右的工程造价。四居室设计又比三居室设计降低 3.5% 左右的工程造价。

衡量单元组成、户型设计的指标是结构面积系数（住宅结构面积与建筑面积之比），系数越小，设计方案越经济。因为结构面积小，有效面积就相应增加。该指标除与房屋结构有关外，还与房屋外形及其长度和宽度有关，同时也与房间平均面积大小和户型组成有关。房屋平均面积越大，内墙、隔墙在建筑面积中的占比就越低。

5）住宅建筑结构的选择。对同一建筑物，不同结构类型的造价是不同的。一般地，砖混结构比框架结构的造价低，因为框架结构的钢筋混凝土现浇构件的占比较大，其钢材、水泥的材料消耗量大，因而建设成本也高。

（三）影响工程造价的其他因素

除以上因素之外，在设计阶段影响工程造价的还包括以下因素。

1. 设计单位和设计人员的知识水平

设计单位和设计人员的知识水平对工程造价的影响是客观存在的。为了有效地降低工程造价，设计单位和设计人员首先要能够充分利用现代设计理念，运用科学的设计方法优化设计成果；其次，要善于将技术与经济相结合，运用价值工程理论优化设计方案；最后，设计单位和人员应及时与造价咨询单位进行沟通，使得造价咨询人员能够在前期设计阶段就参与项目，达到技术与经济的完美结合。

2. 项目利益相关者的利益诉求

设计单位和设计人员在设计过程中要综合考虑业主、承包商、监理单位、咨询单位、运营单位等利益相关者的要求和利益，并通过利益诉求的均衡以达到和谐的目的，避免后期出现频繁的设计变更而导致工程造价的增加。

3. 风险因素

设计阶段承担着重大的风险，它对后面的工程招标和施工有重要影响。该阶段是确定建设工程总造价的一个重要阶段，决定着项目的总体造价水平。

三、项目设计阶段工程造价管理的重要意义

当建设项目投资决策一旦确定，设计阶段就成为建设项目投资控制的关键环节，并对建设工期、工程质量、投资效益等起决定性作用。具体如下。

（1）在设计阶段进行工程造价的计价分析可以使造价构成更合理，提高资金利用效率。设计阶段工程造价的计价形式是编制设计概算，通过概算了解工程造价的构成、资金分配的合理性，并可以利用设计阶段各种控制工程造价的方法使建设项目的经济与成本更趋于合理化。

（2）在设计阶段进行工程造价的计价分析可以提高投资控制效率。编制设计概算可以了解工程各组成部分的投资比例。对于投资比例较大的部分应作为投资控制的重点，这样可以提高投资控制效率。

（3）在设计阶段控制工程造价会使控制工作更主动。设计阶段控制工程造价，可以使被动控制变为主动控制。设计阶段可以先开列新建建筑物每一部分或分项计划支出费用的报表，即投资计划，然后当详细设计制定出来后，对照造价计划中所列的指标进行审核，预先发现差异，主动采取一些控制方法消除差异，使设计更经济。

（4）在设计阶段控制工程造价便于技术与经济相结合。设计人员往往关注工程的使用功能，力求采用较先进的技术方法实现项目所需功能，对经济因素考虑较少。在设计阶段吸收控制造价的人员参与全过程设计，使设计一开始就建立在健全的经济基础之上，在做出重要决定时就能充分认识到其经济后果。

（5）在设计阶段控制工程造价效果最显著。工程造价控制贯穿于工程项目建设全过程，如图 4-2 所示，设计阶段对投资的影响为 75%～95%。很明显，控制工程造价的关键是在设计阶段。在设计一开始就将控制投资的思想根植于设计人员的头脑中，以保证选择恰当的设计标准和合理的功能水平。

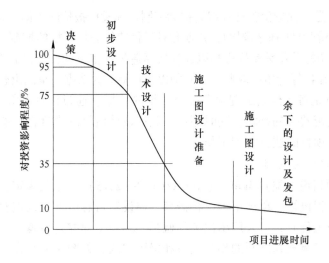

图 4-2　建设过程各阶段对投资的影响

第二节　设计阶段工程造价的确定

一、设计概算的编制与审查

（一）设计概算的概念及内容

1. 设计概算的概念

设计概算是以初步设计文件为依据，按照规定的程序、方法和依据，对建设项目总投资及其构成进行的概略计算。具体而言，设计概算是在投资估算的控制下根据初步设计或扩大初步设计的图纸及说明，利用国家或地区颁发的概算指标、概算定额、综合指标预算定额、各项费用定额或取费标准（指标）、建设地区自然、技术、经济条件和设备、材料预算价格等资料，按照设计要求，对建设项目从筹建至交付使用所需全部费用进行的预计。

设计概算的编制内容包括静态投资和动态投资两个层次，静态投资作为考核工程设计和施工图预算的依据；动态投资作为项目筹措、供应和控制资金使用的限额。

2. 设计概算的作用

设计概算是工程造价在设计阶段的表现形式，但其并不具备价格属性。因为设计概算不是在市场竞争中形成的，而是设计单位根据有关依据计算出来的工程建设的预期费用，用于衡量建设投资是否超过估算并控制下一阶段的费用支出。设计概算的主要作用是控制以后各阶段的投资，具体表现如下。

（1）设计概算是编制建设工程项目投资计划、确定和控制建设工程项目投资的依据。

（2）设计概算是控制施工图设计和施工图预算的依据。经批准的设计概算是建设工程项目投资的最高限额，设计单位必须按照批准的初步设计及其总概算进行施工图设计，施工图预算不得突破设计概算。如确需突破总概算，应按规定程序报经审批。

（3）设计概算是衡量设计方案经济合理性和选择最佳设计方案的依据。设计概算可对不同的设计方案进行技术与经济合理性的比较，以便选择最佳的设计方案。

（4）设计概算是工程造价管理及编制招标控制价和投标报价的依据。设计总概算一经批准，就作为工程造价管理的最高限额，并据此对工程造价进行严格的控制。以设计概算进行招标投标的工程，招标单位编制标底是以设计概算造价为依据的，并以此作为评标定标的依据。承包单位为了在投标竞争中取胜，也必须以设计概算为依据，编制出合适的投标报价。

（5）设计概算是考核建设工程项目投资效果的依据。通过设计概算与竣工决算对比，可以分析和考核投资效果的好坏，同时还可以验证设计概算的准确性，有利于加强设计概算管理和建设工程项目的造价管理工作。

3. 设计概算的编制内容

按照《建设项目设计概算编审》（CECA/GC 2—2015）的相关规定，设计概算文件的编制应采用单位工程概算、单项工程综合概算、建设项目总概算三级概算编制形式。当建设项目为一个单项工程时，可采用单位工程概算、单项工程综合概算、建设项目总概算三级概算编制形式。三级概算之间的相互关系和费用构成，如图 4-3 所示。

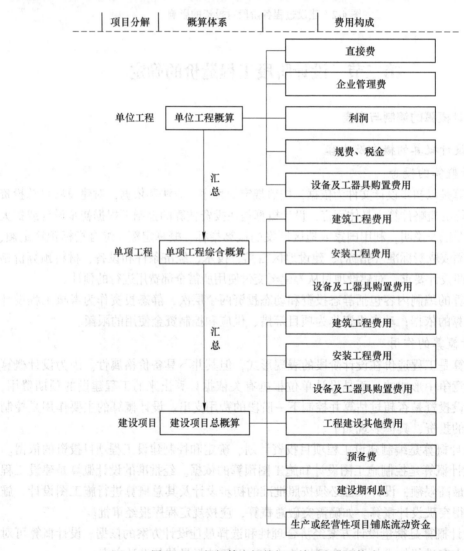

图 4-3　三级概算之间的相互关系和费用构成

（1）单位工程概算。单位工程概算是以初步设计文件为依据，按照规定的程序、方法和依据计算单位工程建设费用的文件，是编制单项工程综合概算的依据，是单项工程综合概算的组成部分。单位工程概算按其工程性质可分为建筑工程概算和设备及安装工程概算两大类。建筑工程概算包括土建工程概算，给水排水、采暖工程概算，通风、空调工程概算，电气、照明工程概算，弱电工程概算，特殊构筑物工程概算等；设备及安装工程概算包括机械设备及安装工程概算，电气设备及安装工程概算，热力设备及安装工程概算，工具、器具及生产家具购置费概算等。

（2）单项工程综合概算。单项工程综合概算是以初步设计文件为依据，在单位工程概算的基础上汇总单项工程费用的成果文件，由单项工程中的各单位工程概算汇总编制而成，是建设项目总概算的组成部分。单项工程综合概算分为单位建筑工程概算和单位设备及安装工程概算。单项工程综合概算的组成内容，如图4-4所示。

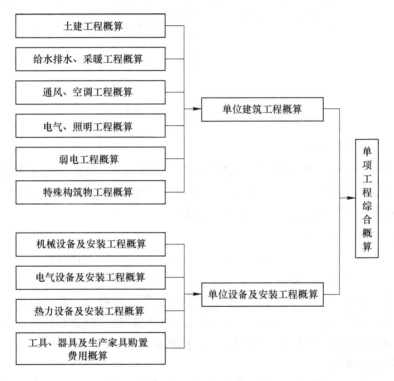

图4-4　单项工程综合概算的组成内容

（3）建设项目总概算。建设项目总概算是以初步设计文件为依据，在单项工程综合概算的基础上计算建设项目概算总投资的成果文件，是由各单项工程综合概算、工程建设其他费用概算、预备费概算、建设期利息概算和铺底流动资金概算汇总编制而成的，如图4-5所示。

若干个单位工程概算组成一个单项工程概算，若干个单项工程概算和工程建设其他费用、预备费、建设期利息、铺底流动资金等概算文件组成一个建设项目总概算。单项工程概算和建设项目总概算仅是一种归纳、汇总性文件，因此，最基本的计算文件是单位工程概算书。建设项目若为一个独立单项工程，则建设项目总概算书与单项工程综合概算书可合并编制。

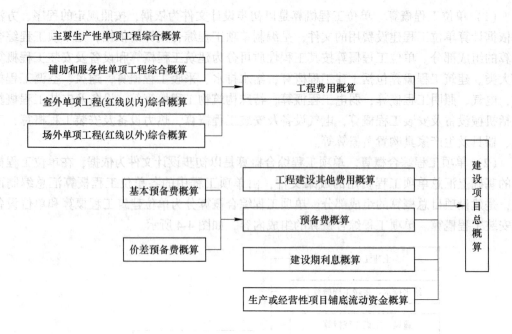

图 4-5　建设项目总概算的组成内容

(二) 设计概算的编制

建设项目设计概述最基本的计算文件是单位工程概算书，因此，首先编制单位工程的设计概算，然后形成单项工程综合概算及建设项目总概算。下面将分别介绍单位工程概算、单项工程综合概算和建设项目总概算的编制方法。

1. 单位工程概算的编制方法

单位工程概算应根据单项工程中所属的每个单体按专业分别编制，一般按土建、装饰、采暖通风、给水排水、照明、工艺安装、自控仪表、通信、道路、总图竖向等专业或工程分别编制。总体而言，单位工程概算包括单位建筑工程概算和单位设备及安装工程概算两类。其中，单位建筑工程概算的编制方法有概算定额法、概算指标法、类似工程预算法等；单位设备及安装工程概算的编制方法有预算单价法、扩大单价法、设备价值百分比法、综合吨位指标法等。

(1) 概算定额法。概算定额法又称扩大单价法或扩大结构定额法，是采用概算定额编制建筑工程概算的一种方法。概算定额法适用于初步设计达到一定深度、建筑结构比较明确，能按照设计的平面、立面、剖面图计算出楼地面、墙身、门窗和屋面等扩大分项工程（或扩大结构构件）项目的工程量的情况。这种方法编制出的概算精度较高，但是由于我国初步设计文件编制深度规范没有要求达到这个深度，因此初步设计概算采用概算定额法编制是比较困难的。这种方法对于施工图概算特别适用。

(2) 概算指标法。概算指标法是采用直接工程费指标，用拟建厂房、住宅的建筑面积（或体积）乘以技术条件相同或基本相同工程的概算指标，得出直接工程费，然后按规定计算出措施费、间接费、利润和税金等，编制出单位工程概算的方法。

1) 在方案设计中，由于设计无详图而只有概念性设计时，或初步设计深度不够、不能准确地计算出工程量但工程设计采用的技术比较成熟时，可以选定与该工程相似类型的概算指标编制概算。

2）设计方案急需造价概算而又有类似工程概算指标可以利用的情况。

3）图样设计间隔很久再来实施，概算造价不适用于当前情况而又急需确定造价的情形下，可按当前概算指标来修正原有概算造价。

4）通用设计图设计可组织编制通用设计图设计概算指标来确定造价。

采用概算指标法进行计算有以下两种情况。

1）拟建工程结构特征与概算指标相同时的计算。在使用概算指标法时，如果拟建工程在建设地点、结构特征、地质及自然条件、建筑面积等方面与概算指标相同或相近，就可直接套用概算指标编制概算。在直接套用概算指标时，拟建工程应符合以下条件：

①拟建工程的建设地点与概算指标中的工程建设地点相同；

②拟建工程的工程特征和结构特征与概算指标中的工程特征、结构特征基本相同；

③拟建工程的建筑面积与概算指标中工程的建筑面积相差不大。

根据选用的概算指标内容，以指标中规定的工程每平方米（立方米）的工料单价、管理费、利润、规费、税金的费（税）率确定该子目的全费用综合单价，再乘以拟建单位工程建筑面积或体积，即可求出单位工程的概算造价。

单位工程概算造价 ＝ 概算指标每平方米（立方米）的综合单价 × 拟建工程建筑面积（体积）

$$(4-1)$$

2）拟建工程结构特征与概算指标有局部差异时的调整。

①调整概算指标中每平方米（立方米）的综合单价。这种调整方法是将原概算指标中的综合单价进行调整，扣除每平方米（立方米）原概算指标中与拟建工程结构不同部分的造价，增加每平方米（立方米）拟建工程与概算指标结构不同部分的造价，使其成为与拟建工程结构相同的综合单价。其计算公式如下：

$$结构变化修正概算指标(元/m^2) = J + Q_1 P_1 - Q_2 P_2 \qquad (4-2)$$

式中　J——原概算指标综合单价；

　　Q_1——换入结构的工程量；

　　Q_2——换出结构的工程量；

　　P_1——换入结构的综合单价；

　　P_2——换出结构的综合单价。

若概算指标中的单价为工料单价，则应根据管理费、利润、规费、税金的费（税）率确定该子目的全费用综合单价，再计算拟建工程造价，计算公式为

单位工程概算造价 ＝ 修正后的概算指标综合单价 × 拟建工程建筑面积（体积）(4-3)

②调整概算指标中的人、材、机数量。

结构变化修正概算指标的人、材、机数量 ＝ 原概算指标的人、材、机数量 ＋ 换入结构工程量 ×
相应定额人、材、机消耗量 － 换出结构工程量 ×
相应定额人、材、机消耗量 　　　(4-4)

（3）类似工程预算法。类似工程预算法是利用技术条件与设计对象相类似的已完工程或在建工程的工程造价资料来编制拟建工程设计概算的方法。

类似工程预算法的适用范围是拟建工程初步设计与已完工程或在建工程的设计相类似而又没有概算指标可以采用。类似工程预算法的编制步骤如下：

1）根据设计对象的各种特征参数选择最合适的类似工程预算；

2）根据本地区现行各种价格和费用标准计算类似工程预算的人工费、材料费、施工机具使用费和企业管理费修正系数；

3）根据类似工程预算修正系数和以上四项费用占预算成本比例计算预算成本总修正系数，并计算出修正后的类似工程平方米预算成本；

4）根据类似工程修正后的平方米预算成本和编制概算地区的税率计算修正后类似平方米造价；

5）根据拟建工程的建筑面积和修正后的类似工程平方米造价计算拟建工程概算造价；

6）编制概算编写说明。

类似工程预算法也必须对建筑结构差异和价差进行调整。建筑结构差异的调整方法与概算指标法的调整方法相同，类似工程造价的价差调整有两种方法。

1）当类似工程造价资料具有具体人工、材料、机械台班的用量时，可按类似工程预算造价资料中的主要材料用量、工日数量、机械台班用量乘以拟建工程所在地的主要材料预算价格、人工单价、机械台班单价计算出直接工程费，再乘以当地的综合费率，即可得出所需的造价指标。

2）当类似工程造价资料只有人工、材料、机械台班的费用和措施费、间接费时，可按以下公式进行调整：

$$D = A \cdot K \tag{4-5}$$

$$K = a\%K_1 + b\%K_2 + c\%K_3 + d\%K_4 + e\%K_5 \tag{4-6}$$

式中　　　　　D——拟建工程单方概算造价；

　　　　　　　A——类似工程单方预算造价；

　　　　　　　K——综合调整系数；

$a\%$, $b\%$, $c\%$, $d\%$, $e\%$——类似工程预算的人工费、材料费、机械台班费、措施费、间接费占预算造价的比例，如：$a\%$=类似工程人工费（或工资标准）/类似工程预算造价×100%，$b\%$、$c\%$、$d\%$、$e\%$类同；

K_1, K_2, K_3, K_4, K_5——拟建工程地区与类似工程预算造价在人工费、材料费、机械台班费、措施费和间接费之间的差异系数，如：K_1=拟建工程概算的人工费（或工资标准）/类似工程预算人工费（或地区工资标准），K_2、K_3、K_4、K_5，类同。

【例 4-1】某拟建教学楼，建筑面积为 6000m²，试用类似工程预算法编制概算。已知类似工程施工图预算的有关数据为：类似工程的建筑面积为 3200m²，预算成本为 1638000 元。类似工程各种费用占预算造价的比例为：人工费 12%，材料费 55%，机械费 8%，措施费 9%，间接费 10%，其他费 6%。差异系数分别为：$K_1 = 1.03$，$K_2 = 1.04$，$K_3 = 0.98$，$K_4 = 1.02$，$K_5 = 0.97$，$K_6 = 1.00$。

解：

（1）综合调整系数为

$K = 12\% \times 1.03 + 55\% \times 1.04 + 8\% \times 0.98 + 9\% \times 1.02 + 10\% \times 0.97 + 6\% \times 1.00 = 1.0228$

(2) 类似工程单方造价为 1638000/3200＝511.88 元/m²

(3) 拟建教学楼的概算造价为 511.88×1.0228×6000＝3141305.18 元

(4) 预算单价法。当初步设计较深、有详细的设备清单时，可直接按安装工程预算定额单价编制安装工程概算，概算编制程序基本同于安装工程施工图预算。该方法具有计算比较具体、精确性较高的优点。其具体操作与建筑工程概算相类似。

(5) 扩大单价法。当初步设计深度不够、设备清单不完备、只有主体设备或仅有成套设备重量时，可采用主体设备、成套设备的综合扩大安装单价来编制概算。其具体操作与建筑工程概算相类似。

(6) 设备价值百分比法。设备价值百分比法又称安装设备百分比法。当初步设计深度不够、只有设备出厂价而无详细规格、重量时，安装费可按占设备费的百分比计算。其百分比值（即安装费率）由相关管理部门确定或由设计单位根据已完类似工程确定。该法常用于价格波动不大的定型产品和通用设备产品。其数学表达式为

$$设备安装费 = 设备原价 × 安装费率(\%) \tag{4-7}$$

(7) 综合吨位指标法。当初步设计提供的设备清单有规格和设备重量时，可采用综合吨位指标编制概算，其综合吨位指标由相关主管部门或由设计单位根据已往类似工程资料确定。该法常用于设备价格波动较大的非标准设备和引进设备的安装工程概算。其数学表达式为

$$设备安装费 = 设备吨重 × 每吨设备安装费指标(元/吨) \tag{4-8}$$

2. 单项工程综合概算的编制方法

单项工程综合概算是确定单项工程建设费用的综合性文件，它是由该单项工程各专业单位工程概算汇总而成的，是建设项目总概算的组成部分。

单项工程综合概算采用综合概算表（含其所附的单位工程概算表和建筑材料表）进行编制。对于单一、具有独立性的单项工程建设项目，按照两级概算编制形式直接编制总概算。

综合概算表是根据单项工程所辖范围内各单位工程概算等基础资料，按照国家或部委所规定的统一表格进行编制的。对工业建筑而言，其概算包括建筑工程和设备及安装工程；对民用建筑而言，其概算包括土建、给水排水、采暖、通风、机电电气照明工程等。

综合概算一般应包括建筑工程费用、安装工程费用、设备及工器具购置费。单项工程综合概算表，见表4-2。

表4-2 单项工程综合概算表

综合概算编号： 工程名称（单项工程）： 单位：万元 共 页 第 页

序号	概算编号	工程项目或费用名称	设计规模或主要工程量	建筑工程费	设备购置费	安装工程费	合计	其中：引进部分		主要技术经济指标		
								美元	折合人民币	单位	数量	单位价值
一		主要工程										
1	×	×××××										
2	×	×××××										

序号	概算编号	工程项目或费用名称	设计规模或主要工程量	建筑工程费	设备购置费	安装工程费	合计	其中：引进部分		主要技术经济指标		
								美元	折合人民币	单位	数量	单位价值
二		辅助工程										
1	×	××××										
2	×	××××										
三		配套工程										
1	×	××××										
2	×	××××										
		单项工程概算费用合计										

编制人：　　　　　　　　　审核人：　　　　　　　　　审定人：

3. 建设项目总概算的编制方法

建设项目总概算是确定整个建设项目从立项到竣工交付使用所预计花费的全部费用的文件。它是由各单项工程综合概算、工程建设其他费用、建设期利息、预备费和经营性项目铺底流动资金概算所组成，按照主管部门规定的统一表格进行编制而成的。

建设项目总概算文件一般包括编制说明、总概算表、各单项工程综合概算书、工程建设其他费用概算表和主要建筑安装材料汇总表。

（1）封面、签署页及目录。封面、签署页格式如图 4-6 所示。

建设工程项目设计概算文件

建设单位：_____

建设工程项目名称：_____

设计单位（或工程造价咨询单位）：_____

编制单位：_____

编制人（资格证号）：_____

审核人（资格证号）：_____

项目负责人：_____

总工程师：_____

单位负责人：_____

年　　　月　　　日

图 4-6　建设工程项目设计概算封面、签署页格式

（2）编制说明。编制说明包括工程概况、编制依据、编制方法、主要设备及材料数量、主要技术经济指标、工程费用计算表、引进设备材料有关费率取定及依据、引进设备材料从属费用计算表和其他必要说明。

（3）总概算表。总概算表的格式及内容，见表 4-3。

表4-3　总概算表

综合概算编号：　　　　　　工程名称：　　　　　　　　　单位：万元　　　　　　　共　页　第　页

序号	概算编号	工程项目或费用名称	建筑工程费	设备购置费	安装工程费	其他费用	合计	其中：引进部分		占总投资比例/%
								美元	折合人民币	
一		工程费用								
1		主要工程								
2		辅助工程								
3		配套工程								
二		工程建设其他费用								
1										
2										
三		预备费								
四		建设期利息								
五		铺底流动资金								
		建设项目概算总投资								

编制人：　　　　　　　　审核人：　　　　　　　　　　审定人：

（4）工程建设其他费用概算表。工程建设其他费用概算按国家、地区或部委所规定的项目和标准确定，并按统一格式编制，见表4-4。

表4-4　工程建设其他费用概算表

工程名称：　　　　　　　　　单位：万元　　　　　　　　共　页　第　页

序号	费用项目编号	费用项目名称	费用计算基数	费率	金额	计算公式	备注
1							
2							
	合计						

编制人：　　　　　　　　审核人：　　　　　　　　　　审定人：

（5）单项工程综合概算表（见表4-2）和设备及安装工程设计概算表见表4-5。

表 4-5　工程建设其他费用概算表

工程名称：　　　　　　　　　　　　单位：万元　　　　　　　　共　页　第　页

序号	项目编号	工程项目或费用名称	项目特征	单位	数量	综合单价/元		合价/元	
						设备购置费	安装工程费	设备购置费	安装工程费
一		分部分项工程							
(一)		机械设备安装工程							
1	×	×××××							
(二)		电气工程							
(三)		给水排水工程							
四		××工程							
		分部分项工程费用合计							
二		可计量措施项目							
(一)		××工程							
1	×	×××××							
(二)		××工程							
1	×	×××××							
		可计量措施项目费小计							
三		综合取定的措施项目费							
1		安全文明施工费							
2		夜间施工增加费							
3		二次搬运费							
4		冬雨季施工增加费							
	×	×××××							
		综合取定措施项目费小计							

序号	项目编号	工程项目或费用名称	项目特征	单位	数量	综合单价/元		合价/元	
						设备购置费	安装工程费	设备购置费	安装工程费
		合计							

编制人：　　　　　　　　　审核人：　　　　　　　　　　　　　　审定人：

（6）主要建筑安装材料汇总表。针对每一个单项工程列出钢筋、型钢、水泥、木材等主要建筑安装材料的消耗量。

（三）设计概算的审查

设计概算审查是确定建设工程造价的一个重要环节。通过审查能使概算更加完整、准确，促进工程设计的技术先进性和经济合理性。

1. 设计概算审查的意义

（1）有利于合理分配投资资金、加强投资计划管理，有助于合理确定和有效控制工程造价。设计概算编制偏高或偏低，不仅影响工程造价的控制，也会影响投资计划的真实性，影响投资资金的合理分配。

（2）有利于促进概算编制单位严格执行国家有关概算的编制规定和费用标准，从而提高概算的编制质量。

（3）有利于促进设计的技术先进性与经济合理性。概算中的技术经济指标，是概算的综合反映，与同类工程对比，便可看出它的先进与合理程度。

（4）有利于核定建设工程项目的投资规模，可以使建设工程项目总投资力求做到准确、完整，防止任意扩大投资规模或出现漏项，最后导致实际造价大幅度地突破概算。

（5）经审查的概算，有利于为建设工程项目投资的落实提供可靠的依据。

2. 设计概算审查内容

设计概算审查的内容主要包括设计概算编制依据、设计概算编制深度及设计概算主要内容三个方面。

（1）设计概算编制依据审查。

1）审查编制依据的合法性。设计概算采用的编制依据必须经过国家和授权机关的批准，符合概算编制的有关规定。同时，不得擅自提高概算定额、指标或费用标准。

2）审查编制依据的时效性。设计概算文件所使用的各类依据，如定额、指标、价格、取费标准等，都应根据国家有关部门的规定进行。

3）审查编制依据的适用范围。各主管部门规定的各类专业定额及其取费标准仅适用于该部门的专业工程；各地区规定的各种定额及其取费标准只适用于该地区范围内，特别是地区的材料预算价格应按工程所在地区的具体规定执行。

（2）设计概算编制深度审查。

1）审查编制说明。审查设计概算的编制方法、深度和编制依据等重大原则性问题。

2）审查设计概算编制的完整性。对于一般大中型项目的设计概算，审查是否具有完整的编制说明和三级设计概算文件（建设项目总概算、单项工程综合概算、单位工程概算），是否达到规定的深度。

3）审查设计概算的编制范围。其主要包括：设计概算的编制范围和内容是否与批准的工程项目范围相一致；各项费用应列的项目是否符合法律法规及工程建设标准；是否存在多列或遗漏的取费项目等。

（3）设计概算主要内容审查。

1）概算编制是否符合法律、法规及相关规定。

2）概算所编制工程项目的建设规模和建设标准、配套工程等是否符合批准的可行性研究报告或立项批文。对于总概算投资超过批准投资估算10%以上的，应进行技术经济论证，需重新上报进行审批。

3）概算所采用的编制方法、计价依据和程序是否符合相关规定。

4）概算工程量是否准确，应将工程量较大、造价较高、对整体造价影响较大的项目作为审查重点。

5）概算中的主要材料用量的正确性和材料价格是否符合工程所在地的价格水平，材料价差调整是否符合相关规定等。

6）概算中的设备规格、数量、配置是否符合设计要求，设备原价和运杂费是否正确；非标准设备原价的计价方法是否符合规定；进口设备的各项费用组成及其计算程序、方法是否符合规定。

7）概算中各项费用的计取程序和取费标准是否符合国家或地方有关部门的规定。

8）总概算文件的组成内容是否完整地包括了工程项目从筹建至竣工投产的全部费用组成。

9）综合概算、总概算的编制内容、方法是否符合国家相关规定和设计文件的要求。

10）概算中工程建设其他费用中的费率和计取标准是否符合国家、行业有关规定。

11）概算项目是否符合国家对于环境治理的要求和相关规定。

12）概算中技术经济指标的计算方法和程序是否正确。

3. 设计概算审查方法

采用适当方法对设计概算进行审查是确保审查质量、提高审查效率的关键。常用的审查方法有以下五种。

（1）对比分析法。其是指通过对比分析建设规模、建设标准、概算编制内容和编制方法、人材机单价等，发现设计概算存在的主要问题和偏差。

（2）主要问题复核法。其是指对审查中发现的主要问题以及有较大偏差的设计进行复核，对重要、关键设备和生产装置或投资较大的项目进行复查。

（3）查询核实法。其是指对一些关键设备和设施、重要装置以及图纸不全、难以核算的较大投资进行多方查询核对，逐项落实。

（4）分类整理法。其是指对审查中发现的问题和偏差，对照单项工程、单位工程的顺序目录分类整理，汇总核增或核减的项目及金额，最后汇总审核后的总投资及增减投资额。

（5）联合会审法。其是指在设计单位自审、承包单位初审、咨询单位评审、邀请专家预审、审批部门复审等层层把关后，由有关单位和专家共同审核。

二、施工图预算的编制与审查

（一）施工图预算的编制

1. 施工图预算的概念

施工图预算是施工图设计预算的简称，又称设计预算。它是由设计单位在施工图设计完成后，根据施工图、现行预算定额、费用定额，以及工程项目所在地区的设备、材料、人工、机械台班等预算价格编制和确定的建筑安装工程造价的文件。

在工程量清单计价实施以前，施工图预算的编制是工程计价主要甚至是唯一的方式，不论是设计单位、建设单位、施工单位，都要编制施工图预算，只是编制的角度和目的不同。下面主要介绍设计单位编制的施工图预算。对于设计单位，施工图预算主要作为建设工程费用控制的一个环节。

2. 施工图预算的作用

（1）施工图预算是设计阶段控制工程造价的重要环节，是控制施工图设计不突破设计概算的重要措施。

（2）施工图预算是编制或调整固定资产投资计划的依据。

（3）对于实行施工招标的工程，施工图预算是编制标底的依据，也是承包企业投标报价的基础。

（4）对于不宜实行招标而采用施工图预算加调整价结算的工程项目，施工图预算可作为确定合同价款的基础或作为审查施工企业提出的施工图预算的依据。

3. 施工图预算的内容

施工图预算有单位工程预算、单项工程预算和建设工程项目总预算。单位工程预算是根据施工图设计文件、现行预算定额、费用定额，以及人工、材料、设备、机械台班等预算价格资料，以一定方法，编制单位工程的施工图预算；然后汇总所有各单位工程施工图预算，成为单项工程施工图预算；再汇总各所有单项工程施工图预算，便是一个建设工程项目的总预算。

单位工程预算包括建筑工程预算和设备安装工程预算。建筑工程预算按其工程性质可分为一般土建工程预算、卫生工程预算（包括室内外给排水工程、采暖通风工程、煤气工程等）、电气照明工程预算、弱电工程预算、特殊构筑物（如炉窑、烟囱、水塔等）工程预算和工业管道工程预算等。设备安装工程预算可分为机械设备安装工程预算、电气设备安装工程预算和热力设备安装工程预算等。

4. 施工图预算的编制依据

（1）施工图及说明书和标准图集。

（2）现行预算定额及单位估价表。

（3）施工组织设计或施工方案。

（4）材料、人工、机械台班预算价格及调价规定。

（5）建筑安装工程费用定额。

（6）造价工作手册及有关工具书。

5. 施工图预算的编制方法

（1）单价法编制施工图预算。单价法是用事先编制好的分项工程的单位估价表来编制施工图预算的方法。按施工图计算出各分项工程的工程量，并乘以相应单价，汇总相加，得到单位工程的人工费、材料费、机械使用费之和；再加上按规定程序计算出来的措施项目费、间接费、利润和税金，便可得出单位工程的施工图预算造价。单价法编制施工图预算，其中直接工程费的计算公式为

$$单位工程预算直接工程费 = \sum（工程量 \times 预算定额单价）$$

单价法编制施工图预算的步骤如图 4-7 所示。

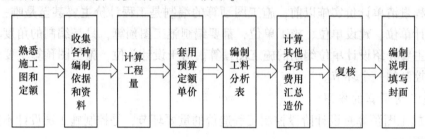

图 4-7　单价法编制施工图预算的步骤

（2）实物法编制施工图预算。首先根据施工图分别计算出分项工程量，然后套用相应预算人工、材料、机械台班的定额用量，再分别乘以工程项目所在地当时的人工、材料、机械台班的实际单价，求出单位工程人工费、材料费和施工机械使用费，并汇总求和，进而求得直接工程费，最后按规定计取其他各项费用，最后汇总就可得出单位工程施工图预算造价。

实物法编制施工图预算，其中直接工程费的计算公式为

$$单位工程直接工程费 = \sum（工程量 \times 人工预算定额用量 \times 当时当地人工费单价）+$$
$$2（工程量 \times 材料预算定额用量 \times 当时当地材料费单价）+$$
$$2（工程量 \times 机械预算定额用量 \times 当时当地机械费单价）$$

实物法编制施工图预算的步骤如图 4-8 所示。

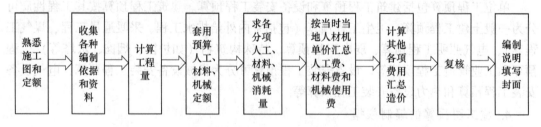

图 4-8　实物法编制施工图预算的步骤

在市场经济条件下，人工、材料和机械台班单价是随市场而变化的，它们是影响工程造价最活跃、最主要的因素。用实物法编制施工图预算，是采用工程项目所在地的当时人工、材料、机械台班价格，较好地反映实际价格水平，工程造价的准确性高。因此，实物法是与市场经济体制相适应的预算编制方法。

（二）施工图预算的审查

1. 施工图预算审查的意义

施工图预算编完之后，需要认真进行审查。加强施工图预算的审查，对于提高预算的准确性，正确贯穿党和国家的有关方针政策，降低工程造价具有重要的现实意义。

（1）有利于控制工程造价，克服和防止预算超概算。

（2）有利于加强固定资产投资管理，节约建设资金。

（3）有利于施工承包合同价的合理确定和控制。

（4）有利于积累和分析各项技术经济指标，不断提高设计水平。

2. 施工图预算审查的内容

审查施工图预算的重点，应该放在工程量计算、预算单价套用、设备材料预算价格及人工、机械价格的取定是否正确，各项费用标准是否符合规定等方面。

（1）审查工程量。这是一项基础性工作，应按照工程量计算规则核实工程量计算是否正确。

（2）定额使用的审查。应重点审查定额子目套用是否正确。同时对补充的定额子目，要对其各项指标消耗量的合理性进行审查，并按程序进行报批，及时补充到定额当中。

（3）审查设备、材料的预算价格及预算单价的套用。设备、材料的预算价格及人工、机械价格的取定受时间、资金和市场行情等因素的影响较大，且在工程总造价中占比较高，因此应作为审查重点。

（4）审查有关费用项目及其计取。主要审查各项费用标准是否符合规定。

3. 施工图预算审查的方法

审查施工图预算的方法较多，主要有全面审查法、标准预算审查法、分组计算审查法、筛选审查法、对比审查法、重点抽查法、利用手册审查法和分解对比审查法八种。

（1）全面审查法。全面审查法又称逐项审查法，就是按照预算定额顺序或施工的先后顺序，逐一地全部进行审查的方法。其具体计算方法和审查过程与编制施工图预算基本相同。此方法的优点是全面、细致，经审查的工程预算差错较少，质量比较高；缺点是工作量大。

（2）标准预算审查法。对于利用标准图或通用图施工的工程，先集中力量，编制标准预算，以此为标准审查预算的方法。这种方法的优点是时间短、效果好、好定案；缺点是只适用于按标准图纸设计的工程，适用范围小。

（3）分组计算审查法。分组计算审查法是一种加快审查工程量速度的方法，把预算中的项目划分为若干组，并把相邻且有一定内在联系的项目编为一组，审查或计算同一组中某个分项工程量，利用工程量间具有相同或相似计算基础的关系，判断同组中其他几个分项工程量计算的准确程度的方法。

（4）对比审查法。对比审查法是用已建成工程的预算或虽未建成但已审查修正的工程预算对比审查拟建类似工程预算的一种方法。

（5）筛选审查法。筛选法是统筹法的一种，也是一种对比方法。建筑工程虽然有建筑面积和高度等的不同，但是它们的各个分部分项工程的工程量、造价、用工量在每个单位面积上的数值变化不大，把这项数据加以汇集、优选、归纳为工程量、造价（价值）、用工三个单方基本值表，并注明其适用的建筑标准。这些基本值犹如"筛子孔"，用来筛选各分部分项工程。

（6）重点抽查法。重点抽查法是抓住工程预算中的重点进行审查的方法。审查的重点一般是工程量大或造价较高、工程结构复杂的工程，补充单位估价表，计取各项费用。

（7）利用手册审查法。利用手册审查法是把工程中常用的构件、配件事先整理成预算手册，按手册对照审查的方法。工程常用的预制构配件，如洗池、大便台、检查井、化粪池等，几乎每个工程都有，把这些按标准图集计算出工程量，套上单价，编制成预算手册使用，可大大简化预结算的编审工作。

（8）分解对比审查法。一个单位工程，按直接费与间接费进行分解，然后把直接费按工种和分部工程进行分解，分别与审定的标准预算进行对比分析的方法，称分解对比审查法。

第三节 设计阶段工程造价的控制

一、设计方案评价与优化

设计方案评价与优化是设计过程的重要环节，是指通过技术比较、经济分析和效益评价，正确处理技术先进与经济合理之间的关系，力求达到技术先进与经济合理的和谐统一。

设计方案评价与优化通常采用技术经济分析法，即将技术与经济相结合，按照建设工程经济效果，针对不同设计方案，分析其技术经济指标，从中选出经济效果最优的方案。由于设计方案不同，其功能、造价、工期和设备、材料、人工消耗等标准均存在差异，因此，技术经济分析法不仅要考察工程技术方案，更要关注工程费用。

（一）设计方案评价

1. 基本程序

设计方案评价与优化的基本程序（见图 4-9）如下：

（1）按照使用功能、技术标准、投资限额要求，结合工程所在地实际情况，探讨和建

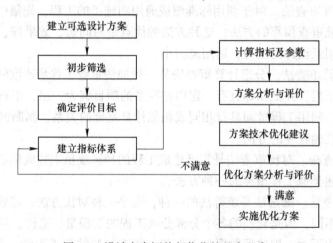

图 4-9 设计方案评价与优化的基本程序

立可能的设计方案;

(2) 从所有可能的设计方案中初步筛选出各方面都较为满意的方案作为比选方案;

(3) 根据设计方案评价目的,明确评价任务和范围;

(4) 确定能反映方案特征并能满足评价目的的指标体系;

(5) 计算设计方案各项指标及对比参数;

(6) 根据方案评价的目的,将方案的分析评价指标分为基本指标和主要指标,通过评价指标的分析计算,按优劣排出设计方案次序,并提出推荐方案;

(7) 进行综合分析,确定优选方案或提出技术优化建议;

(8) 实施优化方案并进行总结。

在设计方案评价与优化过程中,建立合理的指标体系,并采取有效的评价方法进行方案优化是最基本和最重要的工作内容。

2. 评价指标体系

设计方案评价指标是方案评价与优化的衡量标准,对于技术经济分析的准确性和科学性具有重要作用。内容严谨、标准明确的指标体系,是对设计方案进行评价与优化的基础。

评价指标应能充分反映工程项目满足社会需求的程度,以及为取得使用价值所需投入的社会必要劳动和社会必要消耗量。因此,评价指标体系应包括以下内容:

(1) 使用价值指标,即工程项目满足需要程度(功能)的指标;

(2) 消耗量指标,即反映创造使用价值所消耗的资金、材料、劳动量等资源的指标;

(3) 其他指标,对于建立的指标体系,可按指标的重要程度设置主要指标和辅助指标,并选择主要指标进行分析比较。

3. 评价方法

设计方案评价方法主要有多指标法、单指标法及多因素评分法。

(1) 多指标法。多指标法是指采用多个评价指标,对各比选方案进行分析评价。评价指标如下。

1) 工程造价指标。工程造价指标是指反映建设工程一次性投资的综合货币指标,根据分析和评价工程项目所处的时间段不同,可依据设计概(预)算予以确定。例如:每平方米建筑造价或每公里造价、给水排水工程造价、采暖工程造价、通风工程造价、设备安装工程造价等。

2) 主要材料消耗指标。从实物形态角度反映主要材料消耗数量,如钢材消耗量指标、水泥消耗量指标、木材消耗量指标等。

3) 劳动消耗指标。劳动消耗指标包括现场施工和预制加工厂的劳动消耗。

4) 工期指标。工期指标是指建设工程从开工到竣工所耗费的时间,可用来评价不同设计方案对工期的影响。

可根据工程项目的具体特点来选择上述指标。从建设工程全面造价管理角度考虑,仅考虑上述四类指标还不能完全满足设计方案评价需求,还需要考虑建设工程全寿命期成本,并考虑工期成本、质量成本、安全成本及环保成本等诸多因素。

在采用多指标法对不同设计方案进行分析和评价时,如果某一方案的所有指标都优于其他方案，则该方案为最佳方案；如果各个方案的其他指标都相同，只有一个指标相互之间有差异，则该指标最优的方案即为最佳方案。对于优选决策来说，这两种情况都比较简单。但在工程实践中的大多数情况下，不同方案之间往往是各有所长，有些指标较优，有些指标较差，而且各种指标对设计方案经济效果的影响也不相同。这时，若采用加权求和的方法，各指标的权重又很难确定，因而需要采用诸如单指标法等分析评价方法。

【例4-2】以内浇外砌建筑体系为对比标准，用多指标对比法评价内外墙全现浇建筑体系。评价结果见表4-6。

表4-6　内浇外砌与全现浇对比表

项目名称		单位		对比标准	评价对象	比较	备注
建筑特征	设计型号	—		内浇外砌	全现浇大模板	—	
	建筑面积	m²		8500	8500	0	
	有效面积	m²		7140	7215	+75	
	层数	层		6	6	—	
	外墙厚度	cm		36	30	−6	浮石混凝土外墙
	外墙装修	—		勾缝，一层水刷石	干粘石，一层水刷石	—	
技术经济指标	±0.000以上土建造价	元/m²(建筑面积)		80	90	+10	
	±0.000以上土建造价	元/m²(有效面积)		95.2	106	+10.8	
	主要材料消耗量	水泥	kg/m²	130	150	+20	
		钢材	kg/m²	9.17	20	+10.83	
	施工周期	天		220	210	−10	
	±0.000以上用工	工日/m²		2.78	2.23	−0.55	
	建筑自重	kg/m²		1294	1070	−244	
	房屋服务年限	年		100	100	—	

由表4-6两类建筑体系的建筑特征对比分析可知，它们具有可比性。然后比较其技术经济特征可以看出，与内浇外砌建筑体系相比，全现浇建筑体系的优点是有效面积大、用工省、自重轻、施工周期短，其缺点是造价高、主要材料消耗量多等。

（2）单指标法。单指标法是以单一指标为基础对建设工程技术方案进行综合分析和评价的方法。单指标法有很多种，各种方法的使用条件也不尽相同，较常用的有以下几种。

1）综合费用法。这里的费用包括建设投资、方案投产后的年度使用费以及由于工期提前或延误而产生的收益或亏损等。综合费用法的基本出发点在于将建设投资和使用费结合起来考虑，同时考虑建设周期对投资效益的影响，以综合费用最小为最佳方案。综合费用法是一种静态价值指标评价方法，没有考虑资金的时间价值，只适用于建设周期较短的工程。此外，由于综合费用法只考虑费用，未能反映不同设计方案在功能、质量、安全、环保等方面的差异，因而只有在方案的功能、建设标准等条件相同或基本相同时才能采用。

2）全寿命期费用法。建设工程全寿命期费用除包括筹建、征地拆迁、咨询、勘察、设计、施工、设备购置及贷款利息支付等与工程建设有关的一次性投资费用外，还包括工程完成后交付使用期内经常发生的费用支出，如维修费、设施更新费、采暖费、电梯费、空调费、保险费等。这些费用统称为使用费，按年计算时称为年度使用费。全寿命期费用评价法考虑资金的时间价值，是一种价值指标的动态评价方法。由于不同技术方案的寿命期不同，因此，采用全寿命期费用法计算费用时，不用净现值法，而用年度等值法，以年度费用最少者为最优方案。

3）价值工程（Value Engineering，VE）是以提高产品或作业价值为目的，通过有组织的创造工作，寻求用最低的寿命周期成本可靠地实现使用者所需功能的一种管理技术。价值工程中所述的"价值"是指作为某种产品（或作业）所具有的功能与获得该功能的全部费用的比值。它不是对象的使用价值，也不是对象的经济价值和交换价值，而是对象的比较价值，是作为评价事物有效程度的一种尺度被提出来的，这种对比关系可用一个数学式表示为

$$V = F/C \tag{4-9}$$

式中　V——研究对象的价值；

　　　F——研究对象的功能：

　　　C——研究对象的成本，即全寿命期成本。

由此可见，价值工程涉及价值、功能和全寿命期成本三个基本要素。

价值工程法主要是对产品进行功能分析，研究如何以最低的全寿命期成本实现产品的必要功能，从而提高产品价值。在建设工程施工阶段应用该方法来提高建设工程价值的作用是有限的。要使建设工程的价值能够大幅提高，获得较高的经济效益，必须首先在设计阶段应用价值工程法，使建设工程的功能与成本合理匹配。也就是说，在设计中应用价值工程的原理和方法，在保证建设工程功能不变或功能改善的情况下，力求节约成本，以设计出更加符合用户要求的产品。

在工程设计阶段，应用价值工程法对设计方案进行评价的步骤如下。

①功能分析。分析工程项目满足社会和生产需要的各主要功能。

②功能评价。比较各项功能的重要程度，确定各项功能的重要性系数。目前，功能重要性系数一般通过打分法来确定。

③计算功能评价系数（F）。功能评价系数的计算公式为

$$功能评价系数 = \frac{某方案功能满足程度总分}{所有参加评选方案功能满足程度总分之和} \tag{4-10}$$

④计算成本系数（C）。成本系数参照下列公式计算：

$$成本系数 = \frac{某方案每平方米造价}{所有评选方案每平方米造价之和} \tag{4-11}$$

⑤求出价值系数（V），并对方案进行评价。按照 $V=F/C$ 分别求出各方案的价值系数，价值系数最大的方案为最优方案。

价值工程在工程设计中的运用过程实际上是发现矛盾、分析矛盾、解决矛盾的过程。具体地说，就是分析功能和成本间的关系，以提高价值工程的价值系数。工程设计人员要以提高价值为目标，以功能分析为核心，以经济效益为出发点，从而真正实现对设计方案的优化。

【例4-3】 现以某设计院在建筑设计中用价值工程法进行住宅设计方案的优选为例，说明价值工程在设计方案评价优选中的应用。

一般来说，同一个工程项目，可以有不同的设计方案，不同的设计方案会产生功能和成本上的差别，这时可以用价值工程法选择最优设计方案。在设计阶段实施价值工程的步骤如下。

1）功能分析。建筑功能是指建筑产品满足社会需要的各种性能的总和。不同的建筑产品有不同的使用功能，它们通过一系列建筑因素体现出来，反映建筑物的使用要求。例如，住宅工程一般有下列十个方面的功能：

①平面布置；

②采光通风；

③层高与层数；

④牢固耐久性；

⑤"三防"（防火、防震、防空）设施；

⑥建筑造型；

⑦内外装饰（美观、实用、舒适）；

⑧环境设计（日照、绿化、景观）；

⑨技术参数（使用面积系数、每户平均用地指标）；

⑩便于设计和施工。

2）功能评价。功能评价主要是比较各项功能的重要程度，计算各项功能的功能评价系数，作为该功能的重要度权数。例如，上述住宅功能采用用户、设计人员、施工人员按各自的权重共同评分的方法计算。如果确定用户意见的权重是55%、设计人员的意见占30%、施工人员的意见占15%，具体分值计算见表4-7。

表4-7　住宅工程功能权重系数计算表

功能		用户评分		设计人员评分		施工人员评分		功能权重系数
		得分 F_{ai}	$F_{ai}×55\%$	得分 F_{bi}	$F_{bi}×30\%$	得分 F_{ci}	$F_{ci}×15\%$	$K=\dfrac{F_{ai}×55\%+F_{bi}×30\%+F_{ci}×15\%}{100}$
适用	平面布置 F_1	40	22	30	9	35	5.25	0.3625
	采光通风 F_2	16	8.8	14	4.2	15	2.25	0.1525
	层高层数 F_3	2	1.1	4	1.2	3	0.45	0.0275
	技术参数 F_4	6	3.3	3	0.9	2	0.30	0.0450

续表4-7

功能		用户评分		设计人员评分		施工人员评分		功能权重系数
		得分 F_{ai}	$F_{ai} \times 55\%$	得分 F_{bi}	$F_{bi} \times 30\%$	得分 F_{ci}	$F_{ci} \times 15\%$	$K = \dfrac{F_{ai} \times 55\% + F_{bi} \times 30\% + F_{ci} \times 15\%}{100}$
安全	牢固耐用 F_5	22	12.1	15	4.5	20	3.00	0.1960
	"三防"设施 F_6	4	2.2	5	1.5	3	0.45	0.0415
美观	建筑造型 F_7	2	1.1	10	3.0	2	0.30	0.0440
	内外装饰 F_8	3	1.65	8	2.4	1	0.15	0.0420
	环境设计 F_9	4	2.2	6	1.8	6	0.90	0.0490
其他	便于施工 F_{10}	1	0.55	5	1.5	13	1.95	0.0400
小计		100	55	100	30	100	15	1.0

3）计算成本系数。成本系数计算公式：

$$成本系数 = \frac{某方案每平方米造价}{所有评选方案每平方米造价之和}$$

举例：某住宅设计提供了十几个方案，通过初步筛选，拟选用以下四个方案进行综合评价，见表4-8。

表4-8 住宅工程成本系数计算表

方案名称	主要特征	平方米造价/元·m⁻²	成本系数
A	7层砖混结构，层高3m，240mm厚砖墙，钢筋混凝土灌注桩，外装饰较好，内装饰一般，卫生设施较好	534.00	0.2618
B	6层砖混结构，层高2.9m，240mm厚砖墙，混凝土带形基础，外装饰一般，内装饰较好，卫生设施一般	505.50	0.2478
C	7层砖混结构，层高2.8m，240mm厚砖墙，混凝土带形基础，外装饰较好，内装饰较好，卫生设施较好	553.50	0.2713
D	5层砖混结构，层高2.8m，240mm厚砖墙，混凝土带形基础，外装饰一般，内装饰较好，卫生设施一般	447.00	0.2191
小计		2040.00	1.00

4）计算功能评价系数。功能评价系数计算公式：

$$功能评价系数 = \frac{某方案功能满足程度总分}{所有参加评选方案功能满足程度总分之和}$$

如上例中 A、B、C、D 四个方案的功能评价系数，见表 4-9。

表 4-9 住宅工程功能满足程度及功能系数计算表

评价因素		方案名称	A	B	C	D
功能因素 F	权重系数 K					
F_1	0.3625		10	10	8	9
F_2	0.1525		10	9	10	10
F_3	0.0275		8	9	10	8
F_4	0.0450		9	9	8	8
F_5	0.1960	方案满足程度分值 E	10	8	9	9
F_6	0.0415		10	10	9	10
F_7	0.0440		9	8	10	8
F_8	0.0420		9	9	10	8
F_9	0.0490		9	9	9	9
F_{10}	0.0400		8	10	8	9
方案满足功能程度总分		$M_j = \sum KN_j$	9.685	9.204	8.819	9.071
功能评价系数		$M_j = \sum M_j$	0.2633	0.2503	0.2398	0.2466

注：1. N_j 表示 j 方案对应某功能的得分值；

2. M_j 表示 j 方案满足功能程度总分。

表 4-9 中的数据根据下面思路计算，如 A 方案满足功能程度总分：

$M_j = 0.3625 \times 10 + 0.1525 \times 10 + 0.0275 \times 8 + 0.045 \times 9 + 0.196 \times 10 +$

$\quad 0.0415 \times 10 + 0.044 \times 9 + 0.042 \times 9 + 0.049 \times 9 + 0.04 \times 8 = 9.685$

A 方案的功能评价系数 $= \dfrac{M_A}{\sum M_j} = \dfrac{9.685}{9.685 + 9.204 + 8.819 + 9.071} = 0.2633$

其余类推，计算结果见表 4-9。

5）最优设计方案评选。运用功能评价系数和成本系数计算价值系数，价值系数最大的那个方案为最优设计方案，见表 4-10。

表 4-10 住宅工程价值系数计算表

方案名称	功能评价系数	成本系数	价值系数	最优方案
A	0.2633	0.2618	1.006	
B	0.2503	0.2478	1.010	

方案名称	功能评价系数	成本系数	价值系数	最优方案
C	0.2398	0.2713	0.884	
D	0.2466	0.2191	1.126	此方案最优

（3）多因素评分法。多因素评分法是多指标法与单指标法相结合的一种方法。对需要进行分析评价的设计方案设定若干评价指标，按其重要程度分配权重，然后按照评价标准给各指标打分，将各项指标所得分数与其权重采用综合方法整合，得出各设计方案的评价总分，以获总分最高者为最佳方案。多因素评分优选法综合了定量分析评价与定性分析评价的优点，可靠性高、应用较广泛。

（二）设计方案优化

设计方案优化是使设计质量不断提高的有效途径，可在设计招标或设计方案竞赛的基础上，将设计方案进行组合优化或专项优化。组合优化是指将各设计方案的可取之处进行重新组合，吸收众多设计方案的优点，使设计更加完美。专项优化是指针对已确定的设计方案，综合考虑工程质量、造价、工期、安全和环保五大目标，基于全面造价管理的理论和方法，对已确定设计方案的进一步优化。

工程项目五大目标之间的整体相关性，决定了设计方案优化必须考虑工程质量、造价、工期、安全和环保五大目标之间的最佳匹配，力求达到整体目标最优，而不能孤立、片面地考虑某一目标或强调某一目标而忽略其他目标。在保证工程质量和安全、保护环境的基础上，追求全寿命期成本最低的设计方案。

二、限额设计

限额设计是指按照批准的可行性研究报告中的投资限额进行初步设计、按照批准的初步设计概算进行施工图设计、按照施工图预算编制各个专业施工图设计文件的过程。

限额设计中，工程使用功能不能减少，技术标准不能降低，工程规模也不能削减。因此，限额设计需要在投资额度不变的情况下，实现使用功能和建设规模最大化。

限额设计是工程造价控制系统中的一个重要环节，是在工程设计阶段进行技术经济分析、实施工程造价控制的一项重要措施。

（一）限额设计工作内容

1. 合理确定设计限额目标

工程项目策划决策阶段是限额设计的关键。对政府工程而言，项目策划决策阶段可行性研究报告是政府部门核准投资总额的主要依据，而批准的投资总额则是进行限额设计的重要依据。为此，应在多方案技术经济分析评价后确定最终方案，提高投资估算准确度，合理确定设计限额目标。

2. 提出合理的初步设计方案

初步设计需要依据最终确定的可行性研究方案和投资估算，对影响投资的因素进行分析，并按照专业将规定的投资限额进行分解，下达到各专业设计人员。设计人员应用价值工程原理，通过多方案技术经济比选，创造出价值较高、技术经济性较为合理的初步设计方案，并将设计概算控制在批准的投资估算内。

3. 在概算范围内进行施工图设计

施工图设计文件是设计单位的最终成果文件，应按照批准的初步设计方案进行限额设计，施工图预算需控制在批准的设计概算范围内。

（二）限额设计实施程序

限额设计强调技术与经济的统一，需要工程设计人员和工程造价管理专业人员密切合作。工程设计人员进行设计时，应基于建设工程全寿命期，充分考虑工程造价影响因素，对方案进行分析比较，优化设计；工程造价管理专业人员要及时进行概预算，在设计过程中进行技术经济分析和论证，从而达到有效控制工程造价的目的。

限额设计的实施是工程造价目标的动态反馈和管理过程，可分为确定目标、限额分解、分层控制和成果评价四个阶段。

1. 确定目标

限额设计目标包括造价目标、质量目标、进度目标、安全目标及环保目标。各个目标之间既相互关联又相互制约，因此，在分析论证限额设计目标时，应统筹兼顾、全面考虑，追求技术经济合理的最佳整体目标。

2. 限额分解

分解工程造价目标是实行限额设计的一个有效途径和主要方法。首先，将上一阶段确定的投资额分解到建筑、结构、电气、给水排水和暖通等设计部门各个专业。其次，将投资限额再分解到各单项工程、单位工程、分部工程及分项工程。在目标分解过程中，要对设计方案进行综合分析与评价。最后，将各细化的目标明确到相应设计人员，制定明确的限额设计方案。通过层层目标分解和限额设计，实现对投资限额的有效控制。

3. 分层控制

分层控制通常包括限额初步设计和限额施工图设计两个阶段。

（1）限额初步设计阶段。该阶段应严格按照分配的工程造价控制目标进行方案的规划和设计。在初步设计方案完成后，由工程造价管理人员及时编制初步设计概算，并进行初步设计方案的技术经济分析，直至满足限额要求。初步设计只有在满足各项功能要求并符合限额设计目标的情况下，才能作为下一阶段的限额目标给予批准。

（2）限额施工图设计阶段。该阶段应遵循"各目标协调并进"的原则，做到各目标之间的有机结合和统一，避免出现侧重追求某一目标而忽视其他目标的情形。施工图设计完成后，进行施工图设计的技术经济论证，分析施工图预算是否满足设计限额要求，以供设计决策者参考。

4. 成果评价

成果评价是限额设计目标管理的总结阶段。通过评价设计成果，总结经验和教训，作为指导和开展后续工作的重要依据。

值得指出的是，当考虑建设工程全寿命期成本时，按照限额要求设计的方案未必具有最佳经济性，此时亦可考虑突破原有投资限额，重新选择设计方案。

【案例分析】

某市高新技术开发区拟开发建设集科研和办公于一体的综合大楼，其设计方案主体土建工程结构形式对比如下。

A方案：结构方案为大柱网框架剪力墙轻墙体系，采用预应力大跨度叠合楼板，墙体材料采用多孔砖及移动式可拆装式分室隔墙，窗户采用中空玻璃断桥铝合金窗，面积利用系数为93%，造价为1438元/m^2；

B方案：结构方案同A方案，墙体采用内浇外砌，窗户采用双玻塑钢窗，面积利用系数为87%，造价为1108元/m^2；

C方案：结构方案采用框架结构，采用全现浇楼板，墙体材料采用标准黏土砖，窗户采用双玻铝合金窗，面积利用系数为79%，造价为1082元/m^2。

方案各功能的权重及各方案的功能得分见表4-11。

表4-11 各方案功能的权重及得分表

功能项目	功能权重	方案功能加权得分		
		A	B	C
结构体系	0.25	10	10	8
模板类型	0.05	10	10	9
墙体材料	0.25	8	9	7
面积系数	0.35	9	8	7
窗户类型	0.10	9	7	8

问题如下。

(1) 试应用价值工程方法选择最优设计方案。

(2) 为控制工程造价和进一步降低费用，拟针对所选最优设计方案的土建工程部分，以分部分项工程费用为对象开展价值工程分析。将土建工程划分为四个功能项目，各功能项目得分值及其目前成本见表4-12。按限额和优化设计要求，目标成本额应控制在12170万元。

表4-12 各功能项目得分及目前成本表

功能项目	功能得分	目前成本/万元
A. 桩基围护工程	10	1520
B. 地下室工程	11	1482
C. 主体结构工程	35	4705
D. 装饰工程	38	5105
合计	94	12812

试分析各功能项目的目标成本及其可能降低的额度，并确定功能改进顺序。

（3）若某承包商以表4-12中的总成本加3.98%的利润报价（不含税）中标，并与业主签订固定总价合同，而在施工过程中该承包商的实际成本为12170万元，则该承包商在该工程上的实际利润率为多少？

（4）若要使实际利润率达到10%，成本降低额应为多少？

要点分析。

问题（1）：考核运用价值工程法进行设计方案评价的过程和原理；

问题（2）：考核运用价值工程法进行设计方案优化和工程造价控制。

价值工程要求方案需满足必要功能，清除不必要功能。在运用价值工程法对方案的功能进行分析时，各功能的价值指数有以下三种情况。

（1）VI=1，说明该功能的重要性与其成本的比例大体相当，是合理的，无须再进行价值工程分析。

（2）VI<1，说明该功能不太重要，而目前成本比例偏高，可能存在过剩功能，应作为重点分析对象，寻找降低成本的途径。

（3）VI>1，出现这种结果的原因较多，其中较常见的是：该功能较重要，而目前成本偏低，可能未能充分实现该重要功能，应适当增加成本，以提高该功能的实现程度。

各功能目标成本的数值为总目标成本与该功能指数的乘积。

问题（3）：考核预期利润率与实际利润率之间的关系。由本题的计算结果可以看出，若承包商能有效降低成本，就可以大幅度提高利润率。在本题计算中需注意的是，成本降低额亦即利润的增加额，实际利润为预期利润与利润增加额之和。

解：

（1）选择最优设计方案，分别计算各方案的功能指数、成本指数和价值指数，并根据价值指数选择最优方案。

1）计算各方案的功能指数，见表4-13。

表4-13　功能指数计算表

方案功能	功能权重	方案功能加权得分		
		A	B	C
结构体系	0.25	10×0.25=2.50	10×0.25=2.50	8×0.25=2.00
模板类型	0.05	10×0.05=0.50	10×0.05=0.50	9×0.05=0.45
墙体材料	0.25	8×0.25=2.00	9×0.25=2.25	7×0.25=1.75
面积系数	0.35	9×0.35=3.15	8×0.35=2.80	7×0.35=2.45
窗户类型	0.10	9×0.10=0.90	7×0.10=0.70	8×0.10=0.80
合计		9.05	8.75	7.45
功能指数		9.05/25.25=0.358	8.75/25.25=0.347	7.45/25.25=0.295

注：表4-13中各方案功能加权得分之和为：9.05+8.75+7.45=25.25。

2）计算各方案的成本指数，见表4-14。

表 4-14　成本指数计算表

方案	A	B	C	D
造价/元·m⁻²	1438	1108	1082	3628
成本指数	0.396	0.306	0.298	1

3）计算各方案的价值指数，见表 4-15。

表 4-15　价值指数计算表

方案	A	B	C
功能指数	0.358	0.347	0.295
成本指数	0.396	0.306	0.298
价值指数	0.904	1.134	0.990

由表 4-15 的计算结果可知，B 方案的价值指数最高，为最优方案。

（2）确定功能改进顺序，根据表 4-15 所列数据，分别计算桩基围护工程、地下室工程、主体结构工程和装饰工程的功能指数、成本指数和价值指数；再根据给定的总目标成本额计算各工程内容的目标成本额，从而确定其成本降低额度。具体计算结果见表 4-16。

表 4-16　功能指数、成本指数、价值指数和目标成本降低额计算表

功能项目	评分功能	功能指数	目前成本/万元	成本指数	价值指数	目标成本/万元	目标成本降低额/万元
桩基围护工程	10	0.1064	1520	0.1186	0.8971	1295	225
地下室工程	11	0.1170	1482	0.1157	0.0112	1424	58
主体结构工程	35	0.3723	4705	0.3672	0.0139	4531	174
装饰工程	38	0.4043	5105	0.3985	0.0146	4920	185
合计	94	1.0000	12812	1.0000		12170	642

由表 4-16 的计算结果可知，桩基围护工程、地下室工程、主体结构工程和装饰工程均应通过适当方式降低成本。根据目标成本降低额的大小，功能改进顺序依次为：桩基围护工程、装饰工程、主体结构工程、地下室工程。

（3）计算实际利润率：

该承包商在该工程上的实际利润率 = 实际利润额 / 实际成本额

$$= (12812 \times 3.98\% + 12812 - 12170)/12170 = 9.47\%$$

（4）计算成本降低额：

设成本降低额为 x 万元，则 $(12812 \times 3.98\% + x)/(12812 - x) = 10\%$，解得 $x = 701.17$ 万元。

因此，若要使实际利润率达到 10%，成本降低额应为 701.17 万元。

复 习 题

一、思考题

(1) 设计阶段影响工程造价的主要因素有哪些？

(2) 设计概算审查的内容和方法有哪些？

(3) 施工图预算审查的内容和方法有哪些？

(4) 你认为，设计阶段实施价值工程的意义有哪些？

(5) 限额设计的实施可分为哪几个阶段？

二、课后自测题

（一）单选题

(1) 设计图纸已定情况下，编制设计概算的依据是（　　）。

    A. 概算定额　　　　B. 预算定额　　　　C. 概算指标　　　　D. 劳动定额

(2) 与预算单价法相比，采用实物法编制施工图预算突出的优点在于不需要（　　）。

    A. 工料分析　　　　B. 工料汇总　　　　C. 调整材料价差　　　　D. 套用定额

(3) 在价值工程的工作程序中，确定产品的价值是通过（　　）来解决的。

    A. 功能定义　　　　B. 功能整理　　　　C. 功能评价　　　　D. 方案创造

(4) 对于多层厂房，在其结构形式一定的条件下，若厂房宽度和长度越大，则经济层数和单方造价的变化趋势是（　　）。

    A. 经济层数降低，单方造价随之相应增高　　　　B. 经济层数增高，单方造价随之相应降低

    C. 经济层数降低，单方造价随之相应降低　　　　D. 经济层数增高，单方造价随之相应增高

(5) 在编制施工图预算时，计算工程造价和计算工程中劳动、机械台班、材料需要量时使用定额是（　　）。

    A. 施工定额　　　　B. 概算定额　　　　C. 预算定额　　　　D. 概算指标

(6) 给排水、采暖通风概算应列入（　　）。

    A. 建筑工程概算　　　　　　　　　　B. 设备及工器具费用概算

    C. 设备安装工程概算　　　　　　　　D. 工程建设其他费用概算

(7) 当初步设计达到一定深度，建筑结构比较明确，并能够较准确地计算出概算工程量时，编制概算可采用（　　）。

    A. 概算定额法　　　　B. 概算指标法　　　　C. 类似工程预算法　　　　D. 预算定额法

(8) 施工图预算审查方法中，审查速度快但审查精度较差的是（　　）。

    A. 标准预算审查　　　　B. 对比审查法　　　　C. 分组计算审查法　　　　D. 全面审查法

（二）多选题

(1) 下列方法中，属于设计概算审查方法的是（　　）。

    A. 重点审查　　　　　　　　　　B. 对比分析法

    C. 查询核实法　　　　　　　　　D. 联合会审

    E. 筛选审查法

(2) 施工图预算的编制方法主要有（　　）。

  A. 工料单价法
  B. 类似工程预算法
  C. 预算单价法
  D. 设备价值百分比法
  E. 综合单价法

(3) 设计概算的三级概算是指（　　　）。

  A. 建筑工程概算
  B. 建设期利息概算、铺底流动资金概算
  C. 单位工程概算
  D. 单项工程综合概算
  E. 建设项目总概算

(4) 在工业项目的工艺设计过程中，影响工程造价的主要因素包括（　　　）。

  A. 生产方法
  B. 功能分区
  C. 设备选型
  D. 工艺流程
  E. 运输方式

(5) 用单价法编制施工图预算，当某些设计要求与定额单价特征完全不同时，应（　　　）。

  A. 直接套用
  B. 找出定额说明中的相关规定
  C. 按定额说明对定额基价进行换算
  D. 补充单位估价表或补充定额
  E. 按实际消耗对定额基价进行调整

(三) 计算题

　　某开发公司造价工程师对设计单位提出的某商住楼 A、B、C 三个设计方案进行了技术经济分析和专家调查，得到表 4-17 所示的数据。试计算各方案成本系数、功能系数和价值系数，计算结果保留到小数点后 4 位（其中功能系数要求列出计算式），并确定最优方案。

表 4-17　方案功能数据

方案功能	方案功能得分			方案功能重要系数
	A	B	C	
F_1	9	9	8	0.25
F_2	8	10	10	0.35
F_3	10	7	9	0.25
F_4	9	10	9	0.10
F_5	8	8	6	0.05
单方造价/元·m^{-2}	1325	1118	1226	

第五章　项目发承包阶段的造价管理

第一节　概　述

一、施工招标方式

招标可分为公开招标和邀请招标。

（1）公开招标。公开招标又称为无限竞争性招标，是由招标单位通过指定的报刊、信息网络或其他媒体上发布招标公告，有意的承包商均可参加资格审查，合格的承包商可购买招标文件，参加投标的招标方式。

（2）邀请招标。邀请招标又称为有限竞争性招标。这种方式不发布广告，业主根据自己的经验和所掌握的信息资料，向有承担该项工程施工能力的三个以上（含三个）承包商发出招标邀请书，收到邀请书的单位才有资格参加投标。

（3）公开招标与邀请招标在招标程序上的主要区别。

1）招标信息的发布方式不同。公开招标是利用招标公告发布招标信息，而邀请招标则是采用向 3 个以上具有实施能力的投标人发出投标邀请书，请他们参与投标竞争。

2）对投标人资格预审的时间不同。进行公开招标时，由于投标响应者较多，为了保证投标人具备相应的实施能力及缩短评标时间，突出投标的竞争性，通常设置资格预审程序。

而邀请招标由于竞争范围小，且招标人对邀请对象的能力有所了解，不需要再进行资格预审，但评标阶段还要对各投标人的资格和能力进行审查和比较，通常称为"资格后审"。

3）邀请的对象不同。邀请招标邀请的是特定的法人或者其他组织，而公开招标则是向不特定的法人或者其他组织邀请投标。

二、建设项目发承包阶段造价管理的任务

在发承包阶段，发包人的管理目标是选择合适的承包人、合同类型以及计价方式，编制准确的工程量清单以及合理的招标控制价。发承包阶段涉及的主要工程造价管理任务有以下几方面。

（1）发包人选择合理的招标方式。《中华人民共和国招标投标法》中规定的招标方式有公开招标和邀请招标。公开招标方式是能够体现公开、公正、公平原则的最佳招标方式；邀请招标一般只适用于国家投资的特殊项目和非国有资金项目。选择合适的招标方式是合理确定工程合同价款的基础。

（2）发包人选择合理的承包模式。常见的承包模式包括总分包模式、平行承包模式、联合体承包模式和合作承包模式，不同的承包模式适用于不同类型的工程建设项目，对工程造价的控制也体现出不同的作用。

总分包模式的总包合同价可以较早确定，业主可以承担较少的风险，对总承包商而言，责任重、风险大，获得高额利润的潜力也比较大。

平行承包模式的总合同价短期不易确定，从而影响工程造价控制的实施。工程招标任务量大，需控制多项合同价格，从而增加了工程造价控制的难度。但对于大型复杂工程，如果分别招标，可参与竞争的投标人增多，业主就能够获得具有竞争性的商业报价。

联合体承包对业主而言，合同结构简单，有利于工程造价的控制；对联合体而言，可以集中各成员单位在资金、技术和管理等方面的优势，增强了抗风险能力。与联合体承包相比，合作承包模式业主的风险较大，合作各方之间信任度不够。

（3）发包人编制招标文件，确定合理的工程计量方法和投标报价方法，确定招标工程招标控制价。建设项目的发包数量、合同类型和招标方式经批准确定以后，因为工程计量、报价方法不同，会产生不同的合同价格。因此，在招标前应选择有利于降低工程造价和便于合同管理的工程计量方法和报价方法。编制招标控制价是建设项目招标前的一项重要工作。在编制过程中，应遵循实事求是的原则，综合考虑发包人和承包人的利益。不合理的招标控制价可能会导致工程招标的失误，达不到降低建设投资、缩短建设工期、保证工程质量的目的。

（4）承包人编制投标文件，合理确定投标报价。潜在投标人在通过资格预审之后，根据获取的招标文件编制投标文件，并对其做出实质性响应。在核实工程量的基础上，潜在投标人依据企业定额进行工程报价，在广泛了解潜在竞争者及工程情况的基础上，综合运用投标技巧以及选用正确的投标策略确定最终工程投标报价。

（5）发包人选择合理的评标方式进行评标。在正式确定中标人之前，选择合理的评标方法有助于科学选择承包人。一般，得分最高的 1~2 家潜在中标人的投标函，有意或无意的不明和笔误之处需做进一步明确或纠正。尤其是投标人对施工图计量的遗漏、对定额套用的错项、对工料机市场价格不熟悉而引起的失误，以及对其他规避招标文件有关要求的投机取巧行为进行剖析，以确保发包人和潜在中标人等各方的利益都不受损害。

（6）发包人通过评标定标，选择中标单位，签订承包合同。评标委员会依据评标规则对投标人评分并排名，向业主推荐中标候选人，并以确定的中标人的报价作为合同价款。合同的形式应在招标文件中确定，并在投标函中做出响应。

三、建设项目发承包阶段对工程造价管理的影响

建设项目发承包阶段的主要工作是通过建设项目招标投标工作确定承包人，并签订建设项目施工合同。建设项目发承包阶段的建设项目招标投标制是我国建筑市场走向规范化、完善化的举措之一。推行工程招标投标制对降低工程造价，进而使工程造价得到合理的控制具有非常重要的意义。

（一）招标投标使建筑产品的市场定价更为合理

推行招标投标制最明显的表现是若干投标人之间出现激烈竞争，这种市场竞争最直接、最集中的表现就是在价格上的竞争。通过竞争确定出工程价格，使其趋于合理，这将有利于节约投资、提高投资效益。

（二）招标投标能够很好地控制工程成本

推行招标投标制能够不断降低社会平均劳动消耗水平，使工程价格得到有效控制。在

建筑市场中，不同投标者的个别劳动消耗水平是有差异的。通过推行招标投标制，会使那些个别劳动消耗水平最低或接近最低的投标者获胜，实现了生产力资源的较优配置，对不同投标者实行了优胜劣汰的机制。

（三）招标投标为供求双方的相互选择提供条件

推行招标投标制便于供求双方更好地相互选择，使工程价格更加符合价值基础，进而更好地控制工程造价。由于供求双方各自出发点不同，存在利益矛盾，因而单纯采用"一对一"选择方式成功的可能性较小。采用招标投标方式为供求双方在较大范围内进行相互选择创造了条件，选择那些报价较低、工期较短、具有良好业绩和管理水平的供给者为合理控制工程造价奠定了基础。

（四）招标投标使工程造价的形成更加透明

推行招标投标制有利于规范价格行为，使公开、公平、公正的原则得以贯彻。我国招标投标活动由特定的机构进行管理，能够避免盲目过度的竞争和营私舞弊现象的发生，对建筑领域中的腐败现象也有强有力的遏制作用，使价格形成过程变得透明而规范。

（五）招标投标能够减少交易过程中的费用

推行招标投标制能够减少交易费用，节省人力、物力、财力，降低工程造价。我国目前从招标、投标、开标、评标直至定标，均有相应的法律、法规规定。在招标投标中，若干投标人在同一时间、地点报价竞争，评标专家以群体决策方式确定中标者，这样可以减少交易费用、降低招标人成本，对工程造价必然会产生积极影响。

第二节　招标工程量清单的编制

为使建设工程发包与承包计价活动规范、有序地进行，招标发包应从施工招标开始。招标工程量清单是招标人依据国家标准、招标文件、设计文件及施工现场实际情况编制的，随招标文件发布供投标报价的工程量清单，包括对其的说明和表格。招标人或其委托的工程造价咨询机构根据工程项目设计文件，编制出招标工程项目的工程量清单，并将其作为招标文件的组成部分。招标工程量清单的准确性和完整性由招标人负责。

一、招标工程量清单的编制依据

（1）《建设工程工程量清单计价规范》（GB 50500—2013）及各专业工程计算规范等。
（2）国家或省级、行业建设主管部门颁发的计价定额和办法。
（3）建设工程设计文件及相关资料。
（4）与建设工程有关的标准、规范、技术资料。
（5）拟定的招标文件。
（6）施工现场情况、地质勘查及水文资料、工程特点和常规施工方案。

二、招标工程量清单的准备工作

（一）初步研究

工程量清单编制前，首先要对各种资料进行认真研究，主要包括熟悉《建设工程工程量清单计价规范》（GB 50500—2013）和各专业工程计算规范、当地计价规定及相关文件；熟悉设计文件，掌握工程全貌，工程量清单项目列项的完整、工程计量的准确计算及清单项目的准确描述，对设计文件中出现的问题应及时提出。此外，熟悉招标文件、招标图纸，确定工程量清单的范围及需要设定的暂估价，收集相关市场价格信息，为暂估价的确定提供依据。

（二）现场踏勘

为了选用合理的施工组织设计和施工技术方案，需进行现场踏勘，以充分了解施工现场情况及工程特点，主要调查自然地理条件和施工条件两个方面。

（三）拟定常规施工组织设计

施工组织设计是指导拟建工程项目的施工准备和施工的技术经济文件。根据工程项目的具体情况编制施工组织设计，拟定工程的施工方案、施工顺序、施工方法等，便于工程量清单的编制及准确计算，特别是工程量清单中的措施项目。

三、招标工程量清单的编制内容

招标工程量清单包括分部分项工程量清单、措施项目清单、其他项目清单、规费和税金项目清单、工程量清单总说明等内容。

（一）分部分项工程量清单编制

分部分项工程量清单是反映拟建工程分项实体工程项目名称和相应数量的明细清单，招标人负责编制包括项目编码、项目名称、项目特征描述、计量单位和工程量在内的五项内容。

（二）措施项目清单编制

措施项目清单是指为完成工程项目施工，发生于该工程施工前或施工过程中的非工程实体项目和相应数量的清单，包括技术、安全、生活等方面的相关非实体项目。

施工工程中发生的措施项目一般有两种：一种是其费用的发生和金额的大小与使用时间、施工方法或者两个以上工序相关，与实际完成的实体工程量的多少关系不大的项目，典型项目为施工机械安拆、安全及文明施工、临时设施等，对于这些不可计算工程量的项目，以“项”为计量单位计量；另一种是与完成的实体项目密切相关的，可以精确计算工程量的项目，典型项目为模板及支架、脚手架工程，凡是能够计算工程量的措施项目宜采用分部分项工程量清单的方式编制。

（三）其他项目清单编制

其他项目清单是应招标人的特殊要求而发生的与拟建工程有关的其他费用项目和相应数量的清单，包括暂列金额、暂估价、计日工、总承包服务费。

（四）规费和税金项目清单编制

规费和税金项目清单应按照规定的内容列项，当出现计价规范中没有的项目，应根据省级政府或有关部门的规定列项。税金项目清单除规定的内容外，如国家税法发生变化或增加税种，应对税金项目清单进行补充。规费、税金的计算基础和费率均应按国家或地方相关部门的规定执行。

（五）工程量清单总说明编制

（1）工程概况。工程概况中要对建设规模、工程特征、计划工期、施工现场实际情况、自然地理条件、环境保护要求等做出准确描述。

（2）工程招标及分包范围。招标范围是指单位工程的招标范围，如建筑工程招标范围为"全部建筑工程"，装饰装修工程招标范围为"全部装饰装修工程"，或招标范围不含桩基础、幕墙、门窗等。工程分包是指特殊工程项目的分包，如招标人自行采购安装"铝合金门窗"等。

（3）工程量清单编制依据。工程量清单编制依据包括《建设工程工程量清单计价规范》（GB 50500—2013）设计文件、招标文件、施工现场情况、工程特点及常规施工方案等。

（4）工程质量、材料、施工等的特殊要求。工程质量的要求是指招标人要求拟建工程的质量应达到合格或优良标准；对材料的要求是指招标人根据工程的重要性、使用功能及装饰装修标准等提出的要求；施工要求是指建设项目中对单项工程的施工顺序等的要求。

（5）其他需要说明的事项。

第三节　招标控制价的编制

《中华人民共和国招标投标法实施条例》中规定的最高投标限价基本等同于《建设工程工程量清单计价规范》（GB 50500—2013）中规定的招标控制价。招标控制价编制的要求和方法也同样适用于最高投标报价。

一、编制招标控制价的规定

（1）国有资金投资的建设工程项目应实行工程量清单招标，招标人应编制招标控制价，并应当拒绝高于招标控制价的投标报价，即投标人的投标报价若超过公布的招标控制价，则其投标作为废标处理。

（2）招标控制价应由具有编制能力的招标人或受其委托、具有相应资质的工程造价咨询人编制。工程造价咨询人不得同时接受招标人和投标人对同一工程的招标控制价和投标报价的编制。

（3）招标控制价应在招标文件中公布，对所编制的招标控制价不得进行上浮或下调。在公布招标控制价时，除公布招标控制价的总价外，还应公布各单位工程的分部分项工程费、措施项目费、其他项目费、规费和税金。

（4）招标控制价超过批准的概算时，招标人应将其报原概算审批部门审核。由于我国对国有资金投资项目的投资控制实行设计概算审批制度，国有资金投资的工程原则上不能超过批准的设计概算。

（5）投标人经复核认为招标人公布的招标控制价未按照国家相关规范的规定进行编制的，在招标控制价公布后 5 天内，向招标投标监督机构和工程造价管理机构投诉。工程造价管理机构受理投诉后，应立即对招标控制价进行复查，组织投诉人、被投诉人或其委托的招标控制价编制人等单位人员对投诉问题逐一核对。当招标控制价复查结论与原公布的招标控制价误差大于 3% 时，应责成招标人改正。当重新公布招标控制价时，若重新公布之日起至原投标截止期不足 15 天，应延长投标截止期。

（6）招标人应将招标控制价及有关资料报送工程项目所在地或由该工程管辖的行业管理部门工程造价管理机构备案。

二、招标控制价的编制依据

招标控制价的编制依据是指在编制招标控制价时需要进行工程量计量、价格确认及工程计价有关参数、费率的确定等工作时所需的基础性资料，主要包括如下。

（1）现行国家标准，如《建设工程工程量清单计价规范》（GB 50500—2013），以及专业工程计算规范。

（2）国家或省级、行业建设主管部门颁发的计价定额和计价办法。

（3）建设工程设计文件及相关资料。

（4）拟定的招标文件及招标工程量清单。

（5）与建设工程项目相关的标准、规范、技术资料。

（6）施工现场情况、工程特点及常规施工方案。

（7）工程造价管理机构发布的工程造价信息，工程造价信息没有发布的参照市场价。

（8）其他的相关资料。

三、招标控制价的编制内容

招标控制价的编制内容包括分部分项工程费、措施项目费、其他项目费、规费和税金，各个部分有不同的计价要求。

（一）分部分项工程费的编制要求

分部分项工程费应根据招标文件中招标工程量清单给定的工程量乘以相应的综合单价汇总而成。如果招标文件提供了暂估单价的材料，该材料应按暂估单价计入综合单价。为使招标控制价与投标报价所包含的内容一致，综合单价中应包括招标文件中要求投标人所承担的风险内容及其范围（幅度）产生的风险费用。

（二）措施项目费的编制要求

措施项目费中的安全文明施工费应按照国家或省级、行业建设主管部门的规定标准计价，该部分不得作为竞争性费用。对于可精确计量的措施项目，以"量"计算，即按其工程量与分部分项工程工程清单单价相同的方式确定综合单价；对于不可精确计量的措施项目，则以"项"为单位，采用费率法按有关规定综合取定。采用费率法时，需确定某项费用计费基数及费率，结果包括除规费、税金以外的全部费用。

（三）其他项目费的编制要求

（1）暂列金额。暂列金额可根据工程的复杂程度、设计深度、工程环境条件（包括地质、水文、气候条件等）进行估算，一般可以分部分项工程费的10%~15%为参考。

（2）暂估价。材料暂估价应按照工程造价管理机构发布的工程造价信息中的材料单价计算，工程造价信息未发布的材料单价，其单价参考市场价格估算；专业工程暂估价应分不同专业，按有关计价规定估算。

（3）计日工。在编制招标控制价时，对计日工中的人工单价和施工机械台班单价应按省级、行业建设主管部门或其授权的工程造价管理机构公布的单价计算；材料应按工程造价管理机构发布的工程造价信息中的材料单价计算，工程造价信息未发布的材料单价，应按市场调查确定的单价计算。

（4）总承包服务费。总承包服务费应按照省级或行业建设主管部门的规定计算，根据提供服务内容的不同一般按 1%~5%选择。招标人仅要求对分包专业工程进行总承包管理和协调时，按分包专业工程估算造价的 1.5%计算；招标人要求对分包专业工程进行总承包管理和协调，并要求提供配合服务时，根据配合服务内容和提出的要求，按分包专业工程估算造价的 3%~5%计算；招标人自行供应材料的，按招标人供应材料价值的 1%计算。

（四）规费和税金的编制要求

规费和税金必须按国家或省级、行业建设主管部门的规定计算，即

增值税=（人工费+材料费+施工机械使用费+企业管理费+利润+规费）×增值税税率

应纳税额为当期销项税额抵扣当期进项税额后的余额。

四、招标控制价的编制程序

工程项目招标控制价的编制程序如下：

（1）确定招标控制价的编制单位；

（2）收集编制资料；

（3）全套施工图纸及现场地质、水文、地上情况的有关资料；

（4）招标文件；

（5）其他资料，如人工、材料、设备及施工机械台班等要素市场价格信息；

（6）领取招标控制价计算书、报审的有关表格；

（7）参加交底会及现场勘查；

（8）编制招标控制价。

招标控制价编制的基本原理及计算程序与工程量清单计价的基本原理及计价程序相同。

招标人建设工程项目招标控制价计价程序见表 5-1。

表 5-1 招标人建设工程项目招标控制价计价程序

工程名称： 标段： 共 页 第 页

序号	汇总内容	计算方法	金额/元
1	分部分项工程	按计价规定计算	
1.1			
1.2			
2	措施项目	按计价规定计算	
2.1	其中：安全文明施工费	按规定标准估算	
3	其他项目		
3.1	其中：暂列金额	按计价规定估算	
3.2	其中：专业工程暂估价	按计价规定估算	
3.3	其中：计日工	按计价规定估算	
3.4	其中：总承包服务费	按计价规定估算	

序号	汇总内容	计算方法	金额/元
4	规费	按规定标准计算	
5	税金	（人工费+材料费+施工机械使用费+ 企业管理费+利润+规费）×增值税税率	
招标控制价		合计＝1+2+3+4+5	

五、编制招标控制价时应注意的问题

（1）招标控制价必须适应目标工期的要求，对提前工期因素有所反映，并应将其计算依据、过程、结果列入招标控制价的综合说明中。

（2）招标控制价必须适应招标方的质量要求，对高于国家施工及验收规范的质量因素有所反映，并应将其计算依据、过程、结果列入招标控制价的综合说明中。据某些地区测算，建筑产品从合格到优良，其人工和材料的消耗量使成本相应增加3%~5%。因此，招标控制价的计算应体现优质优价。

（3）招标控制价必须合理考虑招标工程的自然地理条件和招标工程范围等因素。若招标文件中规定地下工程及"三通一平"等计入招标工程范围，则应将其费用正确地计入招标控制价。由于自然条件导致的施工不利因素也应考虑计入招标控制价。

（4）招标控制价采用的材料价格应是工程造价管理机构通过工程造价信息发布的材料价格，工程造价信息未发布的材料单价，应通过市场调查确定的单价计算。另外，未采用工程造价管理机构发布的工程造价信息时，需在招标文件或答疑补充文件中对招标控制价采用的与工程造价信息不一致的市场价格予以说明，采用的市场价格则应通过调查、分析确定。

（5）招标控制价中施工机械设备的选型直接关系到综合单价水平，应根据工程项目的特点和施工条件，本着经济实用、先进高效的原则确定。

（6）招标控制价编制过程中应该正确、全面地使用行业和地方的计价定额与相关文件。

（7）在招标控制价的编制中，不可竞争的措施项目和规费、税金等费用的计算均属于强制性的条款，应按照国家有关规定计算。

（8）在招标控制价的编制中，不同工程项目、不同施工单位会有不同的施工组织方法，所发生的措施项目费也会有所不同。因此，对于竞争性的措施项目，招标人应首先编制常规的施工组织设计或施工方案，然后经专家论证确认后再合理确定措施项目及其费用。

（9）招标控制价应根据招标文件或合同条件的规定，按规定的工程发承包模式，确定相应的计价方式，考虑相应的风险费用。

第四节 投标报价的编制

投标报价的编制过程是，投标人首先应根据招标人提供的工程量清单编制分部分项工

程和措施项目清单与计价表，其他项目清单与计价表、规费、税金项目计价表编制投标报价。投标报价编制完成后，汇总得到单位工程投标报价汇总表，再逐级汇总，分别得到单项工程投标报价汇总表和建设工程项目投标报价汇总表。建设工程项目投标总价的组成如图 5-1 所示。

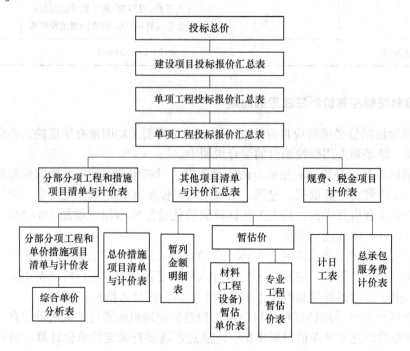

图 5-1　建设工程项目投标总价的组成

一、投标报价的编制依据

（1）招标人提供的招标文件。

（2）招标人提供的设计图纸及有关的技术说明书等。

（3）国家及地区颁发的现行建筑、安装工程预算定额及与之相配套执行的各种费用定额、规定等。

（4）地方现行材料预算价格、采购地点及供应方式等。

（5）因招标文件及设计图纸等不明确，经咨询后由招标人书面答复的有关资料。

（6）企业内部制定的有关取费、价格等的规定、标准。

（7）其他与报价计算有关的各项政策规定及调整系数等。

（8）在报价的计算过程中，对于不可预见费用的计算必须慎重考虑，不要遗漏。

二、投标报价的编制原则

（1）自主报价的原则。投标报价由投标人自主确定，但必须执行《建设工程工程量清单计价规范》（GB 50500—2013）的强制性规定，投标报价应由投标人或受其委托的工程造价咨询人编制。

（2）不低于成本的原则。《中华人民共和国招标投标法》第四十一条规定："中标人的投标应符合满足招标文件的实质性要求，并且经评审的投标价格最低，但投标价格低于成本的除外"，根据法律、规章的规定，特别要求投标人的投标报价不得低于工程成本。

（3）风险分担的原则。投标报价要以招标文件中设定的发承包双方责任划分，作为考虑投标报价费用项目和费用计算的基础，发承包双方的责任划分不同，会导致合同风险不同的分摊，从而导致投标人选择不同的报价；根据工程发承包模式考虑投标报价的费用内容和计算深度。

（4）发挥自身优势的原则。以施工方案、技术措施等作为基本依据；投标报价计算的基本条件，以反映企业技术和管理水平的企业定额作为计算人工、材料和机械台班消耗量的基本依据；充分利用现场考察、调研成果、市场价格信息和行情资料，编制基础报价。

（5）科学严谨的原则。报价计算方法要科学严谨，简明适用。

三、投标报价的编制程序

投标报价的编制主要是投标人对承建招标工程所要发生的各种费用的计算。投标报价的编制方法和招标控制价的编制方法一致，投标人建设工程项目投标报价计价程序见表 5-2。

表 5-2　投标人建设工程项目投标报价计价程序

工程名称：　　　　　　　　　　标段：　　　　　　　　　共　页　第　页

序号	汇总内容	计算方法	金额/元
1	分部分项工程	自主报价	
1.1			
1.2			
2	措施项目	自主报价	
2.1	其中：安全文明施工费	按规定标准计算	
3	其他项目		
3.1	其中：暂列金额	按招标文件提供金额计列	
3.2	其中：专业工程暂估价	按招标文件提供金额计列	
3.3	其中：计日工	自主报价	
3.4	其中：总承包服务费	自主报价	
4	规费	按规定标准计算	
5	税金	（人工费+材料费+施工机械使用费+企业管理费+利润+规费）×增值税税率	
投标报价		合计 = 1+2+3+4+5	

（一）分部分项工程和单价措施项目清单与计价表的编制

投标人投标报价中的分部分项工程费和以单价计算的措施项目费，应按招标文件中分部分项工程和单价措施项目清单与计价表的项目特征描述，确定综合单价计算。因此确定综合单价是分部分项工程和单价措施项目清单与计价表编制过程中最主要的内容。综合单价包括完成一个规定清单项目所需的人工费、材料和工程设备费、施工机械使用费、企业管理费、利润，并考虑风险费用的分摊。其计算公式为

综合单价 = 人工费 + 材料和工程设备费 + 施工机械使用费 + 企业管理费 + 利润

（二）总价措施项目清单与计价表的编制

对于不能精确计量的措施项目，应编制总价措施项目清单与计价表。投标人对措施项目中的总价项目投标报价时，措施项目的内容应依据招标人提供的措施项目清单和投标人投标时拟定的施工组织设计或施工方案确定；措施项目费由投标人自主确定，但其中安全文明施工费必须按照国家或省级、行业建设主管部门的规定计价，不得作为竞争性费用。招标人不得要求投标人对该项费用进行优惠，投标人也不得将该项费用参与市场竞争。

（三）其他项目清单与计价表的编制

其他项目费包括暂列金额、暂估价、计日工和总承包服务费。投标人对其他项目费投标报价时应遵循以下原则。

（1）暂列金额应按照招标人提供的其他项目清单中列出的金额填写，不得变动。

（2）暂估价不得变动和更改。暂估价中的材料、工程设备暂估价必须按照招标人提供的暂估单价计入清单项目的综合单价；专业工程暂估价必须按照招标人提供的其他项目清单中列出的金额填写。材料、工程设备暂估单价和专业工程暂估价均由招标人提供，为暂估价格，在工程实施过程中，不同类型的材料与专业工程采用不同的计价方法。

（3）计日工应按照招标人提供的其他项目清单列出的项目和估算的数量，自主确定各项综合单价并计算费用。

（4）总承包服务费应根据招标人在招标文件中列出的分包专业工程内容和供应材料、设备情况，按照招标人提出的协调、配合与服务要求和施工现场管理需要自主确定。

（四）规费、税金项目计价表的编制

规费和税金应按国家或省级、行业建设主管部门的规定计算，不得作为竞争性费用。这是由于规费和税金的计取标准是依据有关法律、法规和政策制定的，具有强制性。因此，投标人在投标报价时必须按照国家或省级、行业建设主管部门的有关规定计算规费和税金。

（五）投标报价的汇总

投标总价应当与组成工程量清单的分部分项工程费、措施项目费、其他项目费和规费、税金的合计金额相一致，即投标人在进行工程量清单招标的投标报价时，不能进行投标总价优惠（或降价、让利），投标人对投标报价的任何优惠（或降价、让利）均应体现在相应清单项目的综合单价中。

【例5-1】投标报价时，投标人需严格按照招标人所列项目进行自主报价的是（　　）。

A. 总价措施项目
B. 专业工程暂估价

C. 计日工
D. 规费

【答案】C

【解析】计日工应按照招标人提供的其他项目清单列出的项目和估算的数量，自主确

定各项综合单价并计算费用。

【例 5-2】在投标报价确定分部分项工程综合单价时，应根据所选的计算基础计算工程内容的工程量，该数量应为（ ）。

A. 实物工程量　　　　　　　　　　　B. 施工工程量

C. 定额工程量　　　　　　　　　　　D. 复核的清单工程量

【答案】C

【解析】每一项工程内容都应根据所选定额的工程量计算规则计算其工程量，当定额的工程量计算规则与清单的工程量计算规则相一致时，可直接以工程量清单中的工程量作为工程内容的工程数量。

四、投标报价的策略与技巧

（一）投标报价策略

投标策略是投标人经营决策的组成部分，指导投标全过程。投标人投标时，根据经营状况和经营目标，既要考虑自身的优势和劣势，也要考虑竞争的激烈程度，还要分析投标项目的整体特点，按照工程项目的类别特点和施工条件等确定投标策略。从投标的全过程视角，投标报价策略主要包括生存型策略、竞争型策略和盈利型策略。

1. 生存型策略

投标人以克服生存危机为目标而争取中标的投标报价的策略，有可能造成投标人不考虑各种影响，以生存为重，采取不盈利甚至赔本也要参与投标的态度，主要出现在以下情形：

（1）企业经营状况不景气，投标项目减少；

（2）政府调整基建投资方向，使某些投标人擅长的工程项目减少，这种危机常涉及经营范围单一的专业工程投标人；

（3）如果投标人经营管理不善，投标人存在投标邀请越来越少的危机。

2. 竞争型策略

投标报价以竞争为手段，以开拓市场、低盈利为目标，在精确计算成本的基础上，充分估计各竞争对手的报价目标，以有竞争力的报价达到中标的目的。这种策略是大多数企业采用的，也称保本低利策略。投标人处于以下情形时，可采取竞争型报价策略：

（1）经营状况不景气，近期接收到的投标邀请较少；

（2）竞争对手有威胁性，试图打入新的地区，开拓新的工程施工类型；

（3）投标项目风险小，施工工艺简单、工程量大、社会效益好的项目；

（4）附近有本企业其他正在施工的项目。

3. 盈利型策略

盈利型策略是投标报价充分发挥自身优势，以实现最佳盈利为目标，对效益较小的项目热情不高，而对盈利大的项目感兴趣。下面几种情况可采用盈利型策略的报价策略：投标人在该地区已经打开局面、施工能力饱和、信誉度高、竞争对手少，其技术优势对招标人有较强的名牌效应，投标人目标主要是扩大影响，或者施工条件差、难度高、资金支付条件不好、工期质量等要求苛刻的项目等。

（二）投标报价技巧

投标报价技巧也称投标技巧，是指在投标报价中采用一定的手法或技巧使招标人可以接受，而中标后又能获得更多的利润。

报价方法是依据投标策略选择的，一个成功的投标策略必须运用与之相适应的报价方法才能取得理想的效果。投标策略对投标报价起指导作用，投标报价是投标策略的具体体现。按照确定的投标策略，恰当地运用投标报价技巧编制投标报价，是实现投标策略的目标并获得成功的关键。常用的工程投标报价技巧主要有灵活报价、不平衡报价、计日工单价的报价、可供选择项目的报价、暂定工程量的报价、多方案报价、增加建议方案、分包商报价的采用、无利润算标、联合体报价、许诺优惠条件和突然降价。

1. 灵活报价

灵活报价是指根据招标工程的不同特点采用不同报价。投标报价时，既要考虑自身的优势和劣势，也要分析招标项目的特点，按照工程项目的不同特点、类别和施工条件等选择报价策略。

2. 不平衡报价

不平衡报价也称前重后轻报价，是指一个工程总报价基本确定后，通过调整内部各个工程项目的报价，达到在不提高总报价的同时，又能在结算时得到更理想的经济效益的目标。

3. 计日工单价的报价

如果计日工单价不计入总报价，则可以报高价，以达到结算时提高经济效益的目的；如果计日工单价计入总报价，则需具体分析是否报高价，以免抬高总报价。总之，要分析业主在开工后可能使用的零星用工数量，再来确定报价方针。

4. 可供选择项目的报价

有些工程的分项工程，业主可能要求按某一方案报价，而后再提供几种可供选择方案的比较报价。投标时，对于有可能被选择使用的方案应适当提高其报价；而对于难以选择的方案可将价格有意抬高得更多一些，以阻挠业主选用。但是，所谓"可供选择项目"只有业主才有权进行选择。因此，承包商虽然适当提高了可供选择项目的报价，并不意味着肯定可以取得较好的利润，只是提供了一种可能性。关键点是业主选用项目才是承包商最终可获得的额外加价的利益。

5. 暂定工程量的报价

暂定工程量的报价主要包含以下三种情况。

（1）业主规定了暂定工程量的分项内容和暂定总价款，并规定所有投标人都必须在总报价中加入这笔固定金额，但由于分项工程量不准确，允许按投标人所报单价和实际完成的工程量付款。

（2）业主列出了暂定工程量的项目和数量，但并没有限制这些工程量的估价总价，要求投标人不仅列出单价，也应按暂定项目的数量计算总价，以便于结算付款时可按实际完成的工程量和所报单价支付。

（3）只有暂定工程的一笔固定总金额，这笔金额用途由业主确定。

在第一种情况中，由于暂定总价款是固定的，对各投标人的总报价水平竞争力没有任何影响。因此，投标时应当对暂定工程量的单价适当提高。

在第二种情况中，投标人必须慎重考虑。如果单价定得高，同其他工程量计价相同，将会增大总报价，影响投标报价的竞争力；如果单价定得低，这类工程量增大，会影响收益。一般来说，这类工程量可以采用正常价格。

在第三种情况中，投标竞争没有实际意义，只需按招标文件要求将规定的暂定款列入总报价即可。

6. 多方案报价

在一些招标文件中，如果投标人发现工程范围不太明确，条款不清楚或很不公正，或技术规范要求过于苛刻，那么投标人可在充分估计投标风险的基础上，按照多方案报价的技巧报价，即按原招标文件报价，然后提出如某条款做某些变动，报价可降低提价，由此得出一个较低的报价。通过降低总报价的方式，吸引招标人的兴趣。

7. 增加建议方案

在招标文件中规定，投标人可以提出一个建议方案，即修改原设计方案。投标人应抓住机会，组织一批有经验的设计和施工工程师，对原招标文件的设计和施工方案仔细研究，提出更为合理的方案以吸引业主，促成自己的方案中标。新建议方案可以降低总造价或缩短工期。但要注意在对原招标方案进行报价中，建议方案不要写得太具体，要保留方案的技术关键，防止招标人将此方案交给其他承包商。同时，增加的建议方案技术比较成熟，具有很好的操作性。

8. 分包商报价的采用

由于建设工程项目的综合性和复杂性，总承包商不可能将全部工程内容完全独家包揽，特别涉及一些专业性较强的工程内容，需分包给其他专业工程公司施工。对于分包工程，总承包商通常应在投标前先获取分包商的报价，增加一定的管理费，而后作为自己投标总价的一部分，并列入报价单中。在对分包商的询价中，总承包商一般在投标前，征求2~3家分包商的报价，最后选择其中一家信誉较好、实力较强和报价合理的分包商，与其签订协议，同意该分包商作为分包工程的唯一合作者，并将分包商的名称列到投标文件中，但要求该分包商相应地提交投标保函。这种把分包商的利益同投标人捆绑在一起的做法，不仅可以防止分包商事后反悔和涨价，而且可以迫使分包商报出较为合理的分包价格，与总承包商共同争取得标。

9. 无利润算标

一些缺乏竞争优势的承包商，在不得已的情况下，不考虑利润去夺标。无利润算标一般运用于以下情况。

（1）有可能在得标后，将大部分工程分包给索价较低的一些分包商。

（2）对于分期建设的工程项目，先以低价获得首期工程，而后赢得机会创造第二期工程中的竞争优势，并在以后的实施中赚得利润。

（3）在较长时期内，承包商没有在建的工程项目，如果再不得标，就难以维持生存。因此，虽然所投标工程无利可图，只要能有一定的管理费维持公司的日常运转，就可设法度过暂时的困难。

10. 联合体报价

在建设工程项目承发包阶段，联合体报价比较常用，即两三家公司，其主营业务类似或相近，单独投标会出现经验、业绩不足或工作负荷过大而造成高报价，失去竞争优势。而以捆绑形式联合投标，可以做到优势互补、规避劣势、利益共享和风险共担，相对提高了竞争力和中标概率。这种方式目前在国内许多大型项目中使用。

　　11. 许诺优惠条件

　　投标报价附带优惠条件是一种行之有效的报价技巧。在评标时，评标委员会成员除主要考虑报价和技术方案外，还要分析其他条件，如工期、付款条件等。因此，投标人在投标时主动提出提前竣工、低息贷款、赠送施工设备、免费转让新技术或某种技术专利、免费技术协作、代为培训人员等优惠条件，提高自身报价的竞争力。

　　12. 突然降价

　　投标报价是一项保密工作，但是投标人的竞争对手往往通过各种渠道、手段来打探情况。因此在报价时，投标人可以采取迷惑对手的方法，即先按一般情况报价或表现出对该工程兴趣不大，投标截止时间快到时，再突然降价。由于竞争对手来不及调整报价，进而投标人在评标时凸显自身的竞争力。

　　【例5-3】下列关于不平衡报价法的说法中，错误的是（　　）。

　　A. 能够早日结算的工程项目，可以适当地提高报价，后期工程项目的报价可适当降低

　　B. 经核算，预计今后工程量会增加的工程项目，可适当提高报价

　　C. 设计图纸不明确、估计修改后工程量要增加的工程项目，应适当降低单价

　　D. 单价与包干混合制合同中，招标人要求有些工程项目采用包干报价时，宜报高价

　　【答案】C

　　【解析】本题考查的是施工投标报价策略。选项C错误，设计图纸不明确、估计修改后工程量要增加的工程项目，可以提高单价；而工程内容说明不清楚的工程项目，则可降低一些单价，在工程实施阶段通过索赔再寻求提高单价的机会。

　　【例5-4】下列投标报价策略中属于恰当使用不平衡报价方法的是（　　）。

　　A. 适当降低早结算项目的报价

　　B. 适当提高晚结算项目的报价

　　C. 适当提高预计未来会增加工程量的项目单价

　　D. 适当提高工程内容说明不清楚的项目单价

　　【答案】C

　　【解析】经过工程量核算，预计今后工程量会增加的工程项目，适当提高单价，这样在最终结算时可多盈利；而对于将来工程量有可能减少的工程项目，适当降低单价，这样在工程结算时不会有太大损失。

第五节　工程合同价款的确定

一、工程合同价款的类型

　　合同价款是合同文件的核心要素，建设工程项目不论是招标发包还是直接发包，合同价款的具体数额均应在合同协议书中载明。实行招标的工程合同价款应由发承包双方依据招标文件和中标人的投标文件在书面合同中约定。合同约定不得违背招、投标文件中关于工期、造价、质量等方面的实质性内容。

建设工程施工合同的类型见表5-3。

表5-3 建设工程施工合同的类型

合同类型		适用范围	选择时应考虑的因素
总价合同	固定总价合同	总价被承包人接受以后，一般不得变动。这种形式适合于工期较短（一般不超过一年），对工程要求十分明确的工程项目	（1）工程项目规模和工期长短。 （2）工程项目的竞争情况。 （3）工程项目的复杂程度。 （4）工程项目的单项工程的明确程度。 （5）工程项目准备时间的长短。 （6）工程项目的外部环境因素。 （7）在选择合同类型时，应当综合考虑工程项目的各种因素，考虑承包人的承受能力，确定双方都能认可的合同类型
	可调总价合同	在合同条款中双方商定如在合同执行中由于通货膨胀引起人工、材料成本增加达到某一限度时，合同总价应相应调整。发包人承担通货膨胀的风险，承包人承担其他风险。适合工期较长（如一年以上的工程）的工程项目	
单价合同	固定单价合同	单价不变。适用于设计或其他建设条件还不太落实的情况下（技术条件应明确），而以后又需增加工程内容或工程量的工程项目。在每月（或每阶段工程结算时），根据实际完成的工程量结算，在工程全部完成时以竣工图的工程量最终结算工程总价款	
	可调单价合同	一般在招标文件中规定，实施中根据约定调整单价。适用范围较宽	
成本加酬金合同	成本固定费用合同	此类合同的主要特点是发包人承担项目的全部风险，主要适用于：需要立即开展工作的工程项目，如震后的救灾工作；新型的工程项目；或对工程项目内容及技术经济指标未确定，风险很大的工程项目	
	成本加定比费用合同		
	成本加奖金合同		
	成本加保证最大酬金合同		
	工时及材料补偿合同		

二、合同类型的选择

根据《中华人民共和国合同法》及住房和城乡建设部的有关规定，依据招标文件和投标文件的要求，承发包双方在签订合同时，按计价方式的不同，工程合同价款可以采用固定价合同价、可调价合同价和成本加酬金合同价。

（一）固定价合同

固定价合同是指在约定的风险范围内，价款固定，不再调整的合同。双方须在专用条款内约定合同价款包含的风险范围、风险费用的计算方法和承包风险范围以外对合同价款影响的调整方法，在约定的风险范围内合同价款不能再调整。固定价合同可分为固定总价合同和固定单价合同两种方式。固定总价合同的计算是以图纸、规定及规范等为依据，工程任务和内容明确，业主的要求和条件清楚，合同总价一次包死，固定不变，即不再因工程量的增减和市场环境的变化而更改，无特定情况价格不做变化。采用这种合同，承包商承担了全部的工程量和价格的风险。在合同执行过程中，承发包双方均不能以工程量、设备和材料价格、工资等变动为由，提出调整合同总价的要求。在合同双方都无法预测的风险条件和可能有工程变更的情况下，承包方承担了较大的风险，业主的风险较小。固定总价合同一般适用于以下情形。

（1）招标时的设计深度已达到施工图设计要求，工程设计图纸完整、齐全，项目、范围及工程量计算依据确切，合同履行过程中不会出现较大的设计变更，承包方依据的报价工程量与实际完成的工程量不会有较大的差异。

（2）规模较小，技术不太复杂的中小型工程。承包方一般在报价时可以合理地预见实施过程中可能遇到的各种风险。

（3）合同工期较短，一般为一年之内的工程。

固定单价合同可分为估算工程量单价合同和纯单价合同。

（1）估算工程量单价合同。估算工程量单价合同是以工程量清单和工程单价为基础和依据，计算工程项目合同价格。承包方以此为基础进行相应单价报价，计算后得出合同价格。但最后的工程结算价，应按照实际完成的工程量来计算，即按合同中的分部分项工程单价和实际工程量，计算得出工程结算价款和支付的工程总价款。采用估算工程量单价合同时，要求实际完成的工程量与原估计的工程量不能有实质性的变更。

采用估算工程量单价合同时，工程量是统一计算出来的，承包方只要经过复核后填上适当的单价，承担风险较小，发包方也只需审核单价是否合理即可，对双方都较为方便。估算工程量单价合同大多用于工期长、技术复杂、实施过程中可能会发生各种不可预见因素较多的建设工程。在施工图不完整或当准备招标的工程项目内容、技术经济指标尚不能明确时，往往要采用这种合同计价方式。

（2）纯单价合同。采用纯单价合同时，发包方只向承包方给出发包工程有关分部分项工程及工程范围，不对工程量做任何规定；在招标文件中仅给出工程内各个分部分项工程项目一览表、工程范围和必要的说明，而不必提供实物工程量。承包方在投标时，只需对这类给定范围的分部分项工程做出报价即可，合同实施过程中按实际完成的工程量进行结算。

纯单价合同计价方式主要适用于没有施工图，或工程量不明确却急需开工的紧迫工程，例如，设计单位来不及提供正式施工图纸，或虽有施工图但由于某些原因尚不能比较准确地计算工程量时。在纯单价合同中，发包方必须对工程范围的划分做出明确的规定，以使承包方能够合理地确定工程单价。

（二）可调价合同

可调价合同是指在合同实施期内，根据合同约定的办法调整合同总价或者单价的合同，即在合同的实施过程中按照约定，随资源价格等因素的变化而调整的价格。

（1）可调总价合同。可调总价合同的总价一般以设计图纸及规定、规范为基础，在报价时，按招标文件的要求和当时的物价计算合同总价。合同总价是一个相对固定的价格，在合同执行过程中，由于通货膨胀导致人工、材料成本增加，可对合同总价进行相应的调整。可调总价合同的合同总价不变，只是在合同条款中增加调价条款。如果出现通货膨胀等不可预知费用的因素，合同总价可按约定的调价条款做相应调整。工期在一年以上的工程项目较适于采用这种合同计价方式。

（2）可调单价合同。可调单价合同一般是在建设工程项目招标文件中规定，根据合同约定的条款，合同中签订的单价可做相应的调整，如工程实施过程中物价发生变化等。在招标或签约时，建设工程项目由于某些不确定性的因素，在合同中暂定某些分部分项工程的单价，在工程结算时，再根据实际情况和合同约定对合同单价进行调整，确定实际结算单价。

【例5-5】下列合同计价方式中，施工单位风险最大的是（   ）。

A. 成本加浮动酬金合同　　　　　　　B. 单价合同

C. 成本加百分比酬金合同　　　　　　D. 总价合同

【答案】D

【例5-6】有关合同类型的适用范围，下列说法正确的是（   ）。

A. 固定总价合同适合于工期较短（一般不超过一年），对工程要求不明确的工程项目

B. 固定单价合同适用于在设计或其他建设条件（如地质条件）不太明确的情况下，而以后又需增加工程内容或工程量的工程项目

C. 可调总价合同适用于工期较长（如一年以上）的复杂的工程量较大的工程项目

D. 成本加酬金合同适用于容易控制成本的工程项目

【答案】B

（三）成本加酬金合同

成本加酬金合同是将工程项目的实际投资划分成直接成本费和承包方完成工作后应得酬金两部分。工程实施过程中发生的直接成本费由发包方实报实销，再按合同约定的方式另外支付给承包方相应报酬。成本加酬金合同计价方式适用于工程内容及技术经济指标尚未全面确定，投标报价的依据尚不充分的情况下，发包方因工期要求紧迫，必须发包的工程；或者发包方与承包方之间高度信任，承包方在某些方面具有独特的技能、特长或经验。由于在签订合同时，发包方提供不出可供承包方准确报价所必需的资料，报价缺乏依据。因此，在合同内只能商定酬金的计算方法。

成本加酬金合同具有两个明显缺点：一个是发包方对工程总价不能实施有效控制；另一个是承包方对降低成本也不太感兴趣。因此，采用成本加酬金合同计价方式，其条款必须非常严格。

【例5-7】下列条件下的建设工程，其施工承包合同适合采用成本加酬金方式确定合同价的有（   ）。

A. 工程建设规模小　　　　　　　　　B. 施工技术特别复杂

C. 工期较短　　　　　　　　　　　　D. 紧急抢险项目

E. 施工图设计还有待进一步深化

【答案】B、C、D、E

三、工程合同价款的约定

合同价款的有关事项由发承包双方约定，一般包括价款约定方式，预付工程款、工程

进度款、工程竣工价款的支付和结算方式，以及合同价款的调整情形等。发承包双方应在合同条款中约定的事项如下：

(1) 预付工程款的数额、支付时间及抵扣方式；

(2) 安全文明施工措施项目费的支付计划、使用要求等；

(3) 工程计量与支付工程进度款的方式、数额及时间；

(4) 施工索赔与现场签证的程序、金额确认与支付时间；

(5) 工程价款的调整因素、方法、程序、支付及时间；

(6) 承担计价风险的内容、范围，以及超出约定内容、范围的调整方法；

(7) 工程竣工阶段价款的编制与核对、支付及时间；

(8) 工程质量保证金的数额、预留方式及时间；

(9) 违约责任及发生合同价款争议的解决方法与时间；

(10) 与履行合同、支付价款有关的其他事项等。

【案例分析】

某大型工程，由于技术难度大，对施工单位的施工设备和同类工程施工经验要求高，而且对工期的要求也比较紧迫。招标人在对有关单位及其在建工程考察的基础上，仅邀请了4家国有特级施工企业参加投标，并预先与咨询单位和该4家施工单位共同研究确定了施工方案。招标人要求投标人将技术标和商务标分别装订报送。招标文件中规定采用综合评估法进行评标，具体的评标标准如下。

(1) 技术标共30分，其中施工方案10分（因已确定施工方案，各投标人均得10分）、施工总工期10分、工程质量10分。满足招标人总工期要求（36个月）者得4分，每提前1个月加1分，不满足者为废标；招标人希望该工程今后能被评为省优工程，自报工程质量合格者得4分，承诺将该工程建成省优工程者得6分（若该工程未被评为省优工程将扣罚合同价的2%，该款项在竣工结算时暂不支付给施工单位），近三年内获鲁班工程奖每项加2分，获省优工程奖每项加1分。

(2) 商务标共70分。最高投标限价为36500万元，评标时有效报价的算术平均数为评标基准价。报价为评标基准价的98%者得满分（70分），在此基础上，报价比标底每下降1%，扣1分，每上升1%，扣2分（计分按四舍五入取整）。

各投标人的有关情况列于表5-4。

表5-4 投标参数汇总表

投标人	报价/万元	总工期/月	自报工程质量	鲁班工程奖	省优工程奖
A	35642	33	省优	1	1
B	34364	31	省优	0	2
C	33867	32	合格	0	1
D	36578	34	合格	1	2

问题:

(1) 该工程采用邀请招标方式且仅邀请 4 家投标人投标, 是否违反有关规定, 为什么?

(2) 请按综合得分最高者中标的原则确定中标人。

(3) 若改变该工程评标的有关规定, 将技术标增加到 40 分, 其中施工方案 20 分 (各投标人均得 20 分), 商务标减少为 60 分, 是否会影响评标结果, 为什么? 若影响, 应由哪家投标人中标?

解:

(1) 不违反 (或符合) 有关规定。因为根据有关规定, 对于技术复杂的工程, 允许采用邀请招标方式, 邀请的投标人不得少于 3 家。

(2) 确定中标人。

1) 计算各投标人的技术标得分, 见表 5-5。

表 5-5 技术标得分计算表

投标人	施工方案	总工期	工程质量	合计
A	10	4+(36-33)×1=7	6+2+1=9	26
B	10	4+(36-31)×1=9	6+1×2=8	27
C	10	4+(36-32)×1=8	4+1=5	23

投标人 D 的报价 36578 万元超过最高投标限价 36500 万元, 为废标, 不计算技术标得分。

2) 计算各投标人的商务标得分, 见表 5-6。

表 5-6 商务标得分计算表

投标人	报价/万元	报价与评标基准价的比例/%	扣分	得分
A	35642	35642/34624=102.9	(102.9-98)×2≈10	70-10=60
B	34364	34364/34624=99.2	(99.2-98)×1≈2	70-2=68
C	33867	33867/34624=97.8	(97.8-98)×1≈0	70-0=70

评标基准价=(35642+34364+33867)÷3=34624 (万元)

3) 计算各投标人的综合得分, 见表 5-7。

表 5-7 综合得分计算表

投标人	技术标得分	商务标得分	综合得分
A	26	60	86
B	27	68	95
C	23	70	93

因为投标人 B 的综合得分最高, 故应选择其作为中标人。

（3）改变评标办法不会影响评标结果，因为各投标人的技术标得分均增加 10（20-10）分，而商务标得分均减少 10（70-60）分，综合得分不变。

复习题

一、思考题

（1）工程施工招标可采用哪些方式？它们的主要区别是什么？

（2）投标报价策略有哪些？

（3）建设工程施工合同的类型有哪些？各自适用的范围是什么？

二、课后自测题

（一）单选题

（1）招标工程量清单的项目特征中通常不需描述的内容是（　　）。

　　A. 材料材质　　　　　B. 结构部位　　　　　C. 工程内容　　　　　D. 规格尺寸

（2）根据《建设工程工程量清单计价规范》（GB 50500—2013），关于其他项目清单的编制和计价，下列说法正确的是（　　）。

　　A. 暂列金额由招标人在工程量清单中暂定

　　B. 暂列金额包括暂不能确定价格的材料暂定价

　　C. 专业工程暂估价中包括规费和税金

　　D. 计日工单价中不包括企业管理费和利润

（3）根据《建设工程工程量清单计价规范》（GB 50500—2013）关于招标工程量清单中暂列金额的编制，下列说法正确的是（　　）。

　　A. 应详列其项目名称、计量单位，不列明金额

　　B. 应列明暂定金额总额，不详列项目名称

　　C. 不同专业预留的暂列金额应分别列项

　　D. 没有特殊要求一般不列暂列金额

（4）施工投标报价工作包括：①工程现场调查；②组建投标报价班子；③确定基础报价；④制定项目管理规划；⑤复核清单工程量。下列工作排序正确的是（　　）。

　　A. ①④②③⑤　　　B. ②③④①⑤　　　C. ①②③④⑤　　　D. ②①⑤④③

（5）编制招标工程量清单时，应根据施工图纸的深度、暂估价设定的水平、合同价款约定调整因素及工程实际情况合理确定的清单项目是（　　）。

　　A. 措施项目清单　　　B. 暂列金额　　　　C. 专业工程暂估价　　　D. 计日工

（6）投标报价时，投标人需严格按照招标人所列项目明细进行自主报价的是（　　）。

　　A. 暂列金额　　　　B. 专业工程暂估价　　　C. 计日工　　　　D. 规费

（7）在投标报价确定分部分项工程综合单价时，应根据所选的计算基础，计算工程内容的工程量，该数量应为（　　）。

　　A. 实物工程量　　　B. 施工工程量　　　C. 定额工程量　　　D. 复核的清单工程量

（8）根据《中华人民共和国标准施工招标文件》合同价格的准确数据只有在（　　）后才能确定。

　　A. 后续工程不再发生工程变更

B. 承包人完成缺陷责任期工作

C. 工程审计全部完成

D. 竣工结算价款已支付完成

(9) 根据《中华人民共和国标准设计施工总承包招标文件》发包人最迟应当在监理人收到进度付款申请单的（　　）天内，将进度应付款支付给承包人。

A. 14　　　　　　　B. 21　　　　　　　C. 28　　　　　　　D. 35

(10) 根据《中华人民共和国招标投标法实施条例》，招标文件中履约保证金不得超过中标合同金额的（　　）。

A. 2%　　　　　　B. 5%　　　　　　C. 10%　　　　　　D. 20%

（二）多选题

(1) 根据《中华人民共和国标准施工招标文件》工程变更的情形有（　　）。

A. 改变合同中某项工作的质量　　　　　　B. 改变合同工程原定的位置

C. 改变合同中已批准的施工顺序　　　　　　D. 为完成工程需要追加的额外工作

E. 取消某项工作改由建设单位自行完成

(2) 确定分部分项工程量清单项目计价表中综合单价的依据是（　　）。

A. 项目特征描述　　　　　　B. 设计图纸

C. 企业定额　　　　　　D. 地区单位估价表

E. 常规的施工组织设计及施工方案

(3) 根据《中华人民共和国标准施工招标文件》中的合同条款，签约合同价包含的内容有（　　）。

A. 变更价款　　　　　　B. 暂列金额

C. 索赔费用　　　　　　D. 结算价款

E. 暂估价

(4) 施工投标采用不平衡报价法时，可以适当提高报价的工程项目有（　　）。

A. 工程内容说明不清楚的工程项目

B. 暂定项目中必定要施工的不分标工程项目

C. 单价与包干混合制合同中采用包干报价的工程项目

D. 综合单价分析表中的材料费项目

E. 预计开工后工程量会减少的工程项目

(5) 确定投标报价中分部分项工程量清单项目综合单价的依据是（　　）。

A. 项目特征描述

B. 设计图纸

C. 企业定额

D. 《建设工程工程量清单计价规范》(GB 50500—2013)

E. 常规的施工组织设计及施工方案

（三）计算题

背景资料：某国有资金投资建设工程项目，采用工程量清单计价方式进行施工招标，业主委托具有相应资质的某咨询企业编制了招标文件和最高投标限价。招标文件部分规定或内容如下。

(1) 投标有效期自投标人递交投标文件时开始计算。

(2) 评标方法采用经评审的最低投标价法，招标人将在开标后公布可接受的项目最低投标价或最低投标报价测算方法。

(3) 投标人应当对招标人提供的工程量清单进行复核。

(4) 招标工程量清单中给出的"计日工表（局部）"，见表 5-8。

表 5-8　计日工表

编号	项目名称	单位	暂定数量	实际数量	综合单价/元	合价/元	
						暂定	实际
一	人工						
1	建筑与装饰工程普工	工日	1		120		
2	混凝土工、抹灰工、砌筑工	工日	1		160		
3	木工、模板工	工日	1		180		
4	钢筋工、架子工				170		

在编制最高投标限价时，由于某分项工程使用了一种新型材料，定额及造价信息均无该材料消耗量和价格的信息。编制人员按照理论计算法计算了材料净用量，并以此净用量乘以向材料生产厂家询价确认的材料出厂价格，得到该分项工程综合单价中新型材料的材料费。

在投标和评价的过程中，发生了下列事件：

事件一，投标人 A 发现分部分项工程量清单中某分项工程特征描述和图纸不符；

事件二，投标人 B 的投标文件中，有一工程量较大的分部分项工程量清单项目未填写单价与合价。

试求：（1）分别指出招标文件中（1）~（4）项的规定或内容是否妥当？说明理由；

（2）编制最高投标限价时，编制人员确定综合单价中新型材料费的方法是否正确？说明理由；

（3）针对事件一，投标人 A 如何处理；

（4）针对事件二，评标委员会是否可否决投标人 B 的投标？说明理由。

第六章　项目施工阶段的造价管理

第一节　概　　述

施工阶段工程造价管理就是把计划投资额作为造价管理的目标值，在工程实施过程中定期地进行投资实际值和目标值的比较，通过比较发现并找出实际支出额和造价管理目标值之间的偏差，分析偏差产生的原因，采取有效措施加以控制，以保证工程造价管理目标的实现。

在实践中，往往把施工阶段作为建设工程项目工程造价管理的保障阶段。施工阶段对工程造价的影响为 10%~15%，但由于其特殊性，施工阶段的工程造价管理更具有现实意义。

一、施工阶段工程造价管理的基本程序

建设工程施工阶段承包商按照设计文件、合同的要求，通过施工生产活动完成建设工程项目产品的实物形态，建设工程项目投资的绝大部分支出都发生在这个阶段。由于建设工程项目施工是一个动态系统的过程，涉及环节多、施工条件复杂，设计图、环境条件、工程变更、工程索赔、施工的工期与质量、人工、材料及机械台班价格的变动、风险事件的发生等很多因素的变化都会直接影响工程的实际价格，因此施工阶段的工程造价管理最为复杂，应按照一定的工作程序来管理此阶段的工程造价，图 6-1 所示为工程施工阶段造价管理的基本程序。

二、施工阶段工程造价管理的主要内容

建设项目施工阶段是工程造价管理最难、最复杂的阶段，除政府、行业协会的监管与信息服务外，所涉及的单位主要有建设单位、监理单位、咨询单位、设计单位、施工单位等。建设项目施工阶段造价管理的主要内容有资金使用计划的编制、工程合同价款的调整、工程计量、工程合同价款结算、施工成本管理、工程费用的偏差分析与动态监控等。

（1）建设单位工作内容。建设单位在建设项目施工阶段通过编制资金使用计划，及时进行工程计量与结算，预防并处理好工程变更与索赔，进行投资偏差分析并采取纠偏措施，从而有效控制工程造价。

（2）施工单位工作内容。施工单位在建设项目施工阶段要做好成本计划与动态监控等工作，综合考虑建造成本、工期成本、质量成本、安全成本、环保成本等要素，有效控制施工成本。同时根据实际情况做好工程变更与索赔，及时进行工程价款调整与结算。

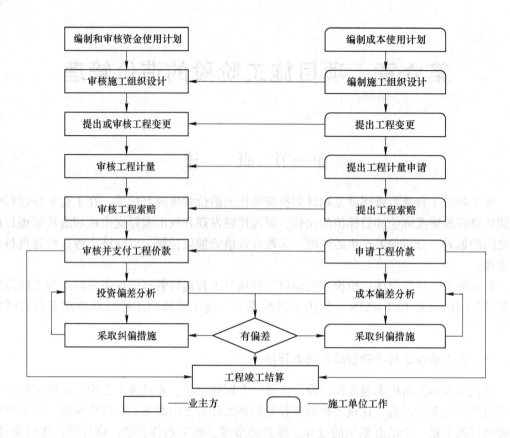

图 6-1 工程施工阶段造价管理基本程序

第二节 资金使用计划的编制

资金使用计划的编制是在工程项目结构分解的基础上，将工程造价的总目标值逐层分解到各个工作单元，形成各分目标值及各详细目标值，从而可以定期地将工程项目中各个子目标实际支出额与目标值进行比较，以便及时发现偏差，找出偏差原因并及时采取纠偏措施，将工程造价偏差控制在一定范围内。

资金使用计划的编制与控制对工程造价水平有着重要影响。建设单位通过科学的编制资金使用计划，可以合理确定工程造价的总目标值和各阶段目标值，使工程造价控制有据可依。

一、施工阶段资金使用计划编制的作用

建设工程周期长、规模大、造价高，施工阶段又是资金投入量最直接、最大、效果最明显的阶段。施工阶段资金使用计划的编制与控制在整个建设管理中处于重要地位，它对工程造价有重要影响，主要表现在以下几方面。

（1）通过编制资金使用计划，合理地确定造价控制的目标值，包括造价的总目标值、分目标值和各详细目标值，为工程造价的控制提供依据，并为资金的筹集与协调打下基

础。有了明确的目标值后，就能将工程实际支出与目标值进行比较，找出偏差、分析原因、采取措施、纠正偏差。

（2）通过资金使用计划的编制，可以对未来工程项目的资金使用和进度控制进行预测，消除不必要的资金浪费和进度失控，也能够避免在今后的工程项目中由于缺乏依据而进行轻率判断所造成的损失，减少盲目性，让现有资金能充分发挥作用。

（3）在建设项目的实施过程中，通过资金使用计划的严格执行，可以有效地控制工程造价上升，最大限度地节约投资，提高投资效益。

（4）对脱离实际的工程造价目标值和资金使用计划，应在科学评估的前提下，允许修订和更改，使工程造价趋于合理，从而保障建设单位和承包人各自的合法权益。

二、资金使用计划的编制方法

依据工程项目结构分解方法不同，资金使用计划的编制方法也有所不同。常用的资金使用计划编制方法有三种：按工程造价构成编制；按工程项目组成编制；按工程进度编制。这三种不同的编制方法可以有效地结合起来，形成一个详细完备的资金使用计划体系。

（一）按工程造价构成编制资金使用计划

工程造价主要分为建筑安装工程费、设备工器具费和工程建设其他费三部分，按工程造价构成编制的资金使用计划也可分为建筑安装工程费使用计划、设备工器具费使用计划和工程建设其他费使用计划。每部分费用比例根据以往类似工程经验或已建立的造价数据库确定，也可根据拟建工程实际情况做出适当调整，每一部分费用还可做进一步细分。这种编制方法比较适合于有大量经验数据的工程项目。

按工程造价构成编制的资金使用计划示意图如图6-2所示。

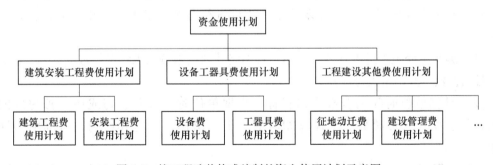

图6-2　按工程造价构成编制的资金使用计划示意图

（二）按工程项目组成编制资金使用计划

大中型工程项目一般由多个单项工程组成，每个单项工程又可细分为不同的单位工程，进而分解为各个分部分项工程。设计概算、预算都是按单项工程和单位工程编制的，因此这种编制方法比较简单，易于操作。

1. 按工程项目构成恰当分解资金使用计划总额

为了按不同子项划分资金，首先必须对工程项目进行合理划分，划分的粗细程度应根据实际需要而定。一般来说，将工程造价目标分解到各单项工程、单位工程比较容易，结果也比较合理可靠。按这种方式分解时，不仅要分解建筑安装工程费，而且要分解设备及工器具购置费以及工程建设其他费、预备费、建设期贷款利息等。

2. 编制各工程分项的资金支出计划

在完成工程项目造价目标的分解之后，应确定各工程分项的资金支出预算。工程分项的资金支出预算一般可按下式计算：

$$分项支出预算 = 核实的工程量 \times 单价 \tag{6-1}$$

在式（6-1）中，核实的工程量可反映并消除实际与计划（如投标书）的差异，单价则在上述建筑安装工程费用分解的基础上确定。

3. 编制详细的资金使用计划表

各工程分项的详细资金使用计划表应包括工程分项编号、工程内容、计量单位、工程数量、单价、工程分项总价等内容，见表6-1。

表6-1　资金使用计划表

序号	工程分项编码	工程内容	计量单位	工程数量	单价	工程分项总价	备注

在编制资金使用计划时，应在主要的工程分项中考虑适当的不可预见费。此外，对于实际工程量与计划工程量（如工程量清单）差异较大者，还应特殊标明，以便在实施中主动采取必要的造价控制措施。

（三）按工程进度编制资金使用计划

投入到工程项目的资金是分阶段、分期支出的，资金使用是否合理与施工进度安排密切相关。为了编制资金使用计划并据此筹集资金，应尽可能减少资金占用和利息支付，且有必要将工程项目的资金使用计划按施工进度进行分解，以确定各施工阶段具体的目标值。

（1）编制工程施工进度计划。应用工程网络计划技术编制工程网络进度计划，计算相应的时间参数，并确定关键线路。

（2）计算单位时间的资金支出目标。根据单位时间（月、旬或周）拟完成的实物工程量、投入的资源数量，计算相应的资金支出额，并将其绘制在时标网络计划图中。

（3）计算规定时间内的累计资金支出额。若 q_n 为单位时间内的资金支出计划数额，t 为规定的计算时间，相应的累计资金支出数额 Q_t 可按公式（6-2）计算：

$$Q_t = \sum_{n=1}^{t} q_n \tag{6-2}$$

（4）绘制资金使用时间进度计划的 S 曲线。按规定的时间绘制资金使用与施工进度的 S 曲线。每一条 S 曲线都对应某一特定的工程进度计划。由于在工程网络进度计划的非关键线路中存在许多有时差的工作，因此，S 曲线（投资计划值曲线）必然包括在由全部工作均按最早开始时间（ES）开始和全部工作均按最迟开始时间（LS）开始的曲线所组成的"香蕉"图内，如图6-3所示。

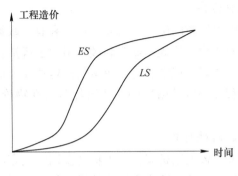

图 6-3 "香蕉"图

建设单位可以根据编制的投资支出预算来安排资金，同时也可以根据筹措的建设资金来调整 S 曲线，即通过调整非关键线路上工作的开始时间，力争将实际投资支出控制在计划范围内。

一般而言，所有工作都按最迟开始时间开始，对节约建设单位的建设资金贷款利息是有利的，但同时也降低了工程按期竣工的保证率。因此，必须合理地确定投资支出计划，达到既节约投资支出又保证工程按期完成的目的。

第三节 工程合同价款的调整

为合理分配发承包双方的合同价款变动风险，有效地控制工程造价，发承包双方应当在施工合同中明确约定合同价款的调整事项、调整方法及调整程序。

《建设工程工程量清单计价规范》（GB 50500—2013）将引起工程合同价款变动的事项大致划分为法规变化类、工程变更类、工程索赔类、物价变化类和其他类五大类，包括法律法规变化、工程变更、项目特征不符、工程量清单缺项、工程量偏差、计日工、物价变化、暂估价、不可抗力、提前竣工、误期赔偿、索赔、现场签证、暂列金额及其他 15 种具体事项。

每个事项的合同价款调整方法会有不同，但均遵循风险分担的基本原则，即哪一方最有能力控制该风险，风险就由哪一方承担；若是双方均不能控制的风险，则由发包人承担。

一、法规变化类合同价款调整事项

法规变化类主要是指因国家法律、法规、规章和政策等的变化而发生的变化。

（一）法规变化的风险界定

对于因法律、法规变化而引起的工程合同价款变动的风险，基于风险分担的可预见性原则，承包人在投标时不能预见的法律、法规的变动风险，应由发包人承担。

为了合理划分发承包双方的合同风险，施工合同中应当约定一个基准日，对于基准日之后发生的、作为一个有经验的承包人在招标投标阶段不可能合理预见的风险，应当由发包人承担。对于实行招标的建设工程，一般以施工招标文件中规定的提交投标文件截止时间前的第 28 天作为基准日；对于不实行招标的建设工程，一般以建设工程施工合同签订前的第 28 天作为基准日。

（二）合同价款的调整方法

施工合同履行期间，国家颁布的法律、法规、规章和有关政策在合同工程基准日之后发生变化，且因执行相应的法律、法规、规章和政策引起工程造价发生增减变化的，合同双方当事人应当依据法律、法规、规章和有关政策的规定调整合同价款。但是，如果有关价格（如人工、材料和工程设备等价格）的变化已经包含在物价波动事件调价公式中的，则不再予以考虑。

（三）工期延误期间的特殊处理

如果由于承包人的原因导致工期延误，在工程延误期间国家的法律、行政法规和相关政策发生变化引起工程造价变化的，造成合同价款增加的，合同价款不予调整；造成合同价款减少的，合同价款予以调整。

二、工程变更类合同价款调整事项

在工程项目实施过程中，由于其建设周期长，涉及的经济关系和法律关系复杂，受自然条件和客观因素影响大，导致工程项目合同履行中出现与招标时的情况相比会发生一些变化，如图纸修改、不可预见的事故发生、法律法规修订等。工程变更是指在施工合同履行过程中出现与合同中约定的内容不一致的情况，而需要改变原定施工承包范围内的某些工作内容，如设计变更、进度计划变更、材料代用、施工条件变化，以及原招标文件和工程量清单中未包括的新增工程等工程变更。

（一）工程变更

1. 工程变更的风险界定

工程变更是工程实施过程中由发包人或承包人提出，经发包人批准的工程项目工作内容、工作数量、质量要求、施工顺序与时间、施工条件、施工工艺或其他特征及合同条件等的改变。承包人虽有权提出变更，但不能擅自变更，必须得到发包人的批准。因此，工程变更的风险应完全由发包人承担。但工程变更指令发出后，承包人应当抓紧落实，如果承包人不能全面落实变更指令，则扩大的损失应当由承包人承担。

2. 工程变更的价款调整方法

（1）分部分项工程费的调整。工程变更引起已标价工程量清单项目或其工程数量发生变化时，应按照下列规定调整。

1）已标价工程量清单中有适用于变更工程项目的，且工程变更导致的该清单项目的工程数量变化不足 15% 时，采用该项目的单价。

2）已标价工程量清单中没有适用、但有类似于变更工程项目的，可在合理范围内参照类似项目的单。

3）已标价工程量清单中没有适用也没有类似于变更工程项目的，由承包人根据变更工程资料、计量规则和计价办法、工程造价管理机构发布的信息（参考）价格和承包人报价浮动率，提出变更工程项目的单价，报发包人确认后调整。承包人报价浮动率可按下列公式计算：

招标工程：

$$承包人报价浮动率(L) = (1 - 中标价 / 招标控制价) \times 100\%$$

非招标工程：

$$承包人报价浮动率(L) = (1 - 报价值 / 施工图预算) \times 100\%$$

注：上述公式中的中标价、招标控制价或报价值、施工图预算，均不含安全文明施工费。

4）已标价工程量清单中没有适用也没有类似于变更工程项目，且工程造价管理机构发布的信息（参考）价格缺价的，由承包人根据变更工程资料、计量规则、计价办法和通过市场调查等取得的有合法依据的市场价格提出变更工程项目的单价，报发包人确认后调整。

（2）措施项目费的调整。工程变更引起措施项目发生变化的，承包人提出调整措施项目费的，应事先将拟实施的方案提交发包人确认，并详细说明与原方案措施项目相比的变化情况。应按照下列规定调整措施项目费。

1）安全文明施工费，按照实际发生变化的措施项目调整，不得浮动。

2）采用单价计算的措施项目费，按照实际发生变化的措施项目，按前述分部分项工程费的调整方法确定单价。

3）按总价（或系数）计算的措施项目费，除安全文明施工费外，按照实际发生变化的措施项目调整，但应考虑承包人报价浮动因素，即调整金额按照实际调整金额乘以承包人报价浮动率（L）计算。

如果承包人未事先将拟实施的方案提交给发包人确认，则视为工程变更不引起措施项目费的调整或承包人放弃调整措施项目费的权利。

（3）删减工程或工作的补偿。如果发包人提出的工程变更，非因承包人原因删减了合同中的某项原定工作或工程，致使承包人发生的费用或（和）得到的收益不能被包括在其他已支付或应支付的项目中，也未被包含在任何替代的工作或工程中，则承包人有权提出并得到合理的费用及利润补偿。

（二）项目特征不符

1. 项目特征不符的风险界定

项目特征描述是确定综合单价的重要依据之一，承包人在投标报价时应依据发包人提供的招标工程量清单中的项目特征描述，确定其清单项目的综合单价。发包人在招标工程量清单中对项目特征的描述应被认为是准确的和全面的，并且与实际施工要求相符合。承包人应按照发包人提供的招标工程量清单，根据其项目特征描述的内容及有关要求实施合同工程，直到其被改变为止。因此，项目特征不符风险应由发包人承担。

2. 合同价款的调整方法

承包人应按照发包人提供的设计图纸实施合同工程，若在合同履行期间，出现设计图纸（含设计变更）与招标工程量清单中任一项目的特征描述不符，且该变化引起该项目的工程造价增减变化的，发承包双方应当按照实际施工的项目特征，重新确定相应工程量清单项目的综合单价，并调整合同价款。

（三）工程量清单缺项

1. 工程量清单缺项的风险界定

招标工程量清单必须作为招标文件的组成部分，其准确性和完整性由招标人负责。因此，招标工程量清单是否准确和完整，其责任应当由提供工程量清单的发包人负责，作为投标人的承包人不应承担因工程量清单的缺项、漏项以及计算错误带来的风险与损失。

2. 合同价款的调整方法

（1）分部分项工程费的调整。施工合同履行期间，由于招标工程量清单中分部分项工程出现缺项、漏项造成新增工程清单项目的，应按照工程变更事件中关于分部分项工程费的调整方法调整合同价款。

（2）措施项目费的调整。由于招标工程量清单中分部分项工程出现缺项、漏项引起措施项目发生变化的，应当按照工程变更事件中关于措施项目费的调整方法，在承包人提交的实施方案被发包人批准后，调整合同价款。若招标工程量清单中措施项目缺项，承包人应将新增措施项目实施方案提交发包人批准后，按照工程变更事件中的有关规定调整合同价款。

（四）工程量偏差

1. 工程量偏差的风险界定

工程量偏差是指承包人根据发包人提供的图纸（包括由承包人提供经发包人批准的图纸）进行施工，按照现行国家计量规范规定的工程量计算规则，计算得到的完成合同工程项目应予计量的工程量与相应的招标工程量清单项目列出的工程量之间出现的量差。工程量偏差风险由发包人承担。

2. 合同价款的调整方法

如果合同中没有约定或约定不明的，可以按以下原则办理。

（1）综合单价的调整原则。当应予计算的实际工程量与招标工程量清单出现偏差（包括因工程变更等原因导致的工程量偏差）超过15%时，对综合单价的调整原则为：当工程量增加15%以上时，其增加部分的工程量的综合单价应予调低；当工程量减少15%以上时，减少后剩余部分工程量的综合单价应予调高。

（2）措施项目费的调整。当应予计算的实际工程量与招标工程量清单出现偏差（包括因工程变更等原因导致的工程量偏差）超过15%，且该变化引起措施项目相应发生变化，如该措施项目是按系数或单一总价方式计价的，对措施项目费的调整原则为：工程量增加的，措施项目费调增；工程量减少的，措施项目费调减。

（五）计日工

1. 计日工风险界定

发包人通知承包人以计日工方式实施的零星工作，承包人应予执行。因此，计日工风险完全由发包人承担。

2. 合同价款的调整方法

任一计日工项目实施结束，承包人应按照确认的计日工现场签证报告核实该类项目的工程数量，并根据核实的工程数量和承包人已标价工程量清单中的计日工单价计算，提出应付价款；已标价工程量清单中没有该类计日工单价的，由发承包双方按工程变更的有关规定商定计日工单价计算。

每个支付期末，承包人应与进度款同期向发包人提交本期间所有计日工记录的签证汇总表，以说明本期间自己认为有权得到的计日工金额，通过调整合同价款，列入进度款支付。

三、物价变化类合同价款调整事项

物价变化类主要包括物价波动和暂估价事项。

（一）物价波动

施工合同履行期间，因人工、材料、工程设备和施工机械台班等价格波动影响合同价款时，发承包双方可以根据合同约定的调整方法对合同价款进行调整。因物价波动引起的合同价款调整方法有两种：一种是采用价格指数调整价格差额，另一种是采用造价信息调整价格差额。承包人采购材料和工程设备的，应在合同中约定主要材料、工程设备价格变化的范围或幅度，如没有约定，则材料、工程设备单价变化超过 5% 时，超过部分的价格按上述两种方法之一进行调整。

1. 价格指数调整价格差额

采用价格指数调整价格差额的方法，主要适用于施工中所用的材料品种较少，但每种材料使用量较大的土木工程，如公路、水坝等。

（1）价格调整公式。因人工、材料、工程设备和施工机械台班等价格波动影响合同价款时，可根据招标人提供的承包人主要材料和设备一览表，及投标人在投标函附录中的价格指数和权重表中约定的数据，按以下价格调整公式计算差额并调整合同价款：

$$\Delta P = P_0 \left[A + \left(B_1 \times \frac{F_{t1}}{F_{01}} + B_2 \times \frac{F_{t2}}{F_{02}} + B_3 \times \frac{F_{t3}}{F_{03}} + \cdots + B_n \times \frac{F_{tn}}{F_{0n}} \right) - 1 \right] \tag{6-3}$$

式中　　　　　　ΔP——需调整的价格差额；

P_0——约定的进度付款、竣工付款和最终结清等付款证书中承包人应得到的已完成工程量的金额；此项金额应不包括价格调整、不计质量保证金的扣留和支付、预付款的支付和扣回；变更及其他金额已按现行价格计价的，也不计在内；

A——定值权重（即不调部分的权重）；

B_1，B_2，B_3，$\cdots$，B_n——各可调因子的变值权重（即可调部分的权重），为各可调因子在投标函投标总报价中所占的比例；

F_{t1}，F_{t2}，F_{t3}，$\cdots$，F_{tn}——各可调因子的现行价格指数，指根据进度付款、竣工付款和最终结清等约定的付款证书相关周期最后一天的前 42 天的各可调因子的价格指数；

F_{01}，F_{02}，F_{03}，$\cdots$，F_{0n}——各可调因子的基本价格指数，指基准日的各可调因子的价格指数。

以上价格调整公式中的各可调因子、定值和变值权重，以及基本价格指数及其来源在投标函附录价格指数和权重表中约定。价格指数应首先采用工程造价管理机构提供的价格指数，缺乏上述价格指数时，可采用工程造价管理机构提供的价格代替。

（2）暂时确定调整差额。在计算调整差额时得不到现行价格指数的，可暂用上一次价格指数计算，并在以后的付款中再按实际价格指数进行调整。

（3）权重的调整。按变更范围和内容所约定的变更，导致原定合同中的权重不合理时，由承包人和发包人协商后进行调整。

（4）工期延误后的价格调整。由于发包人原因导致工期延误的，则对于计划进度日期

（或竣工日期）后续施工的工程，在使用价格调整公式时，应采用计划进度日期（或竣工日期）与实际进度日期（或竣工日期）的两个价格指数中较高者作为现行价格指数；由于承包人原因导致工期延误的，则对于计划进度日期（或竣工日期）后续施工的工程，在使用价格调整公式时，应采用计划进度日期（或竣工日期）与实际进度日期（或竣工日期）的两个价格指数中较低者作为现行价格指数。

2. 造价信息调整价格差额

采用造价信息调整价格差额的方法，主要适用于使用的材料品种较多，相对而言每种材料使用量较小的房屋建筑与装饰工程。

施工合同履行期间，因人工、材料、工程设备和施工机械台班价格波动影响合同价格时，人工、施工机具使用费按照国家或省、自治区、直辖市建设行政管理部门、行业建设管理部门或其授权的工程造价管理机构发布的人工成本信息、施工机械台班单价或施工机具使用费系数进行调整；需要进行价格调整的材料，其单价和采购数应由发包人复核，发包人确认需调整的材料单价及数量，作为调整合同价款差额的依据。

（1）人工单价的调整。人工单价发生变化时，发承包双方应按省级或行业建设主管部门或其授权的工程造价管理机构发布的人工成本文件调整合同价款。

（2）材料和工程设备价格的调整。材料、工程设备价格变化的价款调整，按照承包人提供的主要材料和工程设备一览表，根据发承包双方约定的风险范围，按以下规定进行调整。

1）如果承包人投标报价中材料单价低于基准单价，工程施工期间材料单价涨幅以基准单价为基础超过合同约定的风险幅度值时，或材料单价跌幅以投标报价为基础超过合同约定的风险幅度值时，其超过部分按实调整。

2）如果承包人投标报价中材料单价高于基准单价，工程施工期间材料单价跌幅以基准单价为基础，超过合同约定的风险幅度值时，或材料单价涨幅以投标报价为基础超过合同约定的风险幅度值时，其超过部分按实调整。

3）如果承包人投标报价中材料单价等于基准单价，工程施工期间材料单价涨、跌幅以基准单价为基础，超过合同约定的风险幅度值时，其超过部分按实调整。

4）承包人应当在采购材料前将采购数量和新的材料单价报发包人核对，确认用于本合同工程时，发包人应当确认采购材料的数量和单价。发包人在收到承包人报送的确认资料后 3 个工作日不予答复的，视为已经认可，作为调整合同价款的依据。如果承包人未报经发包人核对即自行采购材料，再报发包人确认调整合同价款的，如发包人不同意，则不做调整。

（3）施工机械台班单价或施工机具使用费的调整。施工机械台班单价或施工机具使用费发生变化超过省级或行业建设主管部门或其授权的工程造价管理机构规定的范围时，按其规定调整合同价款。

（二）暂估价

暂估价是指招标人在工程量清单中提供的用于支付必然发生但暂时不能确定价格的材料、工程设备的单价以及专业工程的金额。

1. 给定暂估价的材料、工程设备

（1）不属于依法必须招标的项目。发包人在招标工程量清单中给定暂估价的材料和工程设备不属于依法必须招标的，应由承包人按照合同约定采购，经发包人确认单价后以此为依据取代暂估价，调整合同价款。

（2）属于依法必须招标的项目。发包人在招标工程量清单中给定暂估价的材料和工程设备属于依法必须招标的，应由发承包双方以招标的方式选择供应商。依法确定中标价格后，以此为依据取代暂估价，调整合同价款。

2. 给定暂估价的专业工程

（1）不属于依法必须招标的项目。发包人在工程量清单中给定暂估价的专业工程不属于依法必须招标的，应按照前述工程变更事件的合同价款调整方法确定专业工程价款，并以此为依据取代专业工程暂估价，调整合同价款。

（2）属于依法必须招标的项目。发包人在招标工程量清单中给定暂估价的专业工程，依法必须招标的，应当由发承包双方依法组织招标选择专业分包人，并接受有管辖权的建设工程招标投标管理机构的监督，还应符合下列要求。

1）除合同另有约定外，承包人不参加投标的专业工程发包招标，应由承包人作为招标人，但拟定的招标文件、评标方法、评标结果应报送发包人批准。与组织招标工作有关的费用应当被认为已经包括在承包人的签约合同价（投标总报价）中。

2）承包人参加投标的专业工程发包招标，应由发包人作为招标人，与组织招标工作有关的费用由发包人承担。同等条件下，应优先选择承包人中标。

3）专业工程依法进行招标后，以中标价为依据取代专业工程暂估价，调整合同价款。

四、工程索赔类合同价款调整事项

工程索赔类主要包括不可抗力、提前竣工（赶工补偿）、误期赔偿、索赔等事项。

（一）不可抗力

1. 不可抗力的范围

不可抗力是指合同双方在合同履行中出现的不能预见、不能避免并不能克服的客观情况。不可抗力的范围一般包括因战争、敌对行动（无论是否宣战）、入侵、外敌行为、军事政变、恐怖主义、骚动、暴动、空中飞行物坠落或其他非合同双方当事人责任或原因造成的罢工、停工、爆炸、火灾等，以及当地气象、地震、卫生等部门规定的情形。

双方当事人应当在合同专用条款中明确约定不可抗力的范围以及具体的判断标准。如果合同专业条款中未明确，但经国家相关部门认定为不可抗力的，按不可抗力事件进行索赔。比如2020年2月，针对新型冠状病毒性肺炎疫情，住房和城乡建设部办公厅在《关于加强新冠肺炎疫情防控有序推动企业开复工工作的通知》中明确指出：疫情防控导致工期延误，属于合同约定的不可抗力情形。因疫情防控增加的防疫费用，可计入工程造价；因疫情造成的人工、建材价格上涨等成本，发承包双方要加强协商沟通，按照合同约定的调价方法调整合同价款。

2. 不可抗力的风险界定

（1）费用的分担原则。因不可抗力事件导致的人员伤亡、财产损失及其费用增加，发承包双方应按以下原则分别承担并调整合同价款和工期：

1）合同工程本身的损害、因工程损害导致第三方人员伤亡和财产损失以及运至施工场地用于施工的材料和待安装的设备的损害，由发包人承担；

2）发包人、承包人人员伤亡由其所在单位负责，并承担相应费用；

3）承包人的施工机械设备损坏及停工损失，由承包人承担；

4）停工期间，承包人应发包人要求留在施工场地的必要的管理人员及保卫人员的费用由发包人承担；

5）工程所需清理、修复费用，由发包人承担。

（2）工期的处理。因发生不可抗力事件导致工期延误的，工期相应顺延。发包人要求赶工的，承包人应采取赶工措施，赶工费用由发包人承担。

（二）提前竣工（赶工补偿）

发包人应当依据相关工程的工期定额合理计算工期，压缩的工期天数不得超过定额工期的20%，超过20%的应在招标文件中明示增加赶工费用。

发包人要求合同工程提前竣工，应征得承包人同意后与承包人商定采取加快工程进度的措施，并修订合同工程进度计划。发包人应承担承包人由此增加的提前竣工（赶工补偿）费用。

发承包双方应在合同中约定提前竣工每日历天应补偿额度，此项费用应作为增加合同价款列入竣工结算文件中，与结算款一并支付。

（三）误期赔偿

承包人未按照合同约定施工，导致实际进度迟于计划进度的，承包人应加快进度，实现合同工期。合同工程发生误期的，承包人应赔偿发包人由此造成的损失，并应按照合同约定向发包人支付误期赔偿费。即使承包人支付误期赔偿费，也不能免除承包人按照合同约定应承担的任何责任和应履行的任何义务。

发承包双方应在合同中约定误期赔偿费，并应明确每日历天应赔偿额度。误期赔偿费应列入竣工结算文件中，并应在结算款中扣除。

在工程竣工之前，合同工程内的某单项（位）工程已通过竣工验收，且该单项（位）工程接收证书中表明的竣工日期并未延误，而是合同工程的其他部分产生工期延误时，误期赔偿费应按照已颁发工程接收证书的单项（位）工程造价占合同价款的比例幅度予以扣减。

（四）索赔

1. 索赔的概念及分类

工程索赔是指在工程合同履行过程中，当事人一方由于非自身原因而遭受经济损失或工期延误，通过合同约定或法律规定应由对方承担责任，而向对方提出工期和（或）费用补偿要求的行为。

（1）根据索赔的合同当事人不同，可以将工程索赔分为承包人与发包人之间的索赔、总承包人和分包人之间的索赔。

（2）根据索赔的目的和要求不同，可以将工程索赔分为工期索赔、费用索赔。

（3）根据索赔事件的性质不同，可以将工程索赔分为工程延误索赔、加速施工索赔、工程变更索赔、合同终止的索赔、不可预见的不利条件索赔、不可抗力事件的索赔、其他索赔。

2. 索赔费用的计算

（1）索赔费用的组成。对于不同原因引起的索赔，承包人可索赔的具体费用内容是不完全一样的。但归纳起来，索赔费用的要素与工程造价的构成基本类似，一般可归结为人工费、材料费、施工机具使用费、现场管理费、总部（企业）管理费、保险费、保函手续费、利息、利润等。

1）人工费。人工费的索赔包括：由于完成合同之外的额外工作所花费的人工费用；超过法定工作时间加班劳动；法定人工费增长；因非承包商原因导致工效降低所增加的人工费用；因非承包商原因导致工程停工的人员窝工费和工资上涨费等。在计算停工损失中的人工费时，通常采取人工单价乘以折算系数计算。

2）材料费。材料费的索赔包括：由于索赔事件的发生造成材料实际用量超过计划用量而增加的材料费；由于发包人原因导致工程延期期间的材料价格上涨和超期储存费用。材料费中应包括运输费、仓储费以及合理的损耗费用。如果由于承包商管理不善，造成材料损坏失效，则不能列入索赔款项内。

3）施工机具使用费。施工机具使用费的索赔包括：由于完成合同之外的额外工作所增加的机具使用费；因非承包人原因导致工效降低所增加的机具使用费；由于发包人或工程师指令错误或迟延导致机械停工的台班停滞费。在计算机械设备台班停滞费时，不能按机械设备台班费计算，因为台班费中包括设备使用费。如果机械设备是承包人自有设备，一般按台班折旧费、人工费与其他费用之和计算；如果是承包人租赁的设备，一般按台班租金加上每台班分摊的施工机械进出场费计算。

4）现场管理费。现场管理费的索赔包括承包人完成合同之外的额外工作以及由于发包人原因导致工期延期期间的现场管理费，包括管理人员工资、办公费、通信费、交通费等。

现场管理费索赔金额的计算公式为：

$$现场管理费索赔金额 = 索赔的直接成本费用 \times 现场管理费率 \tag{6-4}$$

其中，现场管理费率的确定可以选用下面的方法：①合同百分比法，即管理费比率在合同中规定；②行业平均水平法，即采用公开认可的行业标准费率；③原始估价法，即采用投标报价时确定的费率；④历史数据法，即采用以往相似工程的管理费率。

5）总部（企业）管理费。总部管理费的索赔主要指的是由于发包人原因导致工程延期期间所增加的承包人向公司总部提交的管理费，包括总部职工工资、办公大楼折旧、办公用品、财务管理、通信设施以及总部领导人员赴工地检查指导工作等开支。总部管理费索赔金额的计算目前还没有统一的方法。通常可采用按总部管理费比率、按已获补偿的工程延期天数为基础的两种方法计算。

6）保险费。因发包人原因导致工程延期时，承包人必须办理工程保险、施工人员意外伤害保险等各项保险的延期手续，对于由此而增加的费用，承包人可以提出索赔。

7）保函手续费。因发包人原因导致工程延期时，承包人必须办理相关履约保函的延期手续，对于由此而增加的手续费，承包人可以提出索赔。

8）利息。利息的索赔包括：发包人拖延支付工程款的利息；发包人迟延退还工程质量保证金的利息；承包人垫资施工的垫资利息；发包人错误扣款的利息等。至于具体的利率标准，双方可以在合同中明确约定，没有约定或约定不明的，可以按照中国人民银行发布的同期同类贷款利率计算。

9）利润。一般来说，由于工程范围的变更、发包人提供的文件有缺陷或错误、发包人未能提供施工场地以及因发包人违约导致合同终止等事件引起的索赔，承包人都可以列入利润。比较特殊的是，根据《中华人民共和国标准施工招标文件》（2007年版）通用合同条款第11.3款的规定，对于因发包人原因暂停施工导致的工期延误，承包人有权要求发包人支付合理的利润。索赔利润的计算通常与原报价单中的利润百分率保持一致。但是应当注意的是，由于工程量清单中的单价是综合单价，已经包含了人工费、材料费、施工机具使用费、企业管理费、利润以及一定范围内的风险费用，在索赔计算中不应重复计算。

同时，由于一些引起索赔的事件同时也可能是合同中约定的合同价款调整因素（如工程变更、法律法规的变化以及物价波动等），因此，对于已经进行了合同价款调整的索赔事件，承包人在费用索赔计算时，不能重复计算。

（2）费用索赔的计算方法。索赔费用的计算应以赔偿实际损失为原则，包括直接损失和间接损失。索赔费用的计算方法通常有三种，即实际费用法、总费用法和修正的总费用法。

1）实际费用法。实际费用法又称分项法，即根据索赔事件所造成的损失或成本增加，按费用项目逐项进行分析、计算索赔金额的方法。这种方法比较复杂，但能客观反映施工单位的实际损失，比较合理，易于被当事人接受，在国际工程中被广泛采用。

由于索赔费用组成的多样化，不同原因引起的索赔，承包人可索赔的具体费用内容有所不同，必须具体问题具体分析。由于实际费用法所依据的是实际发生的成本记录或单据，所以，在施工过程中，系统而准确地积累记录资料是非常重要的。

2）总费用法。总费用法也被称为总成本法，是指当发生多次索赔事件后，重新计算工程的实际总费用，再从该实际总费用中减去投标报价时的估算总费用，即为索赔金额。

总费用法计算索赔金额的公式如下：

$$索赔金额 = 实际总费用 - 投标报价估算总费用 \tag{6-5}$$

但是，在总费用法的计算中，没有考虑实际总费用中可能包括由于承包商的原因（如施工组织不善）而增加的费用，投标报价估算总费用也可能因承包商为谋取中标而导致报价过低，因此，总费用法并不十分科学。只有在难以精确地确定某些索赔事件导致的各项费用的增加额时，才可以采用总费用法。

3）修正的总费用法。修正的总费用法是对总费用法的改进，即在总费用计算的原则上，去掉一些不合理的因素，使其更为合理。修正的内容如下：

①将计算索赔款的时段局限于受到索赔事件影响的时间，而不是整个施工期；

②只计算受到索赔事件影响时段内的某项工作所受影响的损失，而不是计算该时段内所有施工工作所受的损失；

③与该项工作无关的费用不列入总费用中；

④对投标报价费用重新进行核算，即按受影响时段内该项工作的实际单价进行核算，乘以实际完成的该项工作的工程量，得出调整后的报价费用。

按修正后的总费用计算索赔金额的公式如下：

$$索赔金额 = 某项工作调整后的实际总费用 - 该项工作的报价费用 \tag{6-6}$$

修正的总费用法与总费用法相比，有了实质性的改进，它的准确程度已接近于实际费用法。

【例6-1】某施工合同约定，施工现场主导施工机械一台，由施工企业租得，台班单价为300元/台班，租赁费为100元/台班，人工工资为40元/工日，窝工补贴为10元/工日，以人工费为基数的综合费率为35%，在施工过程中，发生了如下事件：（1）出现异常恶劣天气导致工程停工2天，人员窝工30个工日；（2）因恶劣天气导致场外道路中断，抢修道路用工20工日；（3）场外大面积停电，停工2天，人员窝工10工日。为此，施工企业可向业主索赔的费用为多少？

解：

各事件的处理结果如下。

（1）异常恶劣天气导致的停工通常不能进行费用索赔。

（2）抢修道路用工的索赔额：$20 \times 40 \times (1+35\%) = 1080$（元）

（3）停电导致的索赔额：$2 \times 100 + 10 \times 10 = 300$（元）

总索赔费用：$1080 + 300 = 1380$（元）

3. 工期索赔的计算

工期索赔一般是指承包人依据合同对由于非自身原因导致的工期延误向发包人提出的工期顺延要求。

（1）工期索赔中应当注意的问题。在工期索赔中特别应当注意以下问题。

1）划清施工进度拖延的责任。因承包人原因造成的施工进度滞后，属于不可原谅的延期；只有承包人不应承担任何责任的延误，才是可原谅的延期。有时工程延期的原因中可能包含有双方责任，此时监理人应进行详细分析，分清责任比例，只有可原谅延期部分才能批准顺延合同工期。可原谅延期，又可细分为可原谅并给予补偿费用的延期和可原谅但不给予补偿费用的延期；后者是指非承包人责任的影响并未导致施工成本的额外支出，大多属于发包人应承担风险责任事件的影响，如因异常恶劣气候条件影响的停工等。

2）被延误的工作应是处于施工进度计划关键线路上的施工内容。只有位于关键线路上的工作内容的滞后才会影响到竣工日期。但有时也应注意，既要看被延误的工作是否在批准进度计划的关键路线上，又要详细分析这一延误对后续工作的可能影响。因为若对非关键路线工作的影响时间较长，超过了该工作可用于自由支配的时间，也会导致进度计划中的非关键路线变为关键路线，其滞后将使总工期拖延。此时，应充分考虑该工作的自由时间，给予相应的工期顺延，并要求承包人修改施工进度计划。

（2）工期索赔的计算方法。

1）直接法。如果某干扰事件直接发生在关键线路上，造成总工期的延误，可以直接将该干扰事件的实际干扰时间（延误时间）作为工期索赔值。

2）比例计算法。如果某干扰事件仅仅影响某单项工程、单位工程或分部分项工程的工期，要分析其对总工期的影响，可以采用比例计算法。

①已知受干扰部分工程的延期时间：

工期索赔值 = 受干扰部分工期拖延时间 × 受干扰部分工程的合同价格 ÷ 原合同总价

(6-7)

②已知额外增加工程量的价格：

工期索赔值 = 原合同总工期 × 额外增加工程量的价格 ÷ 原合同总价　　(6-8)

比例计算法虽然简单方便，但有时不符合实际情况，而且比例计算法不适用于变更施工顺序、加速施工、删减工程量等事件的索赔。

3）网络图分析法。网络图分析法是利用进度计划网络图，分析其关键线路。如果延误的工作为关键工作，则延误的时间为索赔的工期；如果延误的工作为非关键工作，当该工作由于延误超过时差而成为关键工作时，可以索赔延误时间与时差的差值；若该工作延误后仍为非关键工作，则不存在工期索赔问题。

该方法通过分析干扰事件发生前和发生后网络计划的计算工期之差来计算工期索赔值，可以用于各种干扰事件和多种干扰事件共同作用所引起的工期索赔。

（3）共同延误的处理。在实际施工过程中，工期拖期很少是只由一方造成的，往往是由于两、三种原因同时发生（或相互作用）而形成的，故称为"共同延误"。在这种情况下，要具体分析哪一种原因的延误是有效的，应依据以下原则。

1）首先判断造成拖期的哪一种原因是最先发生的，即确定"初始延误者"，它应对工程拖期负责。在初始延误发生作用期间，其他并发的延误者不承担拖期责任。

2）如果初始延误者是发包人原因，则在发包人原因造成的延误期内，承包人既可得到工期延长，又可得到经济补偿。

3）如果初始延误者是客观原因，则在客观原因发生影响的延误期内，承包人可以得到工期延长，但很难得到费用补偿。

4）如果初始延误者是承包人原因，则在承包人原因造成的延误期内，承包人既不能得到工期补偿，也不能得到费用补偿。

五、其他类合同价款调整事项

其他类主要包括现场签证以及发承包双方约定的其他调整事项。现场签证是指发包人或其授权现场代表（包括工程监理人、工程造价咨询人）与承包人或其授权现场代表就施工过程中涉及的责任事件所做的签认证明。现场签证根据签证内容，有的可归于工程变更类，有的可归于索赔类，有的可能不涉及合同价款调整。

（一）现场签证的提出

承包人应发包人要求完成合同以外的零星项目、非承包人责任事件等工作的，发包人应及时以书面形式向承包人发出指令，提供所需的相关资料；承包人在收到指令后，应及时向发包人提出现场签证要求。

承包人在施工过程中，若发现合同工程内容因场地条件、地质水文、发包人要求等不一致时，应提供所需的相关资料，并提交发包人签证认可，作为合同价款调整的依据。

（二）现场签证的计算

（1）如果现场签证的工作已有相应的计日工单价，现场签证报告中应列明完成该签证工作所需的人工、材料、工程设备和施工机械台班的数量。

（2）如果现场签证的工作没有相应的计日工单价，应当在现场签证报告中列明完成该签证工作所需的人工、材料、工程设备和施工机械台班的数量及其单价。

现场签证工作完成后，承包人应按照现场签证内容计算价款，报送发包人确认后，作为增加合同价款，与进度款同期支付。

（三）现场签证的限制

合同工程发生现场签证事项，未经发包人签证确认，承包人便擅自实施相关工作的，除非征得发包人书面同意，否则发生的费用应由承包人承担。

第四节　工程价款的结算

一、工程价款的结算方式

我国现行工程价款结算根据不同情况可采取多种方式。

（1）按月结算。先预付工程备料款，在施工过程中实行旬末或月中预支，月终结算，竣工后清算的方法。

（2）竣工后一次结算。建设工程项目或单项工程全部建筑安装工程建设期在 12 个月以内，或工程承包合同价在 100 万元以下的，可实行工程价款每月月中预支、竣工后一次结算，即合同完成后，承包人与发包人进行合同价款结算，确认的工程价款为承发包双方结算的合同价款总额。

（3）分段结算。当年开工但当年不能竣工的单项工程或单位工程，按照工程形象进度划分为不同阶段进行结算。分段结算可以按月预支工程款。

（4）目标结款方式。在工程合同中，将承包工程的内容分解为不同的控制界面，以业主验收控制界面作为支付工程价款的前提条件。也就是说，将合同中的工程内容分解为不同的验收单元，当承包商完成单元工程内容并经业主（或其委托人）验收后，业主支付构成单元工程内容的工程价款。

（5）双方约定的其他结算方式。

二、工程预付款结算

工程预付款由发包人按照合同约定，在正式开工前由发包人预先支付给承包人，用于购买工程施工所需要的材料与组织施工机械和人员进场的价款。

（一）工程预付款的支付

1. 工程预付款的确定方法

工程预付款主要是保证施工所需材料和构件的正常储备，具体数值没有统一的规定，确定方法主要有百分比法和公式计算法，具体确定方法需要在合同中约定。

（1）百分比法。百分比法是指发包人根据工程的特点、工期长短、市场行情、供求规律等因素，招标时在合同条件中约定工程预付款的百分比。包工包料工程的预付款支付比例不得低于签约合同价（扣除暂列金额）的 10%，不宜高于签约合同价（扣除暂列金额）的 30%。

（2）公式计算法。公式计算法是指根据主要材料（包括预制构件）占年度承包工程总价的比重、材料储备定额天数和年度施工天数等因素，通过公式计算预付款额度的一种方法。

工程预付款数额 = ［年度工程总价 × 材料比例(%)/1 年度施工天数］× 材料储备定额天数

(6-9)

其中材料储备定额天数由当地材料供应的在途天数、加工天数、整理天数、供应间隔天数、保险天数等因素决定。

2. 工程预付款的支付流程

（1）承包人应在签订合同或向发包人提供与预付款等额的预付款保函后向发包人提交预付款支付申请。

（2）发包人应在收到支付申请的 7 天内进行核实，向承包人发出预付款支付证书，并在签发支付证书后的 7 天内向承包人支付预付款。

（3）发包人没有按合同约定按时支付预付款的，承包人可催告发包人支付；发包人在预付款期满后的 7 天内仍未支付的，承包人可在付款期满后的第 8 天起暂停施工。发包人应承担由此增加的费用和延误的工期，并应向承包人支付合理利润。

（二）工程预付款的抵扣

发包人支付给承包人的工程预付款属于预支性质，随着工程的逐步实施后，原已支付的预付款应以充抵工程价款的方式陆续扣回，抵扣方式应当由双方当事人在合同中明确约定。扣款的方法主要有按合同约定扣款和起扣点计算法两种。

1. 按合同约定扣款

预付款的扣款方法由发包人和承包人通过洽商后在合同中予以确定，一般是在承包人完成金额累计达到合同总价的一定比例后，由承包人开始向发包人还款，发包方从每次应付给承包人的金额中扣回工程预付款，发包人至少在合同规定的完工期前将工程预付款的总金额逐次扣回。

2. 起扣点计算法

预付款应从每一个支付期应支付给承包人的工程进度款中扣回，直到扣回的金额达到合同约定的预付款金额为止。

承包人预付款保函的担保金额根据预付款扣回的数额相应递减，但在预付款全部扣回之前一直保持有效。发包人应在预付款扣完后的 14 天内将预付款保函退还给承包人。工程预付款的起扣点计算公式为

$$T = P - M/N \qquad (6\text{-}10)$$

式中　T——起扣点（即工程预付款开始扣回时）的累计完成工程金额；

　　　P——承包工程合同总额；

　　　M——工程预付款总额；

　　　N——主要材料及构件所占比例。

三、工程进度款结算

（一）工程计量

所谓工程计量，就是发承包双方根据合同约定，对承包人完成合同工程的数量进行的计算和确认。具体地说，就是双方根据设计图纸、技术规范及施工合同约定的计量方式和计算方法，对承包人已经完成的质量合格的工程实体数量进行测量与计算，并以物理计量单位或自然计量单位进行表示、确认的过程。

招标工程量清单中所列的数量，通常是根据设计图纸计算的数量，是对合同工程的估计工程量。工程施工过程中，通常会由于一些原因导致承包人实际完成工程量与工程量清单中所列的工程量不一致，如招标工程量清单缺项、漏项或项目特征描述与实际不符，工

程变更，现场施工条件的变化，现场签证，暂列金额中的专业工程发包等。因此，在工程合同价款结算前，必须对承包人履行合同义务所完成的实际工程进行准确的计量。

（二）工程进度款的计算

工程进度款是指发包人在合同工程施工过程中，按照合同约定对付款周期内承包人完成的合同价款给予支付的款项，也是合同价款期中结算支付。发承包双方应按照合同约定的时间、程序和方法，根据工程计量结果办理期中价款结算、支付进度款。进度款支付周期应与合同约定的工程计量周期一致。

1. 已完工程的结算价款

已标价工程量清单中的单价项目，承包人应按工程计量确认的工程量与综合单价计算；综合单价发生调整的，以发承包双方确认调整的综合单价计算进度款。

已标价工程量清单中的总价项目，承包人应按合同中约定的进度款支付分解，分别列入进度款支付申请中的安全文明施工费和本周期应支付的总价项目的金额中。

2. 结算价款的调整

承包人现场签证和得到发包人确认的索赔金额应列入本周期应增加的金额中。由发包人提供的材料、工程设备金额，应按照发包人签约提供的单价和数量从进度款支付中扣除，列入本周期应扣减的金额中。

（三）工程进度款的支付

1. 工程进度款支付比例

工程进度款的支付比例应在合同中约定，按工程进度款总额计，不低于60%，不高于90%。

2. 工程进度款支付申请

承包人应在每个计量周期到期后的 7 天内向发包人提交已完工程进度款支付申请，详细说明此周期认为有权得到的款额，包括分包人已完工程的价款。支付申请的内容如下。

（1）累计已完成的合同价款。

（2）累计已实际支付的合同价款。

（3）本周期合计完成的合同价款，其中包括：1）本周期已完成单价项目的金额；2）本周期应支付的总价项目的金额；3）本周期已完成的计日工价款；4）本周期应支付的安全文明施工费；5）本周期应增加的金额。

（4）本周期合计应扣减的金额，其中包括：1）本周期应扣回的预付款；2）本周期应扣减的金额。

（5）本周期实际应支付的合同价款。

3. 工程进度款支付流程

发包人应在收到承包人进度款支付申请后的 14 天内，根据计量结果和合同约定对申请内容予以核实，确认后向承包人出具进度款支付证书。若发承包双方对部分清单项目的计量结果出现争议，发包人应对无争议部分的工程计量结果向承包人出具进度款支付证书。

发包人应在签发进度款支付证书后的 14 天内，按照支付证书列明的金额向承包人支付进度款。若发包人逾期未签发进度款支付证书，则视为承包人提交的进度款支付申请已被发包人认可，承包人可向发包人发出催告付款的通知。发包人应在收到通知后的 14 天内按照承包人支付申请的金额向承包人支付进度款。发包人未按照规范的规定支付进度款的，承包人可催告发包人支付，并有权获得延迟支付的利息；发包人在付款期满后的 7 天内仍未支付的，承包人可在付款期满后的第 8 天起暂停施工。发包人应承担由此增加的费用和延误的工期，向承包人支付合理利润，并应承担违约责任。

发现已签发的任何支付证书有错、漏或重复的数额，发包人有权予以修正，承包人也有权提出修正申请。经发承包双方复核同意修正的，应在本次到期的进度款中支付或扣除。

工程款支付申请表标准格式见表 6-2。

表 6-2　工程款支付申请（核准）表

工程名称：	标段：	编号：

致：＿＿＿＿＿＿＿＿＿＿（发包人全称）

　　我方于＿＿＿＿至＿＿＿＿期间已完成了＿＿＿＿工作，根据施工合同的约定，现申请支付本期的工程款额为（大写）＿＿＿＿元，（小写）＿＿＿＿元，请予核准。

　　　　承包人（章）＿＿＿＿

　　　　承包人代表（签字）＿＿＿＿

　　　　　　　　　　　　　　　日期：

复核意见：	复核意见：
□与实际施工情况不相符，修改意见见附件。 □与实际施工情况相符，具体金额由造价工程师复核。 监理工程师： 日期：	你方提出的支付申请经复核，本期间已完工程款（大写）＿＿＿＿元，（小写）＿＿＿＿元，本期间应支付金额为（大写）：＿＿＿＿元，（小写）＿＿＿＿元。 造价工程师： 日期：

审核意见：

□不同意。

□同意，支付时间为本次签发后的　天内。

　　　　　　　　发包人（章）＿＿＿＿

　　　　　　　　发包人代表（签字）＿＿＿＿

　　　　　　　　日期：

4. 质量保证金的支付

住房和城乡建设部、财政部发布的《建设工程质量保证金管理办法》（建质〔2017〕138 号）规定，建设工程质量保证金是指发包人与承包人在建设工程承包合同中约定，从应付的工程款中预留，用以保证承包人在缺陷责任期内对建设工程出现的缺陷进行维修的资金。

缺陷是指建设工程质量不符合工程建设强制性标准、设计文件，以及承包合同的约定。缺陷责任期一般为 1 年，最长不超过 2 年，由发承包双方在合同中约定。

发包人应当在招标文件、合同中明确保证金预留、返还等内容，并与承包人在合同条款中对涉及保证金的事项要进行约定，约定内容如下：

（1）保证金预留、返还方式；

（2）保证金预留比例、期限；

（3）保证金是否计付利息，如计付利息、利息的计算方式；

（4）缺陷责任期的期限及计算方式；

（5）保证金预留、返还及工程维修质量、费用等争议的处理程序；

（6）缺陷责任期内出现缺陷的索赔方式；

（7）逾期返还保证金的违约金支付办法及违约责任。

住房和城乡建设部、财政部《关于印发建设工程质量保证金管理办法的通知》规定，发包人应按照合同约定方式预留保证金，保证金总预留比例不得高于工程价款结算总额的 3%。合同约定由承包人以银行保函替代预留保证金的，保函金额不得高于工程价款结算总额的 3%。发包人应按照合同约定的质量保证金比例从结算款中预留质量保证金。承包人未按照合同约定履行属于自身责任的工程缺陷修复义务的，发包人有权从质量保证金中扣除用于缺陷修复的各项支出。经查验，工程缺陷属于发包人原因造成的，应由发包人承担查验和缺陷修复的费用。在合同约定的缺陷责任期终止后，发包人应按照规范的规定，将剩余的质量保证金返还给承包人。

【例 6-2】某建筑安装工程施工合同，合同总价 6000 万元，合同工期为 6 个月，签订合同日期为 1 月初，从当年 2 月开始施工。合同规定：

（1）预付款按合同价 20%支付，支付预付款及进度款累计达总合同价 40%的当月起开始抵扣，在以后各月平均扣回；

（2）工程保修金按原合同价的 5%扣留，从第一个月开始按实际结算工程款的 10%扣留，扣完为止；

（3）该工程实际完成产值见表 6-3。

表 6-3　实际完成产值表　　　　　　　　　　　　　　　（万元）

月份	2	3	4	5	6	7
实际产值	1000	1200	1200	1200	800	600

试计算预付款、各月应签发的工程款。

解：

（1）预付款，$6000 \times 20\% = 1200$（万元）。

（2）起扣点，$6000 \times 40\% = 2400$（万元）。

（3）保修金，$6000 \times 5\% = 300$（万元）。

（4）各月应签发付款凭证的进度款：

2 月，$1000 \times 0.9 = 900$（万元）（扣 10%保修金 100 万元）；

3 月，$1200 \times 0.9 = 1080$（万元）（保修金 120 万元）；

下月开始抵扣预付款,每月扣 1200/4＝300(万元)。

4 月累计完成 3400 万元,开始扣预付款:

4 月,1200－300－80＝820(万元)(保修金 80 万元);

5 月,1200－300＝900(万元);

6 月,800－300＝500(万元);

7 月,600－300＝300(万元)。

四、工程竣工结算

竣工结算是指承包人按照合同规定全部完成所承包的工程,经验收质量合格,并符合合同要求之后,与发包人进行的最终工程价款结算。工程完工后,发承包双方应在合同约定时间内办理工程竣工结算。工程竣工结算由承包人或受其委托具有相应资质的工程造价咨询人编制,由发包人或受其委托具有相应资质的工程造价咨询人核对。

(一)竣工结算的依据

工程竣工结算由承包人或受其委托具有相应资质的工程造价咨询机构编制,由发包人或受其委托具有相应资质的工程造价咨询机构核对。工程竣工结算编制的主要依据有:

(1)《建设工程工程量清单计价规范》(GB 50500—2013);

(2)施工合同;

(3)工程竣工图纸及资料;

(4)双方确认的工程量;

(5)双方确认追加(减)的工程价款;

(6)双方确认的索赔、现场签证事项及价款;

(7)投标文件;

(8)招标文件;

(9)其他依据。

(二)竣工结算价的确定

在采用工程量清单计价模式下,竣工结算的内容应包括工程量清单计价表所包含的各项费用内容。

(1)分部分项工程费应依据双方确认的工程量、合同约定的综合单价计算;如发生调整的,以发承包双方确认调整的综合单价计算。

(2)措施项目费应依据合同约定的项目和金额计算,如发生调整,以发承包双方确认调整的金额计算。

(3)其他项目费应按下列规定计算。

1)计日工应按发包人实际签证确认的事项计算。

2)暂估价中的材料单价应按发承包双方最终确认价在综合单价中调整;专业工程暂估价应按中标价或发包人、承包人与分包人最终确认价计算。

3)总承包服务费应依据合同约定的金额计算,如发生调整,以发承包双方确认调整的金额计算。

4)索赔费用应依据发承包双方确认的索赔事项和金额计算。

5)现场签证费用应依据发承包双方签证资料确认的金额计算。

6）暂列金额应减去工程价款调整与索赔、现场签证金额计算，如有余额归发包人。

7）规费和税金应按规定计算。

（三）竣工结算的程序

（1）承包人递交竣工结算书。承包人应在合同约定时间内编制完成竣工结算书，并在提交竣工验收报告的同时递交给发包人。承包人未在合同约定时间内递交竣工结算书，经发包人催促后仍未提供或没有明确答复的，发包人可以根据已有资料办理结算。

（2）发包人进行核对。发包人在收到承包人递交的竣工结算书后，应按合同约定时间核对。同一工程竣工结算核对完成，发承包双方签字确认后，禁止发包人又要求承包人与另一个或多个工程造价咨询人重复核对竣工结算。发包人或受其委托的工程造价咨询人收到承包人递交的竣工结算书后，在合同约定时间内，不核对竣工结算或未提出核对意见的，视为承包人递交的竣工结算书已经认可，发包人应向承包人支付工程结算价款。承包人在接到发包人提出的核对意见后，在合同约定时间内，不确认也未提出异议的，视为发包人提出的核对意见已经认可，竣工结算办理完毕。发包人应对承包人递交的竣工结算书签收，拒不签收的，承包人可以不交付竣工工程。承包人未在合同约定时间内递交竣工结算书的，发包人要求交付竣工工程，承包人应当交付。

竣工结算办理完毕，发包人应将竣工结算书报送工程所在地工程造价管理机构备案。竣工结算书作为工程竣工验收备案、交付使用的必备文件。

（3）工程竣工结算价款的支付。竣工结算办理完毕，发包人应根据确认的竣工结算书在合同约定时间内向承包人支付工程竣工结算价款。发包人未在合同约定时间内向承包人支付工程结算价款的，承包人可催告发包人支付结算价款。如达成延期支付协议的，发包人应按同期银行同类贷款利率支付拖欠工程价款的利息。如未达成延期支付协议，承包人可以与发包人协商将该工程折价，或申请人民法院将该工程依法拍卖，承包人就该工程折价或者拍卖的价款优先受偿。

办理竣工结算工程价款的一般公式为

$$竣工结算工程价款 = 合同价款 + 施工过程中合同价款调整数额 -$$
$$预付及已结算工程价款 - 质量保修金 \qquad (6\text{-}11)$$

（四）终结清算

缺陷责任期终止后，承包人应按照合同约定向发包人提交终结清算支付申请。发包人对终结清算支付申请有异议的，有权要求承包人进行修正和提供补充资料。承包人修正后，应再次向发包人提交修正后的终结清算支付申请。

发包人应在收到终结清算支付申请后的 14 天内予以核实，并应向承包人签发终结清算支付证书。

发包人应在签发终结清算支付证书后的 14 天内，按照终结清算支付证书列明的金额向承包人支付终结清算款。

发包人未在约定的时间内核实，又未提出具体意见的，应视为承包人提交的终结清算支付申请已被发包人认可。

发包人未按期终结清算支付的，承包人可催告发包人支付，并有权获得延迟支付的利息。

终结清算时，承包人被预留的质量保证金不足以抵减发包人工程缺陷修复费用的，承包人应承担不足部分的补偿责任。承包人对发包人支付的终结清算款有异议的，应按照合同约定的争议解决方式处理。

（五）合同解除的价款结算与支付

发承包双方协商一致解除合同的，按照达成的协议办理结算和支付合同价款。

1. 不可抗力解除合同情形

由于不可抗力解除合同的，发包人除应向承包人支付合同解除之日前已完成工程但尚未支付的合同价款外，还应支付下列金额：

（1）合同中约定应由发包人承担的费用；

（2）已实施或部分实施的措施项目应付价款；

（3）承包人为合同工程合理订购且已交付的材料和工程设备货款，发包人一经支付此项货款，该材料和工程设备即成为发包人的财产；

（4）承包人撤离现场所需的合理费用，包括员工遣送费和临时工程拆除、施工设备运离现场的费用；

（5）承包人为完成合同工程而预期开支的任何合理费用，且该项费用未包括在本款其他各项支付之内。

发承包双方办理结算合同价款时，应扣除合同解除之日前发包人应向承包人收回的价款。当发包人应扣除的金额超过了应支付的金额，则承包人应在合同解除后的规定时间内将其差额退还给发包人。

2. 违约解除合同情形

（1）承包人违约。因承包人违约解除合同的，发包人应暂停向承包人支付任何价款。发包人应在合同解除后规定时间内核实合同解除时承包人已完成的全部合同价款以及按施工进度计划已运至现场的材料和工程设备货款，按合同约定核算承包人应支付的违约金以及造成损失的索赔金额，并将结果通知承包人。发承包双方应在规定时间内予以确认或提出意见，并办理结算合同价款。如果发包人应扣除的金额超过了应支付的金额，则承包人应在合同解除后的规定时间内将其差额退还给发包人。发承包双方不能就解除合同后的结算达成一致的，按照合同约定的争议解决方式处理。

（2）发包人违约。因发包人违约解除合同的，发包人除应按照有关不可抗力解除合同的规定向承包人支付各项价款外，还需按合同约定核算发包人应支付的违约金以及给承包人造成损失或损害的索赔金额费用。该笔费用应由承包人提出，发包人核实后应与承包人协商在确定后的规定时间内向承包人签发支付证书。协商不能达成一致的，按照合同约定的争议解决方式处理。

五、合同价款纠纷的处理

建设工程合同价款纠纷是指发承包双方在建设工程合同价款的约定、调整以及结算等过程中所发生的争议。

建设工程合同价款纠纷的解决途径主要有四种，即和解、调解、仲裁和诉讼。建设工程合同发生纠纷后，当事人可以通过和解或者调解解决合同争议。当事人不愿和解、调解或者和解、调解不成的，可以根据仲裁协议向仲裁机构申请仲裁。当事人没有订立仲裁协议或者仲裁协议无效的，可以向人民法院起诉。当事人应当履行发生法律效力的法院判决或裁定、仲裁裁决、法院或仲裁调解书，拒不履行的，对方当事人可以请求人民法院执行。

（一）和解

和解是指当事人在自愿互谅的基础上，就已经发生的争议进行协商并达成协议，自行解决争议的一种方式。发生合同争议时，当事人应首先考虑通过和解解决争议。合同争议和解的解决方式简便易行，能经济、及时地解决纠纷，同时有利于维护合同双方的友好合作关系，使合同能更好地得到履行。双方可以通过以下方式进行和解。

（1）协商和解。合同价款争议发生后，发承包双方任何时候都可以进行协商。协商达成一致的，双方应签订书面和解协议，和解协议对发承包双方均有约束力。如果协商不能达成一致协议，发包人或承包人都可以按合同约定的其他方式解决争议。

（2）监理或造价工程师暂定。若发包人和承包人之间就工程质量、进度、价款支付与扣除、工期延期、索赔、价款调整等发生任何法律上、经济上或技术上的争议，首先应根据已签约合同的规定，提交合同约定职责范围的总监理工程师或造价工程师解决，并应抄送另一方。

发承包双方对暂定结果认可的，应以书面形式予以确认，暂定结果成为最终决定。发承包双方或一方不同意暂定结果的，应以书面形式向总监理工程师或造价工程师提出，说明自己认为正确的结果，同时抄送另一方，此时该暂定结果成为争议。在暂定结果对发承包双方当事人履约不产生实质影响的前提下，发承包双方应实施该结果，直到按照发承包双方认可的争议解决办法被改变为止。

（二）调解

调解是指双方当事人以外的第三人应纠纷当事人的请求，依据法律规定或合同约定，对双方当事人进行疏导、劝说，促使他们互相谅解、自愿达成协议解决纠纷的一种途径。双方可以通过以下方式进行调解。

（1）管理机构的解释或认定。合同价款争议发生后，发承包双方可就工程计价依据的争议以书面形式提请工程造价管理机构对争议以书面文件进行解释或认定。工程造价管理机构应在收到申请的10个工作日内就发承包双方提请的争议问题进行解释或认定。

发承包双方或一方在收到工程造价管理机构书面解释或认定后仍可按照合同约定的争议解决方式提请仲裁或诉讼。除工程造价管理机构的上级管理部门做出了不同的解释或认定，或在仲裁裁决或法院判决中不予采信的外，工程造价管理机构做出的书面解释或认定应为最终结果，并应对发承包双方均有约束力。

（2）双方约定争议调解人进行调解。通常按照以下程序进行。

1）约定调解人。发承包双方应在合同中约定或在合同签订后共同约定争议调解人，负责双方在合同履行过程中发生争议的调解。合同履行期间，发承包双方可以协议调换或终止任何调解人，但发包人或承包人都不能单独采取行动。除非双方另有协议，在最终结清支付证书生效后，调解人的任期即终止。

2）争议的提交。如果发承包双方发生了争议，任何一方可以将该争议以书面形式提交调解人，并将副本抄送另一方，委托调解人调解。发承包双方应按照调解人提出的要求给调解人提供所需要的资料、现场进入权及相应设施。调解人应被视为不是在进行仲裁人的工作。

3）进行调解。调解人应在收到调解委托后规定时间内提出调解书，发承包双方接受调解书的，经双方签字后作为合同的补充文件，对发承包双方均具有约束力，双方都应立即遵照执行。

4）调解异议。如果发承包任一方对调解人的调解书有异议，应在收到调解书后规定时间内向另一方发出异议通知，并说明争议的事项和理由。但除非并直到调解书在协商和解或仲裁裁决、诉讼判决中做出修改，或合同已经解除，承包人应继续按照合同实施工程。

如果调解不能达成一致协议，发承包双方可以按合同约定的其他方式解决争议。

（三）仲裁

仲裁是当事人根据在纠纷发生前或纠纷发生后达成的仲裁协议，自愿将纠纷提交仲裁机构做出裁决的一种纠纷解决方式。

（1）仲裁协议。有效的仲裁协议是申请仲裁的前提，没有仲裁协议或仲裁协议无效的，当事人就不能提请仲裁机构仲裁，仲裁机构也不能受理。仲裁协议应包括请求仲裁的意思表示、仲裁事项、选定的仲裁委员会等内容。

（2）仲裁执行。仲裁裁决做出后，当事人应当履行裁决。一方当事人不履行的，另一方当事人可以向被执行人所在地或者被执行财产所在地的中级人民法院申请执行。

仲裁可在竣工之前或之后进行，但发包人、承包人、调解人各自的义务不得因在工程实施期间进行仲裁而有所改变。当仲裁是在仲裁机构要求停止施工的情况下进行时，承包人应对合同工程采取保护措施，由此增加的费用由败诉方承担。

若双方通过和解或调解形成的有关暂定或和解协议或调解书已经有约束力的情况下，当发承包中一方未能遵守暂定或和解协议或调解书时，另一方可在不损害他可能具有的任何其他权利的情况下，将未能遵守暂定或不执行和解协议或调解书达成的事项提交仲裁。

（四）诉讼

民事诉讼是指当事人请求人民法院行使审判权，通过审理争议事项并作出具有强制执行效力的裁判，从而解决民事纠纷的一种方式。

发承包双方在履行合同时发生争议，双方当事人不愿和解、调解或者和解、调解未能达成一致意见，又没有达成仲裁协议或者仲裁协议无效的，可依法向人民法院提起诉讼。

第五节　工程费用的动态监控

无论是建设单位及其委托的咨询单位，还是施工单位，均需要在工程施工过程中进行实际费用（实际投资或成本）与计划费用（计划投资或成本）的动态比较，分析费用偏差产生的原因，并采取有效措施控制费用偏差。

一、费用偏差及其表示方法

费用偏差是指工程项目投资或成本的实际值与计划值之间的差额。进度偏差与费用偏差密切相关，如果不考虑进度偏差，就不能正确反映费用偏差的实际情况，因此，有必要引入进度偏差的概念。对费用偏差和进度偏差的分析可以利用拟完工程计划费用（Budget Cost of Work Scheduled，$BCWS$）、已完工程实际费用（Actual Cost of Work Performed，$ACWP$）、已完工程计划费用（Budget Cost of Work Performed，$BCWP$）三个参数完成，通过三个参数间的差额（或比值）测算相关费用偏差指标值，并进一步分析偏差产生的原因，从而采取措施纠正偏差。费用偏差分析方法既可以用于业主方的投资偏差分析，也可以用于施工承包单位的成本偏差分析。

（一）偏差表示方法

1. 费用偏差（Cost Variance，CV）

费用偏差(CV) = 已完工程计划费用($BCWP$) - 已完工程实际费用($ACWP$)

$$(6\text{-}12)$$

其中：

已完工程计划费用($BCWP$) = $\sum$ 已完工程量(实际工程量) × 计划单价 　(6-13)

已完工程实际费用($ACWP$) = $\sum$ 已完工程量(实际工程量) × 实际单价 　(6-14)

当 $CV>0$ 时，说明工程费用节约；当 $CV<0$ 时，说明工程费用超支。

2. 进度偏差（Schedule Variance，SV）

进度偏差(SV) = 已完工程计划费用($BCWP$) - 拟完工程计划费用($BCWS$)　(6-15)

其中：

拟完工程计划费用($BCWS$) = $\sum$ 拟完工程量(计划工程量) × 计划单价 　(6-16)

当 $SV>0$ 时，说明工程进度超前；当 $SV<0$ 时，说明工程进度拖后。

【例 6-3】某工程施工至 2012 年 9 月底，经统计分析得：已完工程计划费用为 1500 万元，已完工程实际费用为 1800 万元，拟完工程计划费用为 1600 万元，则该工程此时的费用偏差和进度偏差各为多少？

解：

（1）费用偏差：1500-1800=-300（万元）

说明工程费用超支 300 万元。

（2）进度偏差：1500-1600=-100（万元）

说明工程进度拖后 100 万元。

（二）偏差参数

1. 局部偏差和累计偏差

局部偏差有两层含义：一是对于整个工程项目而言，指各单项工程、单位工程和分部分项工程的偏差；二是相对于工程项目实施的时间而言，指每一控制周期所发生的偏差。累计偏差是指在工程项目已经实施的时间内累计发生的偏差。累计偏差是一个动态的概念，其数值总是与具体时间联系在一起，第一个累计偏差在数值上等于局部偏差，最终的累计偏差就是整个工程项目的偏差。

在进行费用偏差分析时，对局部偏差和累计偏差都要进行分析。在每一控制周期内，发生局部偏差的工程内容及原因一般都比较明确，分析结果比较可靠；而累计偏差所涉及的工程内容较多、范围较大，且原因也较复杂。因此，累计偏差的分析必须以局部偏差分析为基础。但是，累计偏差分析并不是对局部偏差分析的简单汇总，需要对局部偏差的分析结果进行综合分析，其结果更能显示代表性和规律性，对费用控制工作在较大范围内具有指导作用。

2. 绝对偏差与相对偏差

绝对偏差是指实际值与计划值比较所得到的差额。相对偏差则是指偏差的相对数或比例数，通常是用绝对偏差与费用计划值的比值来表示：

$$费用相对偏差 = \frac{绝对偏差}{费用计划值} = \frac{费用计划值 - 费用实际值}{费用计划值} \quad (6\text{-}17)$$

与绝对偏差一样，相对偏差可正可负，且两者符号相同。正值表示费用节约，负值表示费用超支。两者都只涉及费用的计划值和实际值，既不受工程项目层次的限制，也不受工程项目实施时间的限制，因而在各种费用比较中均可采用。

3. 绩效指数

(1) 费用绩效指数 (Cost Performance Index，CPI)：

$$费用绩效指数(CPI) = \frac{已完工程计划费用(BCWP)}{已完工程实际费用(ACWP)} \quad (6\text{-}18)$$

$CPI>1$，表示实际费用节约；$CPI<1$，表示实际费用超支。

(2) 进度绩效指数 (Schedule Performance Index，SPI)：

$$进度绩效指数(SPI) = \frac{已完工程计划费用(BCWP)}{拟完工程计划费用(BCWS)} \quad (6\text{-}19)$$

$SPI>1$，表示实际进度超前；$SPI<1$，表示实际进度拖后。

这里的绩效指数是相对值，既可用于工程项目内部的偏差分析，也可用于不同工程项目之间的偏差比较，而前述的偏差（费用偏差和进度偏差）主要适用于工程项目内部的偏差分析。

二、常用偏差分析方法

常用偏差分析方法有横道图法、时标网络图法、表格法和曲线法。

（一）横道图法

应用横道图法进行费用偏差分析，是用不同的横道线标识已完工程计划费用、拟完工程计划费用和已完工程实际费用，横道线的长度与其数值成正比，然后再根据上述数据分析费用偏差和进度偏差。

横道图法具有简单、直观的优点，便于掌握工程费用的全貌。但这种方法反映的信息量少，因而其应用具有一定的局限性。

（二）时标网络图法

应用时标网络图法进行费用偏差分析，是根据时标网络图得到每一时间段拟完工程计划费用，然后根据实际工作完成情况测得已完工程实际费用，并通过分析时标网络图中的实际进度前锋线得出每一时间段已完工程计划费用，这样即可分析费用偏差和进度偏差。

实际进度前锋线表示整个工程项目目前实际完成的工作情况，将某一确定时点下时标网络图中各项工作的实际进度点相连就可得到实际进度前锋线。

时标网络图法具有简单、直观的优点，可用来反映累计偏差和局部偏差，但实际进度前锋线的绘制需要有工程网络计划为基础。

（三）表格法

表格法是一种进行偏差分析的常用方法。应用表格法分析偏差，是将项目编号、名称、各个费用参数及费用偏差值等综合纳入一张表格中，并且直接在表格中进行偏差的比较分析。例如，某基础工程在一周内的费用偏差和进度偏差分析见表6-4。

表 6-4 费用偏差和进度偏差分析表

项目编码		021		022		023	
项目名称		土方开挖工程		打桩工程		混凝土基础工程	
费用及偏差	代码或计算式	单位	数量	单位	数量	单位	数量
计划单价	(1)	元/m³	6	元/m	8	元/m³	10
拟完工程量	(2)	m³	500	m	80	m³	200
拟完工程计划费用	(3)=(1)×(2)	元	3000	元	640	元	2000
已完工程量	(4)	m³	600	m	90	m³	180
已完工程计划费用	(5)=(1)×(4)	元	3600	元	720	元	1800
实际单价	(6)	元/m³	7	元/m	7	元/m³	9
已完工程实际费用	(7)=(4)×(6)	元	4200	元	630	元	1620
费用偏差	(8)=(5)-(7)	元	-600	元	90	元	180
费用绩效指数	(9)=(5)/(7)	—	0.857	—	1.143	—	1.111
进度偏差	(10)=(5)-(3)	元	600	元	80	元	-200
进度绩效指数	(11)=(5)/(3)	—	1.2	—	1.125	—	0.9

由于各偏差参数都在表中列出，使投资管理者能够综合地了解并处理这些数据。应用表格法进行偏差分析具有如下优点：灵活、适用性强，可根据实际需要设计表格；信息量大，可反映偏差分析所需的资料，从而有利于工程造价管理人员及时采取针对措施，加强控制；表格处理可借助于电子计算机，从而节约大量人力，并提高数据处理速度。

（四）曲线法

曲线法是用费用累计曲线（S曲线）来分析费用偏差和进度偏差的一种方法。用曲线法进行偏差分析时，通常有3条曲线，即已完工程实际费用曲线 a、已完工程计划费用曲线 b 和拟完工程计划费用曲线 p，如图6-4所示。图中曲线 a 和曲线 b 的竖向距离表示费用偏差，曲线 b 和曲线 p 的水平距离表示进度偏差。

图6-4反映的偏差为累计偏差。用曲线法进行偏差分析同样具有形象、直观的特点，但这种方法很难用于局部偏差分析。

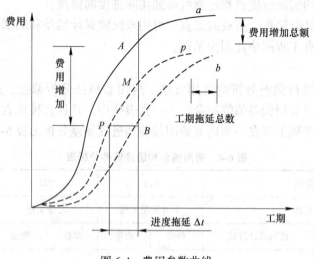

图 6-4　费用参数曲线

三、偏差分析及控制措施

（一）引起偏差的原因

偏差分析的一个重要目的就是要找出引起偏差的原因，从而采取有针对性的措施，减少或避免相同原因再次发生。一般来说，产生费用偏差的原因包括以下四方面。

（1）客观原因。客观原因包括人工费涨价、材料涨价、设备涨价、利率及汇率变化、自然因素、地基因素、交通原因、社会原因、法规变化等。

（2）建设单位原因。建设单位原因包括增加工程内容、投资规划不当、组织不落实、建设手续不健全、未按时付款、协调出现问题等。

（3）设计原因。设计原因包括设计错误或漏项、设计标准变更、设计保守、图纸提供不及时、结构变更等。

（4）施工原因。施工原因包括施工组织设计不合理、质量事故、进度安排不当、施工技术措施不当、与外单位关系协调不当等。

从偏差产生原因的角度分析，由于客观原因是无法避免的，施工原因造成的损失由施工承包单位自己负责，因此，建设单位纠偏的主要对象是自身原因及设计原因造成的费用偏差。

（二）费用偏差的纠正措施

对偏差原因进行分析的目的是有针对性地采取纠偏措施，从而实现费用的动态控制和主动控制。费用偏差的纠正措施通常包括以下四个方面。

（1）组织措施。组织措施是指从费用控制的组织管理方面采取的措施，包括：落实费用控制的组织机构和人员，明确各级费用控制人员的任务、职责分工，改善费用控制工作流程等。组织措施是其他措施的前提和保障。

（2）经济措施。经济措施主要是指审核工程量和签发支付证书，包括：检查费用目标分解是否合理，检查资金使用计划有无保障，是否与进度计划发生冲突，工程变更有无必要，是否超标等。

（3）技术措施。技术措施主要是指对工程方案进行技术经济比较，包括：制定合理的技术方案，进行技术分析，针对偏差进行技术改正等。

（4）合同措施。合同措施在纠偏方面主要是指索赔管理。在施工过程中常出现索赔事件，要认真审查索赔依据是否符合合同规定、索赔计算是否合理等，从主动控制的角度加强日常的合同管理，落实合同规定的责任。

【案例分析】

某工程项目发包人与承包人签订了施工合同，工期为 5 个月。分项工程和单价措施项目的造价数据与经批准的施工进度计划见表 6-5；总价措施项目费为 9 万元（其中含安全文明施工费 3 万元），暂列金额 12 万元。管理费和利润为人工费、材料费、机械使用费之和的 15%，规费和税金为人工费、材料费、机械使用费与管理费、利润之和的 10%。

表 6-5　分项工程和单价措施造价数据与施工进度计划表

| 分项工程和单价措施项目 | | | | 施工进度计划（单位：月） | | | | |
名称	工程量	综合单价	合价/万元	1	2	3	4	5
A	600m³	180 元/m³	10.8					
B	900m³	360 元/m³	32.4					
C	1000m³	280 元/m³	28.0					
D	600m³	90 元/m³	5.4					
合计			76.6	计划与实际施工均为匀速进度				

有关工程价款结算与支付的合同约定如下。

（1）开工前发包人向承包人支付签约合同价（扣除总价措施项目费与暂列金额）的 20% 作为预付款，预付款在第 3、4 个月平均扣回。

（2）安全文明施工费工程款于开工前一次性支付；除安全文明施工费之外的总价措施项目费工程款在开工后的前 3 个月平均支付。

（3）施工期间除总价措施项目费外的工程款按实际施工进度逐月结算。

（4）发包人按每次承包人应得的工程款的 85% 支付。

（5）竣工验收通过后的 60 天内进行工程竣工结算，竣工结算时扣除工程实际总价的 3% 作为工程质量保证金，剩余工程款一次性支付。

（6）C 分项工程所需的甲种材料用量为 500m³，在招标时确定的暂估价为 80 元/m³；乙种材料用量为 400m³，投标报价为 40 元/m³。工程款逐月结算时，甲种材料按实际购买价格调整，乙种材料当购买价在投标报价的 ±5% 以内变动时，C 分项工程的综合单价不予调整，变动超过投标价 ±5% 以上时，超过部分的价格调整至 C 分项工程综合单价中。

该工程如期开工，施工中发生了经发承包双方确认的以下事项。

（1）B 分项工程的实际施工时间为 2~4 个月。

（2）C 分项工程甲种材料实际购买价为 85 元/m³，需要量为 500m³；暂估价 80 元/m³ 乙种材料的实际购买为 50 元/m²，需要量为 400m³，投标时报价 40 元/m³，工程款逐月结算时，甲种材料按实际购买价调整；乙种材料当购买价在投标价的 ±5% 以内变动时，C 分项工程综合单价不予调整，购买价超过投标价的 ±5% 以上时，超过部分的价格调整至 C 分项工程综合单价中。

（3）第 4 个月发生现场签证零星工作费用 2.4 万元。

试问：（计算结果均保留三位小数）

（1）合同价为多少，预付款是多少，开工前支付的措施项目费为多少？

（2）C 分项工程的综合单价是多少，3 月完成的分部和单价措施项目费是多少，3 个月业主支付的工程款是多少？

（3）列式计算第 3 个月末累积分项工程和单价措施项目拟完成工程计划投资、已完成工程实际投资，已完成工程计划投资，并分析进度偏差（投资额表示）与投资偏差。

（4）如果除现场签证零星工作费用外的其他应从暂列金额中支付的工程费用为 8.7 万元，工程实际造价及竣工结算价款分别是多少？

解：

（1）合同价=（76.6+9+12）×1.1=107.36（万元）

预付款=76.6×1.1×20%=16.852（万元）

开工前支付的措施项目费=3×1.1×85%=2.805（万元）

（2）C 分项工程的综合单价 500×（85-80）×1.15=2875（元/m³）

400×（50-40×1.05）×1.15=3680（元/m³）

综合单价=280+（2875+3680）÷1000=286.555（元/m³）

3 月完成的分部分项工程费和单价措施项目费=32.4÷3+286.555×1000÷10000÷3=20.352（万元）

3 月业主支付的工程款=（32.4÷3+286.555×1000÷10000÷3+6÷3）×1.1×85%-16.852÷2=12.473（万元）

（3）拟完成工程计划费用=（10.8+32.4+28/3）×1.1=68.053（万元）

已完成工程实际费用=（10.8+32.4×2/3+28.656×2/3）×1.1=56.654（万元）

已完成工程计划费用=（10.8+32.4×2/3+28×2/3）×1.1=56.173（万元）

费用=56.173-56.654=-0.481（万元）增加

进度=56.173-68.053=-11.88（万元）拖延

（4）除现场签证费用外，若工程实际发生其他项目费为 8.7 万元，则

工程实际造价=（76.6+9+2.4+8.7）×1.1=106.37（万元）

质量保证金=106.37×3%=3.191（万元）

竣工结算价款=106.37×15-3.191=12.765（万元）

复 习 题

一、思考题

(1) 施工阶段工程造价管理为什么要编制资金使用计划?

(2) 建设项目设计阶段造价管理包含哪些主要内容?

(3) 索赔费用的要素与工程造价的构成为什么基本类似?

(4) 合同双方约定争议调解人通常按照哪些程序进行调解?

二、课后自测题

(一) 单选题

(1) 施工合同履行期间,关于计日工费用的处理,下列说法中正确的是 (　　)。

    A. 已标价工程量清单中无某项计日工单价时,应按工程变更有关规定商定计日工单价

    B. 承包人通知发包人以计日工方式实施的零星工作,双方应按计日工方式予以结算

    C. 现场签证的计日工数量与招标工程量清单中所列不同时,应按工程变更有关规定进行价款调整

    D. 施工各期间发生的计日工费用应在竣工结算时一并支付

(2) 下列在施工合同履行期间由不可抗力造成的损失中,应由承包人承担是 (　　)。

    A. 因工程损害导致的第三方人员伤亡　　　　B. 因工程损害导致的承包人人员伤亡

    C. 工程设备的损害　　　　　　　　　　　　D. 应监理人要求承包人照管工程的费用

(3) 由于发包人原因导致工期延误的,对于计划进度日期后续施工的工程,在使用价格调整公式时,现行价格指数应采用 (　　)。

    A. 计划进度日期的价格指数　　　　　　　　B. 实际进度日期的价格指数

    C. A 和 B 中较低者　　　　　　　　　　　　D. A 和 B 中较高者

(4) 根据规定,因工程量偏差引起的可以调整措施项目费的前提是 (　　)。

    A. 合同工程量偏差超过 15%

    B. 合同工程量偏差超过 15%,且引起措施项目相应变化

    C. 措施项目工程量超过 10%

    D. 措施项目工程量超过 10%,且引起施工方案发生变化

(5) 某工程施工合同对于工程款付款时间约定不明,工程尚未交付,工程价款也未结算,现承包人起诉,发包人工程欠款利息应从 (　　) 之日计付。

    A. 工程计划交付　　　　B. 提交竣工结算文件　　　　C. 当事人起诉　　　　　　D. 监理工程师暂定付款

(6) 在用起扣点计算法扣回预付款时,起扣点计算公式为 $T=P-M/N$,则式中 N 是指 (　　)。

    A. 工程预付款总额　　　　B. 工程合同总额　　　　　C. 主要材料及构件占比　　D. 累计完成工程金额

(7) 施工承包单位应在知道或应当知道索赔事件发生后 (　　) 天内,向监理工程师递交索赔意向通知书。

    A. 7　　　　　　　　　　B. 14　　　　　　　　　　C. 28　　　　　　　　　　D. 42

(8) 工程施工过程中,对于施工承包单位要求的工程变更。施工承包单位提出的方式是 (　　)。

    A. 向建设单位提出书面变更请求,阐明变更理由

    B. 向设计单位提出书面变更建议,并附变更图纸

    C. 向监理人提出书面变更通知,并附变更详图

　　D. 向监理人提出书面变更建议，阐明变更依据

(9) 按工程进度编制施工阶段资金使用计划，首要进行的工作是（　　）。

　　A. 计算单位时间的资金支出目标

　　B. 编制工程施工进度计划

　　C. 绘制资金使用时间进度计划 S 形曲线

　　D. 计算规定时间内累计资金支出额

(10) 为了保护环境，在工程项目实施阶段应做到"三同时"。这里的"三同时"是指主体工程与环境保护措施工程要（　　）。

　　A. 同时施工、同时验收、同时投入运行　　　B. 同时审批、同时设计、同时施工

　　C. 同时设计、同时施工、同时投入运行　　　D. 同时施工、同时移交、同时使用

（二）多选题

(1) 关于施工期间合同暂估价的调整，下列做法中正确的有（　　）。

　　A. 不属于依法必须招标的材料，应直接按承包人自主采购的价格调整暂估价

　　B. 属于依法必须招标的工程设备，以中标价取代暂估价

　　C. 属于依法必须招标的专业工程，承包人不参加投标的，应由承包人作为招标人，组织招标的费用一般由发包人另行支付

　　D. 属于依法必须招标的专业工程，承包人参加投标的，应由发包人作为招标人，同等条件下优先选择承包人中标

　　E. 不属于依法必须招标的专业工程，应按工程变更事件的合同价款调整方法确定专业工程价款

(2) 下列索赔事件引起的费用索赔中，可以获得利润补偿的有（　　）。

　　A. 施工中发现文物　　　　　　　　　　　　B. 延迟提供施工场地

　　C. 承包人提前竣工　　　　　　　　　　　　D. 延迟提供图纸

　　E. 基准日后法律的变化

(3) 某工程施工至某月底，经偏差分析得到费用偏差 $CV>0$，进度偏差 $SV>0$，则表明（　　）。

　　A. 已完工程实际费用节约　　　　　　　　　B. 已完工程实际费用大于已完工程计划费用

　　C. 拟完工程计划费用大于已完工程实际费用　D. 已完工程实际进度超前

　　E. 已完工程实际费用超支

(4) 某工程开工至第 3 月末累计已完工程计划费用为 1200 万元，已完工程实际费用为 1500 万元，拟完工程计划费用为 1300 万元，此时进行偏差分析可得到的正确结论有（　　）。

　　A. 进度提前 300 万元　　　　　　　　　　　B. 进度拖后 100 万元

　　C. 费用节约 100 万元　　　　　　　　　　　D. 工程盈利 300 万元

　　E. 费用超过 300 万元

(5) 根据《建筑工程施工质量验收统一标准》（GB 50300—2013），下列工程中，属于分部工程的有（　　）。

　　A. 砌体结构工程　　　　　　　　　　　　　B. 智能建筑工程

　　C. 建筑节能工程　　　　　　　　　　　　　D. 土方回填工程

　　E. 装饰装修工程

（三）计算题

　　某施工单位承包某工程项目，甲乙双方签订的关于工程价款的合同内容如下。

(1) 建筑安装工程造价为 660 万元，建筑材料及设备费占施工产值的比例为 60%。

(2) 工程预付款为建筑安装工程造价的 20%。工程实施后，工程预付款从未施工工程尚需的建筑材料及设备费相当于工程预付款数额时起扣，从每次结算工程价款中按材料和设备占施工产值的比例扣抵

工程预付款，竣工前全部扣清。

(3) 工程进度款逐月计算。

(4) 工程质量保证金为建筑安装工程造价的 3%，竣工结算月一次扣留。

(5) 建筑材料和设备价差调整按当地工程造价管理部门有关规定执行（当地工程造价管理部门有关规定，上半年材料和设备价差上调 10%，在 6 月一次调增）。

工程各月实际完成产值见表 6-6。

表 6-6　工程各月实际完成产值　　　　　　（万元）

月份	2	3	4	5	6	合计
完成产值	55	110	165	220	110	660

试问：

(1) 通常工程竣工结算的前提是什么？

(2) 工程价款结算的方式有哪几种？

(3) 该工程的工程预付款、起扣点为多少？

(4) 该工程 2~5 月每月拨付工程款为多少，累计工程款为多少？

(5) 6 月办理工程竣工结算，该工程结算造价为多少，甲方应付工程结算款为多少？

(6) 该工程在保修期间发生屋面漏水，甲方多次催促乙方修理，乙方一再拖延，最后甲方另请施工单位修理，修理费为 1.5 万元，该项费用如何处理？

第七章　项目竣工阶段的造价管理

竣工验收是指由建设单位、施工单位和工程项目验收委员会以工程项目批准的设计任务书、设计文件，以及国家和部门颁布的验收规范和质量验收标准为依据，按照一定的程序和手续，在工程项目建成并试生产合格后（工业生产性项目），对工程项目的总体进行验收、认证、综合考评和鉴定的活动。

竣工验收阶段是建设工程项目建设全过程的最后阶段，是对建设、施工、生产准备等工作进行检验评定的重要环节，也是对建设成果及投资效果的总检验。竣工验收对保证工程质量、促进建设工程项目及时投产、发挥投资效益、总结经验教训都有重要作用。

所有工程项目都要及时组织验收，进行工程竣工结算和竣工决算。工程竣工后，即进入工程保修期，在此期间还会涉及工程保修费用处理。因此，竣工验收阶段及保修期造价管理也是工程建设全过程造价管理的内容。

第一节　工程竣工结算

工程竣工结算是指施工单位按照合同约定全部完成所承包工程，并经质量验收合格达到合同要求后，向建设单位办理工程价款结算的过程。工程竣工结算可分为单位工程竣工结算、单项工程竣工结算和工程项目竣工总结算。

竣工结算文件是施工单位与建设单位办理工程价款最终结算的依据，也是工程竣工验收后编制竣工决算、核定新增资产价值的依据。因此，工程竣工结算应充分、合理地反映承包工程的实际价值。

一、工程竣工结算编制

工程竣工结算文件由施工单位编制。

（一）竣工结算编制依据和方法

1. 竣工结算编制依据

竣工结算编制依据主要有：

（1）工程施工合同、工程竣工图；

（2）设计变更通知单和工程变更签证；

（3）预算定额、工程量清单、材料价格、费用标准等资料；

（4）预算书和报价单；

（5）其他有关资料及现场记录等。

2. 竣工结算编制方法

（1）现场踏勘。根据竣工图及施工组织设计进行现场踏勘，对需要调整的工程项目进行观察、对照、必要的现场实测和计算。

（2）调整工程量。按既定的工程量计算规则计算需调整的分部分项工程、施工措施或其他项目工程量。

（3）材料价差调整包括如下。

1）材料价差。材料价差是指材料的预算价格（报价）与实际价格的差额。由建设单位供应的材料按预算价格转给施工单位的，在工程结算时不做调整，其材料价差由建设单位单独核算，在编制竣工决算时摊入工程成本。

由施工单位购买的材料，应调整价差，调整方法包括如下。

①单项调整法。以每种材料的实际价格与预算价格的差值作为该种材料的价差，实际价格由双方协议或根据当地主管部门定期发布的价格信息确定。

②价差系数调整法。对工程使用的主要材料，比较实际供应价格和预算价格，找出差额，测算价差平均系数，以施工图预算的直接费用为基础，在工程结算时按价差系数进行调整。

③价差系数调整法与单项调整法并用。当价差系数对工程造价影响较大时，对其中某些价格波动较大的材料用单项调整法调整，从而确定结算价值。

2）材料代用价差。材料代用价差是指因材料供应缺口或其他原因而发生的以大代小、以优代劣等情况，这部分应根据工程材料代用核定通知单计算材料的价差并进行调整。

（4）费用调整。措施费、间接费等是以直接费或人工费等为基础计取的，由于工程量变化影响到这些费用的计算，因此，这些费用也应做相应调整。但是，属于材料价差因素引起的费用变化一般不予调整；属于其他费用的，如窝工费、机械进出场费用等，应一次结清，并分摊到结算的工程项目中去。施工单位在施工现场使用的建设单位的水电费，也应按规定在竣工结算时清算。总的说来，工程竣工结算的一般计算公式为

$$\begin{array}{c}\text{竣工结算}\\\text{工程价款}\end{array} = \text{合同价款} + \begin{array}{c}\text{合同价款}\\\text{调整数额}\end{array} - \begin{array}{c}\text{预付及已结算}\\\text{工程价款}\end{array} - \begin{array}{c}\text{质量保证}\\\text{（保修）金}\end{array} \qquad (7\text{-}1)$$

（二）竣工结算编制程序

编制竣工结算就是指在签约合同价基础上，对施工过程中的价差、量差的费用变化等进行调整，计算出竣工工程造价和实际结算价格的过程。竣工结算编制程序具体如下：

（1）对确定作为结算对象的工程内容进行全面清点，备齐结算依据和资料；

（2）以单位工程为基础，对签约合同价及报价内容，包括工程量、单价及计算方法进行检查核对。如发生多算、漏算和计算错误及定额分部分项或单价错误，应及时进行调整，如有漏项应予以补充，如有重复计算或者多算应予以删减；

（3）对建设单位要求扩大的施工范围和由于工程变更、现场签证等引起的增减预算进行检查，核对无误后，分别归入相应的单位工程结算书；

（4）将各专业的单位工程结算分别以单项工程为单位进行汇总，并提出单项工程综合结算书；

（5）将各单项工程汇总成整个工程项目竣工结算书；

（6）编写竣工结算编制说明，内容主要为结算书的工程范围、结算内容、存在问题及其他必须加以说明的事宜；

（7）整理、汇总工程竣工结算书，经企业相关部门批准后，经项目监理机构送建设单位审查签认。

二、工程竣工结算审查

工程竣工结算审查应根据不同的施工合同类型，采用不同的审查方法。对于采用工程量清单计价方式签订的单价合同，应审查施工图中各分部分项工程量，依据合同约定的方式审查分部分项工程价格，并对工程变更和索赔等调整内容进行审查。

（一）施工单位内部审查

施工单位内部审查工程竣工结算的主要内容包括：

（1）审查结算的项目范围、内容与合同约定的项目范围、内容的一致性；

（2）审查工程量计算的准确性、工程量计算规则与计价规范或定额的一致性；

（3）审查执行合同约定或现行的计价原则、方法的严格性。对于工程量清单或定额缺项以及采用新材料、新工艺的，应根据施工过程中的合理消耗和市场价格审核结算单价；

（4）审查变更签证凭据的真实性、合法性、有效性，核准变更工程费用；

（5）审查索赔是否依据合同约定的索赔处理原则、程序和计算方法进行以及索赔费用的真实性、合法性、准确性；

（6）审查取费标准执行的严格性，并审查取费依据的时效性、相符性。

（二）建设单位审查

建设单位审查工程竣工结算的内容包括如下。

（1）审查工程竣工结算的递交程序和资料的完备性：1）审查结算资料递交手续、程序的合法性，以及结算资料具有的法律效力；2）审查结算资料的完整性、真实性和相符性。

（2）审查与工程竣工结算有关的各项内容：1）工程施工合同的合法性和有效性；2）工程施工合同范围以外调整的工程价款；3）分部分项工程、措施项目、其他项目的工程量及单价；4）建设单位单独分包工程项目的界面划分和总承包单位的配合费用；5）工程变更、索赔、奖励及违约费用；6）取费、税金、政策性调整以及材料价差计算；7）实际施工工期与合同工期产生差异的原因和责任，以及对工程造价的影响程度；8）其他涉及工程造价的内容。

（三）工程竣工结算审查时限

根据《财政部、建设部关于印发建设工程价款结算暂行办法的通知》（财建〔2004〕369号），单项工程竣工后，施工单位应按规定程序向建设单位递交竣工结算报告及完整的结算资料，建设单位应按表7-1规定的时限进行核对、审查，并提出审查意见。

表7-1   工程竣工结算审查时限

工程竣工结算报告金额	审查期限
500万元以下	从接到竣工结算报告和完事的竣工结算资料之日起20天
500万~2000万元	从接到竣工结算报告和完事的竣工结算资料之日起30天
2000万~5000万元	从接到竣工结算报告和完事的竣工结算资料之日起45天
5000万元以上	从接到竣工结算报告和完事的竣工结算资料之日起60天

第二节 工程竣工决算

一、工程竣工决算编制

工程竣工决算是指所有工程竣工后，由建设单位编制的反映工程项目实际造价和投资效果文件的过程。工程竣工决算是正确核定新增固定资产价值、考核分析投资效果的依据。通过把竣工决算与概算、预算进行对比分析，可以考核工程造价、控制工作成效、总结经验教训、积累技术经济方面的基础资料、提高未来建设工程的投资效益。

工程竣工决算文件以实物数量和货币指标为计量单位，综合反映了竣工项目从筹建开始到竣工交付使用为止的全部建设费用、建设成果和财务情况。

（一）竣工决算编制依据

竣工决算编制依据主要包括：

（1）经批准的可行性研究报告及投资估算；

（2）经批准的初步设计及工程概算；

（3）经审查的施工图设计文件及施工图预算；

（4）设计交底或图纸会审纪要；

（5）工程施工合同及工程结算资料；

（6）设计变更记录、施工记录或施工签证单，以及其他在施工过程中发生的费用记录；

（7）竣工图及各种竣工验收资料；

（8）历年财务决算及批复文件；

（9）设备、材料调价文件和调价记录；

（10）有关财务决算制度、办法和其他有关资料、文件等。

（二）竣工决算内容

竣工决算作为考核工程建设投资效益、确定交付使用财产价值、办理交付使用手续的依据，一般由竣工决算报告说明书、竣工财务决算报表、工程竣工图和工程造价比较分析四部分组成。

1. 竣工决算报告说明书

竣工决算报告说明书主要反映竣工工程建设成果和经验，是对竣工决算报表进行分析和说明的文件，也是考核工程投资与造价的书面总结。其主要内容包括如下。

（1）建设项目概况。其是对工程总的评价，一般从进度、质量、安全和造价四方面进行分析说明。

（2）资金来源及运用等财务分析。其主要包括工程价款结算、会计财务处理、财产物资情况及债务的清偿情况。

（3）基本建设收入、投资包干结余、竣工结余资金的上缴分配情况。通过对基本建设投资包干情况的分析，说明投资包干数、实际支用数和节约额、投资包干节余的有机构成和包干节余的分配情况。

（4）各项经济技术指标的分析。概算执行情况分析，根据实际投资完成额与概算进行对比分析；新增生产能力的效益分析，说明支付使用财产占投资总额的比例和占支付使用财产的比例、不增加固定资产的造价占投资总额的比例，分析有机构成和成果。

（5）工程建设的经验及项目管理和财务管理工作，以及竣工财务决算中有待解决的问题。

（6）需要说明的其他事项。

2. 竣工财务决算报表

工程竣工财务决算报表按大中型项目和小型项目分别制定。报表结构如下：

大中型项目
竣工财务决算报表
{
（1）工程项目竣工财务决算审批表
（2）大中型工程项目概况表
（3）大中型工程项目竣工财务决算
（4）大中型工程项目交付使用资产总表
（5）工程项目交付使用资产明细表
}

小型项目
竣工财务决算报表
{
（1）工程项目竣工财务决算审批表
（2）工程项目交付使用资产明细表
（3）小型工程项目竣工财务决算总表
}

3. 工程竣工图

工程竣工图是真实记录各种地上地下建筑物、构筑物等情况的技术文件，是工程进行交工验收、维护、改建和扩建的依据，是重要的工程技术档案。各项新建、扩建、改建工程，都要编制竣工图。为确保工程竣工图质量，必须在施工过程中及时做好隐蔽工程检查记录，整理好设计变更文件。

4. 工程造价比较分析

对控制工程造价所采取的措施、效果及其动态变化进行认真比较分析，总结经验。批准的概（预）算是考核建设工程实际造价的依据。在分析时，可将决算报表中所提供的实际数据和相关资料与批准的概（预）算指标进行对比，以反映竣工项目总造价和单方造价是节约还是超支。在对比基础上，找出节约和超支的内容和原因，总结经验教训，提出改进措施。

（三）竣工决算编制程序

（1）收集、整理、分析有关资料。从工程开始就按编制依据的要求收集、清点、整理有关资料，主要包括建设项目档案资料，如设计文件、施工记录、上级批文、概（预）算文件、工程结算的归集整理，财务处理、财产物资的盘点核实及债权债务的清偿，做到账账、账证、账实、账表相符。对各种设备、材料、工具、器具等要逐项盘点核实并填列清单，妥善保管或按照国家有关规定处理，不准任意侵占和挪用。

（2）清理各项财务、债务和结余物资。在收集、整理和分析有关资料时，要特别注意建设工程从筹建到竣工投产或使用的全部费用的各项账务及债权和债务的清理，做到工程完毕账目清晰。既要核对账目，又要查点库存实物的数量，做到账与物相等、账与账相符。对结余的各项材料、工器具和设备要逐项清点核实、妥善管理，并按规定及时处理、收回资金。对各种往来款项要及时进行全面清理，为编制竣工决算提供准确的数据和结果。

（3）核实工程变动情况。重新核实各单位工程和单项工程造价，将竣工资料与原设计图纸进行核实，确认实际变动情况。根据经审定的承包人竣工结算等原始资料，按照有关规定对原预算进行增减调整，重新核定建设项目实际造价。

（4）填写竣工决算报表。按照建设工程决算表格中的内容，根据编制依据中的有关资料进行统计或计算各个项目及其数量，并将其结果填到相应的表格栏内，完成所有报表的填写。

（5）编制建设工程竣工决算说明。按照建设工程竣工决算说明的内容要求，根据编制依据材料写在报表中的结果，编写文字说明。

（6）做好工程造价对比分析。

（7）清理、装订好竣工图。

（8）按国家规定程序上报相应上级主管部门审批、存档。

将上述编写的文字说明和填写的表格经核对无误装订成册，即为建设工程竣工决算文件。将其上报主管部门审查，并把其中的财务成本部分送交开户银行签证。竣工决算在上报主管部门的同时，抄送有关设计单位。

大、中型建设项目的竣工决算还应抄送财政部、建设银行总行和省、自治区、直辖市的财政局和建设银行分行各一份。建设工程竣工决算文件由建设单位负责组织人员编写，在竣工建设项目办理验收使用一个月之内完成。

（四）新增资产价值确定

工程竣工投入运营后所花费的总投资应按会计制度和税法规定形成相应资产，这些新增资产分为固定资产、无形资产、流动资产和其他资产四大类。新增资产价值的确定是由建设单位核算。资产性质不同，其核算方法也不同。

1. 新增固定资产价值构成及确定

（1）新增固定资产价值构成包括：

1）工程费用，包括设备及工器具购置费、建筑工程费、安装工程费；

2）固定资产其他费用，主要有建设单位管理费、勘察设计费、研究试验费、工程监理费、工程保险费、联合试运转费、办公和生活家具购置费及引进技术和进口设备的其他费用；

3）预备费；

4）融资费用，包括建设期贷款利息和其他融资费用等。

（2）新增固定资产价值确定。新增固定资产价值确定是以独立发挥生产能力的单项工程为对象的。当单项工程建成经有关部门验收合格，正式移交生产或使用，即应计算新增固定资产价值。一次交付生产或使用的工程，一次计算新增固定资产价值；分期分批交付生产或使用的工程，应分期分批计算新增固定资产价值。

确定新增固定资产价值时应注意以下几种情况。

1）对于为提高产品质量、改善劳动条件、节约材料消耗、保护环境而建设的附属辅助工程，只要全部建成，正式验收交付使用后就要计入新增固定资产价值。

2）对于单项工程中不构成生产系统，但能独立发挥效益的非生产性项目，如住宅、食堂、医务所、幼儿园、生活服务网点等，在建成并交付使用后，也要计算新增固定资产价值。

3）凡购置达到固定资产标准不需安装的设备、工具、器具，应在交付使用后计入新增固定资产价值。

4）属于新增固定资产价值的其他投资，应随同受益工程交付使用一并计入。

5）交付使用财产的成本，应按下列内容计算：

①房屋、建筑物、管道、线路等固定资产成本，包括建筑工程成本和应分摊的待摊投资；

②动力设备和生产设备等固定资产成本，包括需要安装设备的采购成本、安装工程成本、设备基础支柱等建筑工程成本或砌筑锅炉及各种特殊炉的建筑工程成本、应分摊的待摊投资；

③运输设备及其他不需要安装的设备、工具、器具、家具等固定资产一般仅计算采购成本，不计"待摊投资"。

6）共同费用的分摊方法。新增固定资产的其他费用，属于整个建筑工程项目或两个以上单项工程的，在计算新增固定资产价值时，应在各单项工程中按比例分摊。一般情况下，建设单位管理费按建筑工程、安装工程、需安装设备价值总额按比例分摊，而土地征用费、勘察设计费等费用则按建筑工程造价分摊。

2. 新增无形资产确定

无形资产是指能使企业拥有某种权利，能为企业带来长期经济效益，但没有实物形态的资产。无形资产包括专利权、商标权、专有技术、著作权、土地使用权、商誉等。

新增无形资产计价原则：

（1）投资者将无形资产作为资本金或者合作条件投入的，按照评估确认或合同协议约定的金额计价；

（2）购入的无形资产，按照实际支付价款计价；

（3）企业自创并依法确认的无形资产，按开发过程中的实际支出计价；

（4）企业接受捐赠的无形资产，按照发票凭证所载金额或者无形资产市场价计价等。

无形资产计价入账后，其价值从受益之日起，在有效使用期内分期摊销。

3. 新增流动资产确定

流动资产是指可以在一年或超过一年的营业周期内变现或者耗用的资产。按流动资产占用形态可分为现金、存货、银行存款、短期投资、应收账款及预付账款等。

依据投资概算核拨的项目铺底流动资金，由建设单位直接移交使用单位。

4. 新增其他资产确定

其他资产是指除固定资产、无形资产、流动资产以外的资产。形成其他资产原值的费用主要是生产准备费（含职工提前进厂费和培训费）、样品样机购置费等。其他资产按实际入账账面价值核算。

【例7-1】某建设单位拟编制某工业生产项目的竣工决算。该建设工程项目包括A、B两个主要生产车间和C、D、E、F四个辅助生产车间及若干附属办公、生活建筑物。在建设期内，各单项工程竣工结算数据见表7-2。工程建设其他投资完成情况如下：支付行政划拨土地的土地征用及迁移费500万元，支付土地使用权出让金700万元；建设单位管理费400万元（其中300万元构成固定资产）；地质勘查费80万元；建筑工程设计费260万元；生产工艺流程系统设计费120万元；专利费70万元；非专利技术费30万元；获得商标权 90 万元；生产职工培训费 50 万元；报废工程损失 20 万元；生产线试运转支出 20 万元，试生产产品销售款 5 万元。

表 7-2　某建设工程项目各单项工程竣工结算数据　　　　　　　　（万元）

项目名称	建筑工程	安装工程	需安装设备	不需安装设备	生产工器具	
					总额	达到固定资产标准
A 生产车间	1800	380	1600	300	130	80
B 生产车间	1500	350	1200	240	100	60
辅助生产车间	2000	230	800	160	90	50
附属建筑	700	40		20		
合计	6000	1000	3600	720	320	190

试确定：

（1）A 生产车间的新增固定资产价值。

（2）该建设工程项目的固定资产、流动资产、无形资产和其他资产价值。

解：

（1）A 生产车间的新增固定资产价值 =（1800+380+1600+300+80）+（500+80+260+20+20-5）×1800/6000+120×380/1000+300×（1800+380+1600）/（6000+1000+3600）= 4160+875×0.3+120×0.38+300×0.3566 = 4575.08（万元）

（2）固定资产价值 =（6000+1000+3600+720+190）+（500+300+80+260+120+20+20-5）= 11510+1295 = 12805（万元）

流动资产价值 = 320-190 = 130（万元）

无形资产价值 = 700+70+30+90 = 890（万元）

其他资产价值 =（400-300）+50 = 150（万元）

二、工程竣工决算审查

建设单位编制完成工程竣工决算文件后，要上交相关主管部门，由主管部门进行审查。工程竣工决算审查内容主要包括：

（1）竣工决算是否符合工程实施程序，是否有未经审批立项、未经可行性研究和初步设计等环节而自行建设的项目；

（2）竣工决算编制方法的可靠性，有无造成交付使用的固定资产价值不实的问题；

（3）有无将不具备竣工决算编制条件的工程项目提前或强行编制竣工决算的情况；

（4）分别将竣工工程概况表中的各项费用支出与设计概算数额相比较，分析节约或超支情况；

（5）将交付使用资产明细表中各项资产的实际支出与设计概算数额进行比较，以确定各项资产的节约或超支数额；

（6）分析费用支出偏离设计概算的主要原因；

（7）检查工程项目结余资金及剩余设备材料等物资的真实性和处置情况，包括：检查工程物资盘存表，核实库存设备、专用材料账物是否相符；检查工程项目现金结余的真实性；检查应收、应付款项的真实性；关注是否按合同规定预留工程质量保修金。

第三节　工程质量保证金管理

一、缺陷责任期

缺陷责任期是指承包人按照合同约定承担缺陷修复义务，且发包人预留质量保证金（已缴纳履约保证金的除外）的期限。

缺陷责任期从工程通过竣工验收之日起计，缺陷责任期一般为1年，最长不超过2年，由发承包双方在合同中约定。由于承包人原因导致工程无法按规定期限进行竣工验收的，缺陷责任期从实际通过竣工验收之日起计；由于发包人原因导致工程无法按规定期限进行竣工验收的，在承包人提交竣工验收报告90天后，工程自动进入缺陷责任期。

二、工程质量保证金的预留

发包人应按照合同约定方式预留质量保证金，质量保证金总预留比例不得高于工程价款结算总额的3%。合同约定由承包人以银行保函替代预留质量保证金的，保函金额不得高于工程价款结算总额的3%。在工程项目竣工前，已经缴纳履约保证金的，发包人不得同时预留工程质量保证金。采用工程质量保证担保、工程质量保险等其他方式的，发包人不得再预留质量保证金。

三、工程质量保证金的使用

缺陷责任期内，实行国库集中支付的政府投资项目，质量保证金的管理应按国库集中支付的有关规定执行。其他政府投资项目，质量保证金可以预留在财政部门或发包方。缺陷责任期内，如发包人被撤销，质量保证金随交付使用资产一并移交使用单位，由使用单位代行发包人职责。社会投资项目采用预留质量保证金方式的，发承包双方可以约定将质量保证金交由金融机构托管。

缺陷责任期内，由于承包人原因造成的缺陷，承包人应负责维修，并承担鉴定及维修费用。如承包人不维修也不承担费用，发包人可按合同约定从质量保证金或银行保函中扣除，费用超出质量保证金的，发包人可按合同约定向承包人进行索赔。承包人维修并承担相应费用后，不免除对工程的损失赔偿责任。由他人及不可抗力原因造成的缺陷，发包人负责组织维修，承包人不承担费用，且发包人不得从质量保证金中扣除费用。

四、工程质量保证金的返还

缺陷责任期内，承包人认真履行合同约定的责任，到期后，承包人向发包人申请返还质量保证金。

发包人在接到承包人的返还质量保证金申请后，应于14天内会同承包人按照合同约定的内容进行核实。如无异议，发包人应当按照约定将质量保证金返还给承包人。对返还期限没有约定或者约定不明确的，发包人应当在核实后 14 天内将质量保证金返还承包人，逾期未返还的，依法承担违约责任。发包人在接到承包人的返还质量保证金申请后 14 天内不予答复，经催告后 14 天内仍不予答复的，视同认可承包人的返还质量保证金申请。

【案例分析】

某建设单位在某地建设一项大型特色经济生产基地项目。该项目从某年 2 月开始实施，到次年底财务核算资料如下。

（1）已经完成部分单项工程，经验收合格后，交付的资产如下。

1）固定资产 74739 万元。

2）为生产准备的使用期限在一年以内的随机备件、工器具 29361 万元。期限在 1 年以上，单件价值 2000 元以上的工具 61 万元。

3）建造期内购置的专利权、非专利技术 1700 万元。摊销期为 5 年。

4）筹建期间发生的开办费 79 万元。

（2）在建工程项目支出有：

1）建筑工程和安装工程 15800 万元；

2）设备及工器具 43800 万元；

3）建设单位管理费、勘查设计费等待摊投资 23 万元；

4）通过出让方式购置的土地使用权形成的其他投资 108 万元。

（3）非经营项目发生待核销基建支出 40 万元。

（4）应收生产单位投资借款 1500 万元。

（5）购置需要安装的器材 49 万元，其中待处理器材损失 15 万元。

（6）货币资金 480 万元。

（7）工程预付款及应收有偿调出器材款 20 万元。

（8）建设单位自用的固定资产原价 60220 万元。累计折旧 10066 万元。

（9）反映在"资金平衡表"上的各类资金来源的期末余额：

1）预算拨款 48000 万元；

2）自筹资金拨款 60508 万元；

3）其他拨款 300 万元；

4）建设单位向商业银行借入的借款 109287 万元；

5）建设单位当年完成交付生产单位使用的资产价值中，有 160 万元属利用投资借款形成的待冲基建支出；

6）应付器材销售商 37 万元货款和应付工程款 1963 万元尚未支付；

7）未交税金 28 万元。

试问：

（1）计算交付使用资产与在建工程项目有关数据；

（2）编制大、中型基本建设工程项目竣工财务决算表。

解：

（1）资金平衡表有关数据的填写见表 7-3。其中：固定资产 = 74739 + 61 = 74800（万元）。无形资产摊销期 5 年为干扰项，在建设期仅反映实际成本。

表 7-3   交付使用资产与在建工程数据表   （万元）

资金项目	金额	资金项目	金额
（一）交付使用资产	105940	（二）在建工程	62100
1. 固定资产	74800	1. 建筑安装工程投资	15800
2. 流动资产	2361	2. 设备投资	43800
3. 无形资产	1700	3. 待摊投资	2392
4. 其他资产	79	4. 其他投资	108

（2）大、中型基本建设工程项目竣工财务决算表见表 7-4。

表 7-4   大、中型基本建设工程项目竣工财务决算表   （元）

资金来源	金额	资金占用	金额
一、基建拨款	1088080000	一、基本建设支出	1680800000
1. 预算拨款	480000000	1. 交付使用资产	1059400000
2. 基建基金拨款		2. 在建工程项目	621000000
3. 进口设备转账拨款		3. 待核销基建支出	400000
4. 器材转账拨款		4. 非经营项目转出投资	
5. 煤代油专用基金拨款		二、应收生产单位投资借款	15000000
6. 自筹资金拨款	605080000	三、拨付所属投资借款	
7. 其他拨款	3000000	四、器材	490000
二、项目资本		其中：待处理器材损失	15000
1. 国家资本		五、货币资金	4800000
2. 法人资本		六、预付及应收款	20000
3. 个人资本		七、有价证券	
三、项目资本公积金		八、固定资产	501540000
四、基建借款	1092870000	固定资产原价	602200000
五、上级拨入投资借款		折减：累计折旧	100660000
六、企业债券资金		固定资产净值	501540000
七、待冲基建支出	1600000	固定资产清理	
八、应付款	20000000	待处理固定资产损失	
九、未交款	280000		

资金来源	金额	资金占用	金额
1. 未交税金	280000		
2. 未交基建收入			
3. 未交基建包干结余			
4. 其他未交款			
十、上级拨入资金			
十一、留成收入			
合计	2202830000	合计	2202830000

复　习　题

一、思考题

（1）工程竣工结算与决算的区别是什么？

（2）工程竣工结算编制依据和原则有哪些？

（3）工程竣工结算审查内容有哪些？

（4）工程竣工决算内容有哪些？

（5）工程竣工决算审查哪些内容？

（6）何谓缺陷责任期？

（7）施工合同中涉及工程质量保证金应约定哪些内容？

（8）工程质量保证金的使用和返还有哪些要求？

二、课后自测题

（一）单选题

（1）大中型和限额以上建设工程项目及技术改造项目，工程整体验收的组织单位可以是（　　）。

　　A. 监理单位　　　　　　　　　　　B. 业主单位

　　C. 使用单位　　　　　　　　　　　D. 国家发展和改革委员会

（2）完整的竣工决算所包含的内容是（　　）。

　　A. 竣工财务决算说明书、竣工财务决算报表、工程竣工图、工程竣工造价对比分析

　　B. 竣工财务决算报表、竣工决算、工程竣工图、工程竣工造价对比分析

　　C. 竣工财务决算说明书、竣工决算、竣工验收报告、工程竣工造价对比分析

　　D. 竣工财务决算报表、工程竣工图、工程竣工造价对比分析

（3）关于质量保证金的使用及返还，下列说法正确的是（　　）。

　　A. 不实行国库集中支付的政府投资项目，保证金可以预留在财政部门

B. 采用工程质量保证担保的，发包人仍可预留 5% 的保证金

C. 非承包人责任的缺陷，承包人仍有缺陷修复的义务

D. 缺陷责任期终止后的 28 天内，发包人应将剩余的质量保证金连同利息返还给承包人

（4）关于缺陷责任期内的工程维修及费用承担，下列说法正确的是（　　　）。

A. 不可抗力造成的缺陷，发包人负责维修，从质量保证金中扣除费用

B. 承包人造成的缺陷，承包人维修并承担费用后，可免除对工程的一般损失赔偿责任

C. 发承包双方对缺陷责任有争议的，按质量监督机构的鉴定结论，由责任方承担维修费，另一方承担鉴定费

D. 承包人原因造成工程无法使用而需要再次检验修复的，发包人有权要求承包人延长缺陷责任期

（5）工程竣工验收后，建设单位应编制完成（　　　）。

A. 工程竣工验收质量评估报告　　　　　　B. 工程竣工验收报告

C. 工程竣工验收通知书　　　　　　　　　D. 工程档案验收报告

（6）竣工验收阶段，建设工程已依照相关规定完成了各项施工内容，由（　　　）组织工程竣工验收。

A. 建设单位　　　　　B. 施工单位　　　　　C. 监理单位　　　　　D. 主管部门

（7）工程竣工验收的交工主体是（　　　）。

A. 建设单位　　　　　B. 监理单位　　　　　C. 施工单位　　　　　D. 设计单位

（8）工程竣工验收主体是（　　　）。

A. 质检站　　　　　　B. 监理单位　　　　　C. 施工单位　　　　　D. 建设单位

（9）工程竣工验收申请报告须经（　　　）签署意见。

A. 项目经理　　　　B. 专业监理工程师　　　C. 总监理工程师　　　D. 建设单位项目负责人

（10）收到工程竣工报告后，对符合竣工验收要求的工程，（　　　）组织相关等单位组成验收组，制定验收方案。

A. 监理单位　　　　　B. 施工单位　　　　　C. 设计单位　　　　　D. 建设单位

（二）多选题

（1）关于工程竣工结算的说法，正确的有（　　　）。

A. 工程竣工结算分为单位工程竣工结算和单项工程竣工结算

B. 工程竣工结算均由总承包单位编制

C. 建设单位审查工程竣工结算的递交程序和资料的完整性

D. 施工承包单位要审查工程竣工结算的项目内容与合同约定内容的一致性

E. 建设单位要审查实际施工工期对工程造价的影响程度

（2）工程竣工验收是在施工单位按照建设工程相关规定完成（　　　）的各项内容后组织的。

A. 国家有关法律、法规　　　　　　　　　B. 工程建设规范、标准

C. 工程设计文件要求　　　　　　　　　　D. 投标文件

E. 合同约定

（3）竣工验收阶段，建设工程依照（　　　）的规定完成各项施工内容，由建设单位组织工程竣工验收。

A. 国家有关法律、法规　　　　　　　　　B. 工程建设规范、标准

C. 检测报告　　　　　　　　　　　　　　D. 工程资料

E. 施工记录

（4）竣工验收的客体是（　　）的特定工程对象。

    A. 法律规定   B. 规范规定

    C. 设计文件规定   D. 施工合同约定

    E. 建设单位规定

（5）工程具备（　　）方可进行竣工验收。

    A. 完整的城市档案资料   B. 完整的施工技术档案和施工管理资料

    C. 建设单位已按合同约定支付工程款   D. 施工单位签署的工程质量保修书

    E. 项目规划许可证及施工许可证

第八章 工程造价的审计

第一节 概 述

一、工程造价审计的目标

工程造价审计属于一门专项审计，其目标是确定建设项目造价确定过程中的各项经济活动及经济资料的真实性、合法性、合理性和效益性。

（一）真实性

真实性是指在造价形成过程中经济活动是否真实，如账目是否真实明晰、有无虚列项目增设开支；资料内容是否真实，如单据是否真实有效、图纸与实体是否一致；计量计价是否真实，如工程量是否准确按规定计算，材料用量、设备报价是否真实。

（二）合法性

合法性是指建设项目造价确定过程中的各项经济活动是否遵循法律、法规及有关部门规章制度的规定。在工程项目造价审计中，需要审查编制依据是否经过国家或授权机关的批准；编制依据是否在其适用范围内，如主管部门的各种专业定额及取费标准应适用于该部门的专业工程；编制程序是否符合国家的编制规定。

（三）合理性

合理性是指造价的组成、取费标准是否合理，有无不当之处，有无高估冒算、弄虚作假、多列费用、加大开支等问题。

（四）效益性

效益性是指在造价形成过程中是否充分遵循成本效益原则，合理使用资金和分配物资材料，使项目建成后的生产能力或使用效益最大化。

二、工程造价审计的依据

工程造价审计的依据主要由以下四个层次组成。

（一）方针政策

方针政策主要指党和国家在一定时间颁发的与国民经济发展有关的宏观调控政策、产业政策和一定时期的发展规划等。这些方针政策直接影响工程造价的审计工作，是工程造价审计的宏观性和指导性依据。

（二）法律法规和规章制度

根据依法审计的要求，工程造价审计必须严格遵照一定的法律法规和规章制度来实施，主要包括《中华人民共和国审计法》《中华人民共和国建筑法》《中华人民共和国合同法》《中华人民共和国招标投标法》《中华人民共和国价格法》《中华人民共和国税法》

《中华人民共和国土地法》《内部建设项目审计操作指南》，以及国家、地方和各行业定期或不定期颁发的相关文件规定等。例如，《深圳市政府投资项目审计监督条例》等地方法规是深圳市政府投资项目审计的地方法规依据。

（三）相关技术经济标准

相关技术经济标准主要是指工程造价审计中所依据的概算定额或指标、预算定额及综合价格，在进行造价绩效性审计分析时，还包含有关的造价技术经济指标等。

（四）其他重要审计依据

例如，要求进行专项造价效益审计的文件、审计机关制订的年度工作计划等文件。少了这些审计依据，被审计单位就不一定会给予配合，审计工作就难以开展下去。另外，设计图样、招标文件和合同等建设项目资料也是审计不可或缺的重要依据。

三、工程造价审计的作用

工程造价审计的作用主要体现在以下两方面。

（一）制约作用

工程造价审计通过揭露和制止、处罚等手段，来制约经济活动中的各种消极因素，有助于各种经济责任的正确履行和社会经济的健康发展。在实际中，"三超"现象严重，其中有许多是设计、施工质量低劣的原因，也有些是主观思想的原因。不少被审单位故意高估冒算，存在"审出就减，审不出就赚，粗审多赚，细审少赚"的想法，从而使投资规模失控。工程造价审计可以控制建设项目的投资规模，提高投资效益。

（二）促进作用

审计通过调查、评价、提出建议等手段，促进微观经济管理，进而促进宏观经济调控，有助于国民经济管理水平和绩效的提高。例如，初步设计阶段引入概算审计，审计设计概算的真实性和准确性，并及时反映设计方案存在的问题，从而保证设计方案经济、适用。

第二节　工程造价审计方法及审计程序

一、工程造价审计方法

审计方法是审计人员为取得审计证据，据以证实被审计事实、做出审计评价而采取的各种专门技术手段的总称。审计方法的选择是否得当与整个审计工作进程和审计结论的正确与否有着密切的关系。

工程造价审计的方法很多，主要介绍以下几种。如简单审计法、全面审计法、现场观察法、分析筛选法、复核法、询价比价法。

（一）简单审计法

简单审计法是指在某一建设项目的审计过程中，对关于某一个不重要或者经审计人员经验判断认为信赖度较高的环节，可就其中关键审计点进行审核，而不需全面详细审计。如在建设项目的概预算审计中，编制概预算文件的单位信誉度较高，审计人员也可以采取简单审计法。

（二）全面审计法

全面审计法是指对建设项目工程量的计算、单价的套选和取费标准的运用等所有建设项目的财务收支等进行全面审计。此种方法审查面广、细致，有利于发现建设项目中存在的各种问题。但此种方法费时费力，一般适用于预算编制质量差、问题较多的建设项目。

（三）现场观察法

现场观察法是指采用对施工现场直接考察的方法，观察现场工作人员及管理活动，检查工程实际进展与图样范围（或合同义务）是否吻合。审计人员对影响工程造价较大的某些关键部位或关键工序应到现场实地观察和检查，尤其对某些涉及造价调整的隐蔽工程应有针对性地在隐蔽前抽查监理验收资料，并且做好相关记录，有条件的还可以留有影像资料。

这种审计方法对十分重视工程计量工作的单价合同工程显得尤为重要。如对于土方开挖、回填等分项工程，审计人员应要求监理人员进行实测实量，分阶段验收。要严格分清不同土质、深度、地下水、放坡或支撑等情况，分别测量工程量，不能只是一个工程量总数。

（四）分析筛选法

分析筛选法是指造价人员综合运用各种系统方法，对建设工程项目的具体内容进行分类，综合分析、发现疑点，然后揭露问题的一种方法。分析筛选法的目的在于通过分析查找可疑事项，为审计工作寻找线索，进而查出各种错误和弊端。

在分析筛选过程中，可以利用主观经验，或通过各类经济技术指标的对比，经多次筛选，选出可疑问题，然后进行审计。如先将建设项目中不同类型工程的每平方米造价与规定的标准进行比较，若未超出规定标准，就可进行简单审计；若超出规定标准，再根据各分部工程造价的比重，用积累的经验数据进行第二次筛选，如此下去，直至选取出重点审计对象，对其进行详细审计。

这种方法可加快审计速度，但事先须积累必要的经验数据，而且不能发现所有问题，可能会遗漏存在重大问题的环节或项目。

（五）复核法

复核法是指将有关工程资料中的相关数据和内容进行互相对照，以核实是否相符、是否正确的一种审计方法。

在工程造价审计中，可以利用工程资料之间的依存关系和逻辑关系进行审计取证。例如：通过将初步设计概算与合同总价对比，可以分析有无提高标准和增列工程的问题；将竣工结算与完成工作量、竣工图、变更、现场签证等有关资料核对，分析工程价款结算与实际完成投资是否一致和真实；将工程核算资料与会计核算资料核对，分析有无成本不实、核算不一致的情况等。

在造价审计过程中，造价审计人员利用被审单位所提供的隐蔽工程签证单与施工单位所提供的施工日志核对，能查出工程结算是否存在重复签证与乱签证、多计隐蔽工程造价的情况。

（六）询价比价法

询价比价法是确定设备材料等采购的市场价格的方法。常用的方法是市场询价。

市场询价是指审计人员通过市场询价（调查），掌握审计物资不同供货商的价格信息，经比较后确定有利于购买单位的最优价格，将之作为审计标准。要求对同一物资应调查三个及以上供货商，以有较多的价格信息进行比较。如在概算审计中，对一些设计深度不够、难以核算、投资较大的关键设备和设施应进行多方面查询核对，明确其价格构成、规格、质量等情况。

工程造价审计方法各有优缺点。审计时究竟以何种方法为主，要结合项目特点、审计内容综合确定，必要时要综合运用各种方法进行审计。

二、工程造价审计程序

审计程序是审计机构和人员在审计工作中必须遵循的工作规程，对于保证审计质量、提高审计工作效率、确保依法审计、增强审计工作的严肃性和审计人员的责任感都有十分重要的意义。工程造价审计程序分为四个阶段，即审计准备阶段、审计实施阶段、审计终结阶段及后续审计阶段。

（一）审计准备阶段

准备阶段是整个审计工作的起点，直接关系到审计工作的成效，包括以下两个步骤。

1. 接受审计任务

接受审计任务的主要途径有如下三种。

（1）接受上级审计部门或主管部门的任务安排，完成当年审计计划，一般存在于内部审计之中。

（2）接受建设单位委托，根据自己的业务能力情况酌情安排工程造价审计工作。以审计事务所为代表的社会审计大多选择这种方式。

（3）根据国家有关政策要求及当地的经济发展和城市规划安排，及时主动地承担审计范围内的工程造价审计任务，这是政府审计。

2. 组织审计人员，做好审计准备工作

从政府审计角度来讲，在对大、中型建设项目进行造价审计时，要求组织有关工程技术人员、经济人员、财务人员参加，并成立审计小组，明确分工、落实审计任务。

从社会审计与内部审计角度看，重点是将工程造价审计工作按专业不同再详细分工，如土建工程审计、水电工程审计、安装工程审计等。

（二）审计实施阶段

审计实施阶段是将审计的工作方案付诸实施，是审计全过程中最主要的阶段。

1. 进入施工现场，了解项目建设过程

在实施阶段开始后，审计组与项目建设主管部门的有关工程建设负责人员接触，了解项目建设规划、施工方案、造价编制的具体要求等有关内容，深入分析项目情况并收集编制资料，如图纸、计划任务书、变更资料、定额、有关取费文件及其他相关资料等。同时，根据审计重点进行实物测量工作，尤其应关注出现变更的部位。这一过程也称为取证阶段，如何使证据有理有力，这是关键一步。

2. 获取审计证据，编写审计工作底稿

审计组在实施审计的过程中运用审计方法，围绕审计准备阶段制定的审计目标，以收集到的审计资料为依据，从各个方面对工程造价进行审计，如工程量计算审计、定额套用审计、取费计算审计等具体过程，排查建设项目经济活动中的疑点。

通过合法有效的渠道获取审计证据，做审计记录，编制审计工作底稿。被审计单位负责人应当对所提供审计资料的真实性和完整性做出承诺。审计人员在整个工作过程中应严格遵守实事求是、公正客观的基本原则，从技术经济分析入手，保证审计质量，达到审计目的。

（三）审计终结阶段

1. 撰写审计组审计报告，征求被审计对象意见

审计实施阶段工作完成后，审计组撰写出审计报告，并就该审计报告征求被审计对象的意见。

被审计对象应当自接到审计组的审计报告之日起 10 日内，将其书面意见送交审计组。审计组将其审计报告和被审计对象的书面意见一并报送审计机关。

2. 出具审计机关审计报告，提出处理处罚建议

审计机关按照法定程序对审计组的审计报告进行审议，并对被审计单位对审计组的审计报告提出的意见一并研究后，提出审计机关的审计报告；对违反国家规定的财政收支行为，依法应当给予处理、处罚的，在法定职权范围内做出审计决定或者向有关主管机关提出处理、处罚意见。

3. 审计文件资料整理归档

最后，审计人员应把审计过程中形成的文件资料整理归档。需要归档的主要资料有：审计工作底稿、审计报告、审计建议书、审计决定、审计通知书、审计方案和审计时所有主要资料的复印件。

（四）后续审计阶段

后续审计一般是指审计机关对被审计单位在审计工作结束后，为检查审计建议和审计处理决定的执行情况，或又发现被审计单位有隐瞒行为，或为避免出现漏审、错审而进行的跟踪审计。一般把原审计结论、处理决定中所提出问题的落实执行情况作为后续审计的重要内容。

第三节　工程造价分阶段审计

一、投资估算审计

建设工程项目投资估算是项目决策的重要依据和重要经济性指标。国家审批项目建议书和项目设计任务书主要依据投资估算。投资估算阶段的审计主要是审计估算材料的科学性及合理性，保证项目科学决策，减少投资损失，提高投资效益。

投资估算的审计工作应在项目主管部门或国家及地方有关单位审批项目建议书、设计任务书和可行性研究报告文件时进行。

（一）投资估算审计的依据

投资估算审计的依据包括：

（1）投资估算表；

（2）可行性研究报告；

（3）项目建议书；

（4）设计方案、图纸、主要设备、材料表；

（5）投资估算指标、预算定额、设备单价及各种取费标准等；

（6）其他相关资料。

（二）投资估算阶段审计的主要内容

1. 审计投资估算的编制依据

审查投资估算中采取的资料、数据和估算方法。对于资料和数据的审计，主要审计它们的时效性、适用性及准确性。如使用不同时期的基础资料时就应特别注意其时效性——审计其编制依据是否都是国家有关部门的现行规定。

对于估算方法，由于不同的估算方法有不同的适用范围，在进行投资估算审计时，要重点审查采用的估算方法是否能准确反映估算的实际情况，应该尽量把误差控制在一个合理的范围内。

2. 审计投资估算的内容

审查投资估算内容即审查估算是否合理，是否有多项、重项和漏项，针对重要内容需重点审查。如三废处理所需投资就需重点审查。对于有疑问之处要逐项列出，并要求投资估算人员予以补充说明。

3. 审计投资估算的各项费用

审查投资估算的费用划分是否合理，是否考虑了物价的变化和费率的变动，当建设项目采用了新技术及新方法时，是否考虑了价格的变化，所取的基本预备费及价差预备费是否合理等。

二、设计概算审计

建设项目设计概算审计就是对概算编制、执行、调整的真实性和合法性进行监督审查，有利于投资资金的合理分配，加强投资的计划管理，减少投资缺口。按审计要求，审计部门应在建设项目概算编制完成之后进行审计。

（一）设计概算审计需要的资料

设计概算审计需要的资料包括：

（1）经上级部门批准的有关文件；

（2）经有关部门批准的可行性研究报告、投资估算、设计概算及相关资料；

（3）工程地质勘测资料、经批准的设计文件；

（4）水、电和原材料供应情况、交通运输情况及运输价格、地区工资标准、已批准的材料预算价格及机械台班价格；

（5）国家或省市颁发的概算定额、概算指标、建筑安装工程间接费定额及其他有关取费标准、国家或省市规定的其他工程费用指标、机电设备价目表、类似工程概算及技术经济指标；

（6）其他审计需要的资料。

（二）设计概算审计的主要内容

1. 审计设计概算编制的依据

其主要是审计概算编制依据的合法性、时效性及适用性。

（1）审计概算编制的依据是否合法。设计概算必须依据经过国家有关部门批准的可行性研究报告及投资估算进行编制，审计其是否存在"搭车"多个项目的现象，严格控制设计概算，防止概算超估算，确实有必要超估算的，应分析原因，要求被审计单位重新上报概算审批部门重新审批，并且要总结经验，查清楚为什么会超估算。

（2）审计概算编制的依据是否具有时效性。设计概算编制的大部分依据是国家或有关部门颁发的现行规定，因此应注意审计编撰概算的时间与其使用文件资料的适用时间是否吻合，不能使用过时的依据资料。

（3）审计概算编制的依据是否适用。各种编制依据都有规定的适用范围，如各主管部门规定的各种专业定额及取费标准只适用于该部门的专业工程；各地区规定的定额及取费标准只适用于本地区的工程等。因此，在编制设计概算时，不得使用规定范围之外的依据资料。

2. 审计设计概算编制的深度

通常大、中型建设项目的设计概算都有完整的编制说明和"三级概算"（建设项目总概算书、单项工程概算书、单位工程概算书），设计概算审计过程中应注意审计其是否符合规定的"三级概算"，各级概算的编制是否按照规定的编制深度执行。

3. 审计设计概算内容的完整性

审计设计概算内容的完整性，其主要包括三个方面的内容。

（1）审计建设项目总概算书。重点审计总概算中所列的项目是否符合建设项目前期决策批准的项目内容，项目的建设规模、生产能力、设计标准、建设用地、建筑面积、主要设备、配套工程、设计定员等是否符合批准的可行性研究报告，各项费用是否有可能发生，费用之间是否重复，总投资额是否控制在批准的投资估算以内，总概算的内容是否完整地包括了建设项目从筹建到竣工投产为止的全部费用。

（2）审计单项工程综合概算和单位工程概算。重点审计在概算书中所体现的各项费用的计算方法是否得当，概算指标或概算定额的标准是否适当，工程量计算是否正确。例如，建筑工程所用工程所在地区的概算定额、价格指数和有关人工、材料、机械台班的单价是否符合现行规定，安装工程采用的部门或地区定额是否符合工程所在地区的市场价格水平，概算指标调整系数和主材价格、人工、机械台班、辅材调整系数是否按当时最新规定执行，引进设备安装费率、部分行业安装费率是否按有关部门规定计算等。在单项工程综合概算和单位工程概算审计中，审计人员应特别注意工程费用部分，尤其是生产性建设项目，由于工业建设项目设备投资比例大，对设备费的审计也就显得十分重要。

（3）审计工程建设其他费用概算。重点审计其他费用的内容是否真实，在具体的建设项目中是否有可能发生，费用计算的依据是否适当，费用之间是否重复等有关内容。其他工程费审计要点和难点主要体现在建设单位管理费审计、土地使用费审计和联合试运转费审计等方面。

另外，在设计概算审计过程中，审计人员还应重点检查总概算中各项综合指标和单项指标与同类工程技术经济指标对比是否合理，这也体现了造价的有效性审计要求。

【例8-1】某大学新校区建设项目概算编制说明如下。

（1）该项目总投资26808万元，其中建安工程21550万元，其他费用4258万元，预备费1000万元。

（2）本概算根据设计院设计的初步设计图纸和初步设计说明编制，土建工程采用2006年版《××省建筑工程概算定额》。

（3）概算取费标准按《××省建筑安装工程费用定额》及市建委文件规定计取。

（4）主要设备、材料按目前市场价计列。

审计发现问题如下。

（1）工程概况内容不完整。工程概况应包括建设规模和工程范围，并明确工程总概算中所包括和不包括的内容。审计查明：本概算中未包括由该大学的共建单位负责提供的450亩土地（总征地500亩），概算编制单位应当对此加以说明。

（2）编制依据不完整。概算中的附属建筑、设备工器具购置费没有说明相应的编制依据和编制方法。审计调查发现：附属建筑物是根据经验估算的，设备工器具购置费是按照可行性研究报告中的投资估算值直接列入的，未进行详细的分析和测算。

（3）该概算未编制资金筹措及资金年度使用计划。

（4）工程概算投资的内容不完整、不合理。

1）设备购置费缺乏依据。审计发现初步设计中没有设备清单，概算中所列设备费1500万纯属"拍脑袋"决定。

2）征地拆迁费不完整。本项目需征地500亩，而概算中未将共建单位提供的450亩的费用列入。

3）未考虑有关贷款的利息费用。由于该概算未编制资金筹措计划，所以无法计算利息费用，但贷款是肯定要发生的，因此这样的概算也就很难作为控制实际投资的标准。

4）装饰装修材料的价格缺乏依据。设计单位在初步设计中，仅仅注明使用材料的品种，对装饰材料的档次标准不做规定，这使装饰材料的价格难以合理确定。

审计建议：要求设计单位和建设单位针对审计发现的问题加以整改和完善。

三、施工图预算（标底）审计

（一）施工图预算（标底）审计需要的资料

根据审计资料提交表中的规定，施工图预算（标底）审计需要提交的资料有以下三类。

1. 前期计划立项文件

前期计划立项文件包括立项批文、经批准的项目概算或项目资金分配表、规划设计要点、规划设计许可证、项目建议书、可行性研究报告、环境影响评价报告、地质勘探报告等。

2. 预算（标底）计算依据

预算（标底）计算依据包括经审批的工程图样（全套：土建、安装）招标书、工程预算书（加盖送审、编制单位公章）设备预算价依据文件与证明、工程量计算书、材料分析表、材料预算价差调整及调整依据文件与证明等资料。

3. 被审计单位承诺书

此外，还需要一些其他审计资料，比如审计机关或审计人员自己必备的资料，如各种专业的预算定额、取费标准、费用文件等计价依据；造价主管部门发布的材料信息价文件；工程预算审计相关软件，如斯维尔计价与计量软件、审计署开发的 AO 或各级政府办公软件等计算机辅助审计系统。

（二）施工图预算（标底）审计的主要内容

（1）施工图样、招标文件、合同条款和概算等资料。审计思路：审计施工图样是否完整，设计深度是否满足招标要求，是否有设计相关人员的签字及设计单位的盖章，是否经审图机构审查，设计文件是否有明显的错误；审计招标文件是否符合法规的要求，是否完整，招标文件中的合同条款是否合法、合理和公正；审计概算的组成是否完整，预算是否超出概算。

（2）项目招标的合法合规性。审计思路：审计项目预算内容是否完整，是否有肢解工程发包的嫌疑等。

（3）预算工程量。审计思路：对于预算工程量，由于现在工程项目的招标都要求标底和报价采用工程量清单计价的方式，其工程量的审计作用正在淡化。但如果工程量相差太大，将给有经验的投标人不平衡报价的机会，从而使建设项目的造价得不到合理的控制。因此，对于预算工程量，主要还是在对技术经济指标进行分析后，针对工程量及造价差异较明显的分项工程进行重点抽查。实际中较少采用全面审计的方法。

（4）工程单价。审计思路：审查选用的定额是否正确，是否采用当地定额套用，如深圳地区工程项目是否套用深圳市建设工程造价站颁发的定额；审查是否按专业类别套用，如市政工程是否按市政定额套用；审查定额子目是否套错，是否存在高套定额的现象，套用定额的工作内容是否与设计要求的项目内容一致，如不一致，是否按规定进行了定额的换算，换算是否正确，是否存在重复套取定额的现象；审查主材价格是否选用设计图样上规定的主材规格和标准，单价是否是造价管理部门发布的信息价，市场价是否合理（未公布信息价时）。

（5）工程取费。审计思路：审计工程定额测定费、社会保险费（失业、养老、工伤、医疗和住房公积金费）工程排污费等规费的计取是否合理；审计工程安全文明施工措施费是否合理；审计工程税金的计取是否合理。

（6）综合评价与建议。审计思路：初步审计结果出来后，审计人员还需对工程项目预算的经济性进行相应的评价，评价其有关技术经济指标是否合理，预算是否超概算。审计机关可根据以上发现的问题提出相应的审计建议。

【例8-2】某道路项目建设过程中，为了考虑周边安置房的出行需要，在道路南段增加地沟及人行道板。施工单位在施工前申报了地沟及人行道板综合单价，监理单位核定的地沟综合单价为 375.91 元/m、人行道板综合单价为 50.10 元/m²。

综合单价资料报送至审计组后，审计组将其与施工合同进行了对比，结果发现施工单位和监理单位在进行地沟综合单价测算时，未按合同有关设计变更结算办法的条款执行。合同条款明确：投标报价中有适用于变更工程价格的，按已有的价格计价；投标报价中只有类似变更工程价格的，可参照类似价格计价。而报审资料核定的地沟综合单价中，管理费、利润、材料等计取方式与施工单位原投标书则不一致。同时审计组通过市场调研发现，该综合单价中预制混凝土压顶价格也高于市场价格。

审计人员结合施工单位原投标书和施工合同，测算出地沟综合单价为 175 元/m（包括地沟土方开挖、地沟砌筑、地沟预制混凝土压顶等内容)。

审计组将该结果及时与建设单位、监理单位和施工单位沟通，并得到三方认同，该项单价的最终调减共节约投资 121.87 万元。

另外，审计组在审核人行道板综合单价时发现，人行道板综合单价在投标报价时已有该项单价，其综合单价为 40.78 元/m²。根据合同条款中关于"投标报价中有适用于变更工程价格的，按已有的价格计价"的规定，审计组认为将人行道板综合单价变更为 50.10 元/m² 没有任何依据，于是提出要求参建各方严格执行招标投标文件和施工合同的意见，并得到了建设单位、监理单位和施工单位的采纳。此项审计节约投资 7.29 万元。

四、竣工决算审计

竣工决算审计是指审计机构依法对建设项目竣工决算的真实性、合法性、效益性进行的审计监督。其目的是保障建设资金合理、合法使用，正确评价投资效益，促进总结建设经验，提高建设项目管理水平。

竣工决算审计的主要内容包括：

(1) 检查所编制的竣工决算是否符合建设项目实施程序，有无将政府投资项目未经审批立项、可行性研究、初步设计等环节而自行建设的项目编制竣工决算的问题；

(2) 检查竣工决算编制方法的可靠性，有无造成交付使用的固定资产价值不实的问题；

(3) 检查有无将不具备竣工决算编制条件的建设项目提前或强行编制竣工决算的情况；

(4) 检查"竣工工程概况表"中的各项投资支出，并分别与设计概算数相比较，分析节约或超支情况；

(5) 检查"交付使用资产明细表"，将各项资产的实际支出与设计概算数进行比较，以确定各项资产的节约或超支数额；

(6) 分析投资支出偏离设计概算的主要原因；

(7) 检查建设项目现金结余的真实性；

(8) 检查应收、应付款项的真实性，关注建设单位是否按合同规定预留了承包商在工程质量保证期间的保证金。

【案例分析】

某建设工程项目属于企业自筹资金。建设单位在工程招标文件中要求，该项报价方式为工程量清单方式，其清单工程量和清单子目需要投标单位在约定时间内核实、并以书面答疑方式回馈招标单位，合同方式明确为固定总价合同。同时，招标文件中明确了该工程设备、材料的相应暂估价格。

该项目甲乙双方签订合同中约定，合同价款为固定总价合同，除变更签证外及暂估价差价结算时按实际发生调整外、合同固定总价结算时不再调整。

但经过审计发现，施工单位的投标文件中（中标预算书）没有完全按照招标文件的暂估价价格计入投标预算书（例如，招标文件中地面砖暂估价为 120 元/m²，投标报价为 230 元/m²；墙面砖暂估价为 100 元/m²，投标报价为 190 元/m²）；工程竣工结算中也没有对暂估价项目的设备、材料实际价格进行价差调整。

案情分析

通过与建设单位了解得知，建设单位认为是固定总价合同，没有对此再进行清标，开标时主要关注的是投标单位的总价、没有注意分项检查；关于投标文件中的暂估设备和材料价格，施工期间、施工单位没有提出认价的要求，也没有过问此事。

这很显然，此事是由于建设单位的管理既不规范，又不专业造成的结果。

经过分析认为，部分暂估价材料、投标单位没有按照招标文件中给出的暂估价格计入，就是没有完全响应招标文件、本身就是废标；结算时，招标文件给出的暂估设备及材料价格，就说明招标时该设备、材料是施工招标图纸中没有明确的，或者说没有最后确定的。

施工过程中，施工单位没有主动要求甲方签认价格，说明实际设备、材料价格低于暂估价价格，甲方没有对该设备、材料进行采购和认价过程，说明甲方管理不到位、也不够专业，完全失去了对施工单位的约束。

案例处理方法

实事求是地说，该项目的固定总价合同，施工单位并没有捡到便宜，虽然他故意调高了暂估价单价，但其他项目单价必然偏低，要不然投标总价高了、他也不可能低价（或合理价）中标。

审核过程中，中介咨询单位根据合同结算条款和招标文件的意愿，要求施工单位提供甲方签认的暂估设备及材料项目的单价确认单；对于没有按照招标文件中明确的暂估价单价计入的设备、材料项目，其价差的基数依照行业惯例，固定合同价中的暂估价高于招标文件暂估价单价的项目、按照固定合同中所报暂估价单价计算差价，低于招标文件单价的项目，按照招标文件中明确的单价基数计算差价。

（例如，招标文件暂估价单价为 100 元、投标报价为 150 元、实际购买为 140 元，其价差 = 140 元 – 150 元 = –10 元；招标文件暂估价单价为 100 元、投标报价为 80 元、实际购买为 140 元，其价差 = 140 元 – 100 元 = 40 元）；如施工单位、建设单位或监理单位不予或不能提供甲方确认的设备、材料实际购买价格，咨询单位将根据施工期间信息价格同类产品下浮 5% 确定实际购买价格、计算暂估价价差；如信息中没有的暂估价项目，咨询单位根据市场询价或其他类似项目的同类产品确定实际购买价格、计算暂估价价差。

对于咨询单位的意见，建设单位表示同意，但施工单位就是不同意，并认为暂估设备、材料没有认价的理由是，建设单位在施工过程中没有对暂估设备、材料提出具体认价要求，我们购买的设备、材料能满足使用的具体要求。

投标文件中的暂估设备、材料价没有完全按照招标文件执行，是预算员的过失行为、不是故意行为，且投标总价没有高出所有投标报价的平均价格，开标没有做出废标处理，说明招标单位从行为上已经同意了我们的暂估项目报价，如果非要调整暂估价差价不可、也必须按照投标文件中的暂估价单价为准。

由于审计在此之前已经过深入的调查，并了解到本项目还没有进行全面的验收。

为此，审核单位要求建设单位和监理、针对招标文件中的暂估价项目提供详细的具体要求及价格依据，并由建设单位负责向委托方书面解释管理过程中出现的具体情况。

在没有正式验收合格之前，审核单位不能以合格产品进行审核、更不会出具审核结果。

建设单位为了弥补建设过程中出现的过失，以没有正式验收为理由，迫使施工单位按照咨询单位的意见，签订了工程结算补充协议。

案例处理结果

按照甲乙双方签订的结算补充协议，经过审计最终审核，该项目暂估价差价部分调减约 286 元，占合同固定总价部分的 5.36%。

在出具工程竣工结算审核报告之前，该项目也顺利通过了竣工验收。

对本次的审核结果，施工单位虽然感到有些冤枉，但也输得心服口服，用施工单位的话说："审核单位给我们上了生动的一课，但也付出太大的代价，你们让我们真正知道了什么是暂估价，在今后的施工过程中，知道招标文件中暂估价应该怎样正确处理了。"

结论

通过上述案例分析，可以认为，本案例的主要责任都是由于建设单位的管理不到位，引起的施工单位故意行为。

案例中，评标小组的执业能力很差，响应招标文件最基本的东西都没有关注到，本应废标的单位反而成了中标单位。

施工过程中，建设单位居然对原来的暂估价没有提出任何具体要求，连暂估价的实际购买价格都不过问，可见他们对造价管理最基本的东西缺乏到什么程度。

作为咨询服务单位，遇到这样那样的问题，不但要维护委托方的经济利益，做到公平、公正，也要提醒建设单位注意执行法律法规的必要程序，完善相应的资料和依据，更要规避我们中介单位的潜在风险。

上述案例中的意见和意思表达，都是根据已经既成事实的现实情况，提出的合法、合规、公平、公正的纠正性意见，然而最终都必须有甲乙双方的补充协议，该补充协议就是我们的执行依据。

如果甲乙任何一方不同意建议、不签订补充协议，就无法完成正常的审核工作，也只能如实向委托方书面汇报项目的实际情况以及想法和建议，既是委托方或建设单位有明确的指导意见或书面依据，也应该在成果报告中有所披露、或重大事项说明，尤其是国有资金投资的项目，更要规避委托方或建设单位依赖于中介机构的成果报告，在国家审计部门审计时出现的连带责任风险。

复 习 题

一、思考题

(1) 建设项目造价审计的主要依据组成为何？

(2) 工程造价审计的方法有哪些？

(3) 如何让做好施工图预算（标底）审计？

二、课后自测题

(一) 单选题

(1) 从控制论的角度来讲, (   ) 是一种成本最低的有效控制手段。
    A. 事前审计   B. 跟踪审计   C. 事后审计   D. 事中审计

(2) 从我国审计实践上来看, 只有 (   ) 有条件实施 "同步审计", 大多数外部审计机构依然以事后审计为主。
    A. 社会审计组织   B. 内部审计机构   C. 政府审计机关   D. 国际工程师联合会

(3) 对一些结构复杂、设计标准高、造价大的工程, 抽出一些分部分项对其工程量进行审计的方法是 (   )。
    A. 分组计算审计法 B. 对比审计法   C. 重点抽查审计法 D. 利用手册审计法

(二) 分析题

某建设单位决定拆除本单位内的一座 3 层单身职工宿舍, 而后在该场地上建设一座 18 层高的综合办公大楼, 并在原场地之外的另一建设地点新建一座与原规模相同的单身职工宿舍, 预计其造价为 50 万元。这一方案已经得到了有关部门的批准, 建设单位在编制综合办公大楼的设计概算时, 计算了职工宿舍的拆除费 12 万元, 职工安置补助费 50 万元 (按照建设宿舍的费用计算), 问: 是否正确?

参 考 文 献

[1] 全国造价工程师执业资格考试培训教材编审委员会．建设工程造价管理［M］．北京：中国计划出版社，2019.

[2] 滕道社，朱士永．工程造价管理［M］．北京：中国水利水电出版社，2017.

[3] 全国造价工程师职业资格考试培训教材编审委员会．建设工程计价［M］．北京：中国计划出版社，2019.

[4] 李启明．工程造价管理［M］．北京：中国建筑工业出版社，2021.

[5] 李建峰．工程造价管理［M］．北京：机械工业出版社，2017.

[6] 高显义，柯华．建设工程合同管理［M］．2版．上海：同济大学出版社，2018.

[7] 程鸿群，姬晓辉，陆菊春．工程造价管理［M］．武汉：武汉大学出版社，2017.

[8] 吴佐民．工程造价概论［M］．北京：中国建筑工业出版社，2019.

[9] 邢莉燕，周景阳．房屋建筑与装饰工程估价［M］．北京：中国电力出版社，2018.

[10] 邢莉燕，张琳．工程造价管理［M］．2版．北京：中国电力出版社，2021.

[11] 冯辉红．工程造价管理［M］．北京：化学工业出版社，2017.

[12] 周文昉，高洁．工程造价管理［M］．武汉：武汉理工大学出版社，2017.

[13] 谷洪雁，布晓进，贾真．工程造价管理［M］．北京：化学工业出版社，2018.

[14] 杨浩．建筑工程招投标制度阶段 BIM 技术应用研究［D］．长沙：湖南大学，2018.

[15] 刘伊生．工程造价管理［M］．北京：中国建筑工业出版社，2020.

[16] 王涛，吴现立，冯占红．工程造价控制与管理［M］．武汉：武汉理工大学出版社，2018.

[17] 李春娥，王浩．工程造价信息管理［M］．重庆：重庆大学出版社，2019.